零样本图像分类
Zero-Shot Image Classification

王雪松　张　通　程玉虎　著

科学出版社

北京

内 容 简 介

零样本图像分类主要解决在标记训练样本不足以涵盖所有对象类的情况下,如何对未知新模式进行正确分类的问题,近年来已逐渐成为机器学习领域的研究热点之一。

利用可见类训练样本学习到的分类器对新出现的对象类进行分类识别是非常困难的学习任务。本书针对零样本图像分类问题从属性角度入手,基于深度学习及知识挖掘、属性自适应、属性扩展和相对属性 4 个方面进行展开,分别对应第 3~6 章、第 7~8 章、第 9~11 章和第 12~13 章,全书共 13 章。此外,各章内容涉及相关领域基础知识的介绍,能够为不同层次的读者与研究人员提供入门知识与参考信息。

本书可供理工类高等院校人工智能、大数据及相关专业的教师与研究生阅读,也可供从事图像处理、模式识别等方面研究的工程技术人员和科研人员参考使用。

图书在版编目(CIP)数据

零样本图像分类 / 王雪松,张通,程玉虎著. —北京:科学出版社,2021.7

ISBN 978-7-03-068129-4

Ⅰ. ①零… Ⅱ. ①王… ②张… ③程… Ⅲ. ①机器学习—图像处理 Ⅳ. ①TP181

中国版本图书馆 CIP 数据核字(2021)第 033258 号

责任编辑:惠 雪 霍明亮 / 责任校对:杨聪敏
责任印制:师艳茹 / 封面设计:许 瑞

科 学 出 版 社 出版

北京东黄城根北街 16 号
邮政编码:100717
http://www.sciencep.com

三河市骏杰印刷有限公司 印刷

科学出版社发行 各地新华书店经销

*

2021 年 7 月第 一 版 开本:720×1000 1/16
2021 年 7 月第一次印刷 印张:14
字数:280 000

定价:119.00 元

(如有印装质量问题,我社负责调换)

前　言

　　模式识别是信息科学和人工智能的重要组成部分，主要应用于图像分析与处理、语音识别、声音分类、通信、计算机辅助诊断、数据挖掘等方面。研究模式识别的主要目的是对样本（如图像）进行分类。零样本图像分类作为多门学科有机交叉的新颖研究方向，不仅是模式识别领域的重要问题，而且近年来逐渐成为机器学习乃至人工智能领域的研究热点之一。

　　在图像分类的实际应用中，从海量图像数据中选择有标签的图像类往往需要大量的时间与精力，而无标记样本的获取随着数据收集和存储技术的发展变得越来越容易。现实中还存在一种更难解决的问题，即存在大量对象类时，很难为所有对象类都标注一些训练样本，此时就导致每个类未必都有训练样本。针对上述问题，Larochelle 等在 2008 年提出零样本图像分类概念，也称零样本学习，主要用于解决在标记训练样本不足以涵盖所有对象类的情况下，如何对未知新模式进行正确分类的问题。在零样本图像分类中，训练类不足以涵盖所有对象类，导致训练样本和测试样本分布不同，传统监督方法设计的分类器如果直接应用到零样本图像分类中，会出现难理解和泛化性差等问题。零样本图像分类的关键在于如何克服训练样本图像和测试样本图像分布不同的困难，即在已知训练类和未知测试类之间搭建一个知识共享的桥梁。本书正是以属性知识表示作为桥梁，利用计算机学习具有语义的对象信息，进而展开零样本图像分类研究。

　　作者长期从事零样本图像分类的研究工作，在国家自然科学基金项目（项目编号：61772532，61976215）的资助下，提出一系列提高零样本图像分类效果的方法，并将其应用于许多实际问题中。作者所做的这些工作极大地丰富了零样本图像分类相关理论，提高了零样本图像分类方法解决实际问题的能力，也为零样本图像分类方法在其他领域的进一步应用奠定了技术基础，具有重要的理论意义和实际应用价值。

　　本书是作者在国内外本领域权威期刊上发表的十余篇学术论文的基础上进一步加工、深化而成的，是对已有研究成果的全面总结。本书主要围绕深度学习及知识挖掘、属性自适应、属性扩展和相对属性 4 个方面阐述零样本图像分类，共 13 章。第 1、2 章主要介绍零样本图像分类及其发展现状，属性学习相关知识，为后续章节内容奠定基础。其后，第一部分为基于深度学习及知识挖掘的零样本图像分类，内容为第 3~6 章，包括：基于关联概率的间接属性加权预测模型，基于深度特征提取、基于深度加权属性预测和基于类别与属性相关先验知识挖掘的零样本图像分类。第二部分为基于属性自适应的零样本图像分类，内容为第 7 章和第 8 章，包括：基于自适应多核校验学习和基于深度特征迁移的多源域属性自适应。第三部分为基于属性扩展的零样本图像分类，内容为第 9~11 章，包括：基于混合属性的直接属性预测模型、基于关系非语义属性扩展的自适应零样本图像分类和基于多任务扩展属性组的零样本图像分类。第四部分为基于相对属性的零样本图像分类，内容为第 12 章和第 13 章，包括：基于共享特征相对属性的零样本图像分类和基于相对属性的随机森林零样本图像分类。

本书撰写过程中，参考了大量的国内外有关研究成果，这是本书学术思想的重要源泉，在此对所涉及的专家和研究人员表示衷心的感谢。已毕业的硕士研究生乔雪、陈晨、李倩钰和黄婉婉等在校期间为本书的研究成果付出了辛勤的汗水，江苏师范大学张嘉睿老师和中国矿业大学陈正升老师负责统稿并对本书的参考文献进行了整理，在此一并表示感谢。

零样本图像分类是一个快速发展、多学科交叉的新颖研究方向，其理论及应用均有大量的问题尚待进一步深入研究。由于作者学识水平和可获得的资料有限，书中尚有不足之处，敬请同行专家和读者批评指正。

作　者

2021 年 1 月于中国矿业大学

目　　录

第1章 绪　　论

1.1　零样本图像分类

模式识别是信息科学和人工智能的重要组成部分，主要应用于图像分析与处理、语音识别、声音分类、通信、计算机辅助诊断、数据挖掘等方面。研究模式识别的主要目的是对样本进行分类，一个典型的模式识别系统如图 1.1 所示。模式识别问题主要有三种解决方法：有监督学习、无监督学习与半监督学习。三种解决方法的主要区别在于各实验样本所属的类别标签是否已知。具体来说，有监督学习中对象类的类别标签被视为先验知识，在实验过程中完全已知，通过输入数据类别标签之间的对应关系，学习一个分类或映射函数。目前广泛使用的有监督分类器有人工神经网络、支持向量机（support vector machine，SVM）、最近邻法、高斯混合模型、朴素贝叶斯方法、决策树和径向基函数分类等。无监督学习中对象类的类别标签是完全未知的，在模型训练时由于没有类别标签存在所以无法判断分类结果是否正确，典型模型包括强化学习和聚合操作等。半监督学习则是实验样本的类别标签部分已知，通过综合利用少量有标签的数据和大量没有标签的数据进行机器学习。

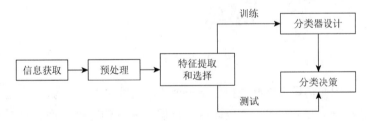

图 1.1　模式识别系统

在图像识别的实际应用问题中，从海量图像数据中选择有标签的图像类往往需要大量的时间与精力，而无标记样本的获取随着数据收集和存储技术的发展变得越来越容易。如何在标记样本数量不足的情况下利用大量无标签数据来提高模型的泛化能力，成为图像识别领域乃至模式识别领域一个亟须解决的问题。目前人们针对这种图像识别问题场景提出了很多学习方法，如半监督学习[1]、迁移学习[2]、终身学习[3]、多任务学习[4]、自主学习[5]和单样本学习[6]等。这些学习方法都是希望充分地利用标记样本，并借助大量未标记样本来帮助并进一步地提高分类器的学习性能。

现实中还存在一种更难解决的问题，即存在大量对象类（如 1000 类以上）时，很难为所有对象类都标注一些训练样本，此时就导致每个类未必都有训练样本。例如，在生物学中，使用计算机对蛋白质结构图像进行结构分析或者功能鉴定，由于蛋白质数量成千上万，若为每一个蛋白质都收集并标注一幅结构图像是很难做到的。在这种情况下，若训练阶段样本类别不足以涵盖所有对象类，对于实际应用中出现的新对象类，传统分类器将无法工作。针对上述问题，Larochelle 等[7]提出零样本学习（zero-shot learning）概念，也称为零样本图像分类，主要用于解决在标记训练样本不足以涵盖所有对象类的情况下，如何对未知新模式进行正确分类的问题。零样本学习如图 1.2 所示，训练阶段标记图像样本涵盖"短尾猫"、"水牛"和"吉娃娃"三个类别，测试阶段却出现了"黑猩猩"、"柯利犬"和"兔子"等新的类别，此时由于训练对象类和测试对象类分布不同，通过训练样本学习到的分类器无法对新出现的对象类进行分类识别，这种非常困难的学习任务称为零样本学习。

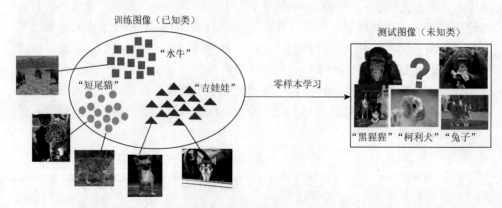

图 1.2   零样本学习

这种极端图像场景识别问题虽然是一个非常困难的学习任务，但是在现实应用场景中广泛存在。Larochelle 等[7]针对字符识别领域的零样本问题进行研究，并取得了高于 60% 的字符识别率。Palatucci 等[8]针对神经活动解读实验中的零样本问题进行研究，取得了高于 70% 的零样本学习识别率。Lampert 等[9]在动物数据集上进行了相关问题的研究，提出了两种属性预测模型用于解决零样本问题。Fu 等[10]在视觉图像识别领域取得了高于 80% 的零样本学习识别率。

1.2   零样本图像分类发展现状

在零样本图像分类中，训练类不足以涵盖所有对象类导致训练样本和测试样本分布不同,传统监督方法设计的分类器如果直接应用到零样本图像分类中会出现难理解和泛化性差等问题。零样本图像分类的关键问题在于如何克服训练样本图像和测试样本图像分布不同的困难,即在已知训练类和未知测试类之间搭建一个知识共享的桥梁,因此,目前零样本图像分类主要研究方向可以分为属性知识表示方法及知识迁移与共享方法。本节将对这两个方向的发展现状进行展开介绍。

1.2.1 属性知识表示方法研究进展

在零样本学习中,为实现已知模式和新模式之间的相关知识迁移,需要首先构建可以被对象类共享的某种中间知识表示。针对一幅没有标签信息的测试图像,即使其类别信息缺乏,人类仍然能够很容易地对测试图像进行一些特性的描述,例如,在图 1.2 中,尽管训练类别中没有黑猩猩,但人们依靠先验知识仍能将其描述为"黑色""有四肢""哺乳动物"等。Ferrari 等[11]首次将这些较高层次的描述性特征命名为图像的视觉属性,图像的视觉属性可以通过已有的图像及类别标签来学习。Khan 等[12]提出了颜色属性的概念,颜色属性结构紧凑,计算效率高,结合传统形状特征使用能够有效地提高图像分类率。

目前主要研究三种类型的属性,颜色及纹理属性主要包括"红色"、"圆形"和"斑点"等;部件属性主要包括"有尾巴"、"有耳朵"和"有四肢"等;区分属性表示不同类别之间的差异,主要包括"比长颈鹿矮"、"不像鸟类"和"类似于老鼠"等。属性作为人们可理解的对象类别间共享的性质,可以作为一种先验信息将高层次的语义关系嵌入机器学习预测模型中,具有图像底层特征不具备的以下优点[13]。

(1)共享性。属性作为底层图像和高层语义之间的一种描述方式,可以被不同的对象类共享,例如,"有皮毛"这一属性可以同时被"兔子""黑猩猩""狮子"等对象类别共享。因此,通过对所有对象类共同的属性描述,可以将以前学到的各类属性知识推广迁移到新的对象或类别上。

(2)语义性。属性与一般底层特征相比具有一定的语义含义,可以作为一种更高级的人机交互方式,使图像检索、目标追踪等工作更加方便,并使得模式识别的学习结果更具有可解释性。

(3)灵活性。与底层特征不同,属性描述既可以描述对象的某些局部特征(如"长尾巴"),也可以描述对象的全局特征(如"体积大"),还可以描述对象的类别特征(如"像长颈鹿")。因此,在描述对象的能力上,属性比特征具有更灵活和更全面的表现形式。

(4)可操作性。与类别标签标注不同,人们在为对象标注属性时常常是以一个对象类而不是以一个图像实例为单位进行的，而一个对象类可能对应着上千幅图像，因此标注属性是一件容易操作且相对经济的事情。

由于具有上述种种优点，属性能够以一种更接近自然语言的方式描述对象，在复杂易变的学习环境中能够一定程度上弥补对象的高层类别标签和底层特征之间的语义鸿沟[14]。近几年来，图像视觉属性广泛地应用于图像描述、图像分类、图像检索、人体行为检测、人脸识别、视频监控、对象跟踪与图像美学鉴定等计算机视觉领域。

由于视觉属性可以用来连接高层对象类别标签与底层图像特征，所以人们尝试采用"图像—中间层属性—高层类别"的结构来试图解决目前存在的语义鸿沟问题。

为了使分类器对训练阶段未见过的对象类仍能在一定程度上进行正确的识别，零样本学习场景中将属性这一概念作为被研究模式的一种中间表示使用，如图 1.3 所示。对于未知新模式的测试图像，计算机虽然不知道其类别标签，但是人们可以用一系列属性对其进行描述，即"仓鼠"这一测试类可以由"毛皮"、"爪子"、"棕色"和"体积小"这一系列属性进行描述。虽然训练样本中没有"仓鼠"这一类别的图像数据，但是由于属性具有共享性，人们可以使用训练类中的"兔子"、"波斯猫"和"绵羊"等类别学习属性"毛皮"，使用"马"、"柯利犬"和"狮子"等动物学习属性"棕色"等，这样通过学习一系列属性分类器，利用属性在可见模式和未知新模式之间知识传递的作用来实现对未知新模式的预测与识别。

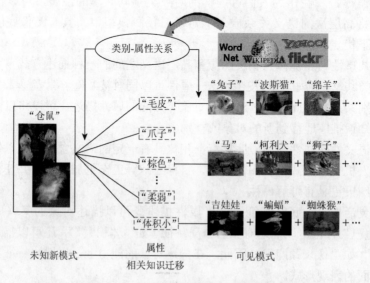

图 1.3　属性学习与零样本图像分类

图 1.3 中类别-属性关系通过语义挖掘技术获得,对图像或类别标注属性标签一般有三种途径。通常,这一过程可以通过人工标注来完成,多个"专家"或"作者"使用亚马逊旗下的 Amazon's Mechanical Turk 标注器[15]来进行标注。Farhadi 等[16]使用"专家意见"和 Amazon's Mechanical Turk 标注器相结合来为图像库加注标签,从自然语言资源中收集目标物体与属性间的视觉相关性信息,包括 WordNet 和 Wikipedia 等。Rohrbach 等[13]借助外部语义库挖掘属性与类别标签间的对应关系,通过类别之间的属性共享性实现相关知识迁移。此外,还可以借助一些搜索引擎和购物网站上提供或出售的数据进行机器自动挖掘,例如,针对谷歌、淘宝等网站存在的很多人工标注的图像,Russakovsky 等[17]和 Berg 等[18]分别利用这些网站提供的图像及其对应的标签来学习属性描述。

由于人为定义的属性会包含较多的冗余信息,即两个属性或多个属性可能会包含过多相似、相近的信息,冗余信息的存在可能会导致属性的学习能力和效率均有所下降。Branson 等[19]将属性模型应用于查询游戏,通过不断地询问问题来确定所要选取的事物属性,进而找到物体。Parikh 等[20]提出以自动提取或者人工交互式的方法来生成与选择具备不同含义和较强判别能力的属性,完全依靠机器进行自动挖掘属性相当于一个无监督的学习过程。由于通过增加一些反馈或者使用少量标签可以实现更精确的属性学习效果,因此 Rarikh 等[20]提出一种使用带反馈环的视觉属性标签获取方法,通过反馈将人的主观选择能力加入属性标签获取过程中,从而建立一个完备的属性集合。

Kulkarni 等[21]提出了 baby talk 的思想:因为一个小孩在认识事物时,会从一个事物的基本含义入手,描述一幅图像为"画里有花、有草、有树",而属性正有这样的性质,故将图像中的属性比对成小孩认识的元素概念,自动生成相关的语句,进而描述该幅图像。Duan 等[22]考虑到属性具有描述物体细节的能力,例如,"家鼠"和"田鼠"可能在图像特征方面很难进行区分,但是通过属性这种语义化的描述方式可以对两类老鼠进行一个细节上的区分,首先对训练图像进行分块处理并进行属性学习,采用有监督方法对预测结果进行交互和反馈,将同一对象类的图像进行细分,使模型能够识别一些细化的子类,如"耳朵小的亚洲象"和"耳朵大的非洲象"、"红色翅膀的蝴蝶"和"黄色翅膀的蝴蝶"等。Kong 等[23]提出一种动作属性概念,通过提取动态影像中的人体动作属性来实现动作姿势识别。

Parikh 等[24]提出一种包含反馈信息的新的特征表示,使用该特征表示学习一个排序方程以提高系统的相关性估计。用户使用该模型在鞋类和人脸的图像搜索中分别提供二值性反馈和相关性反馈,结果显示当系统学习到一些可解释的行为后,搜索效果得到了极大的改善。Kovashka 等[25]提出一种新的反馈式图像搜索模型,使用者按照自己所要检索的图片示例图像进行适当的调整。例如,使用者针对查询条件"黑色的鞋子"所产生的图像结果不满意,可以继续搜索"黑色鞋子但是有些运动风格"。针对这一搜索要求,模型首先学习一系列排序方程,每个方程均预测图像中的一个属性值的相对强度,例如,属性"运动风格"。在查询阶段,系统首先提供给用户一系列示例图像,然后用户针对这些示例图像使用一些比较词来描述自己所要搜索的图像。在多维属性空间中使用这一系列的约束条件,模型能够反复更新相关模型并对数据集中的图像进行排序,最终得到最满意的查询图像。

　　具体图像语义属性的学习思路如图 1.4 所示,首先根据类别或图像与属性间的映射关系获取图像语义属性的训练集,针对某一属性,将共同含有该属性的图像集作为训练集的正样本,不具有此属性的图像集作为负样本。然后对图像进行特征提取和描述,使用训练数据的图像特征对分类器进行训练和学习,从而得到图像的语义属性分类器。以学习"白色"语义属性为例,把拥有"白色"属性的作为训练集的正样本,没有该属性的作为训练集的负样本,通过使用支持向量机等方法对训练集进行正负样本分类,从而学习到"白色"这一属性分类器。具体详细介绍见第 2 章。

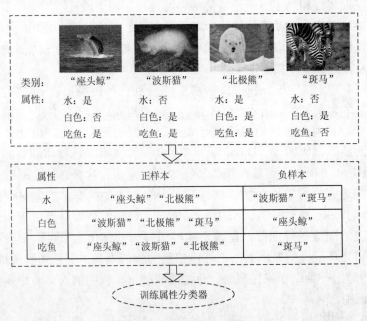

图 1.4　训练属性分类器

　　在解决了已知模式和未知模式间的知识传递问题后,如何把从已知训练模式学习到的共享知识(即属性表示)迁移与共享到未知新模式是零样本学习的关键技术。

1.2.2　知识迁移与共享方法研究进展

知识迁移与共享方法这一关键技术主要以属性-类别标签映射作为主要思路[26]。Russakovsky 等[17]提出了目前解决零样本问题最常用的两种属性预测模型（图 1.5），分别为间接属性预测（indirect attribute prediction，IAP）和直接属性预测（direct attribute prediction，DAP）。

在零样本学习场景下，图 1.5 中深灰色表示一直可见，浅灰色表示已知模式 $y_1, y_2, \cdots, y_K$ 只在训练阶段可见，白色表示新模式 $z_1, z_2, \cdots, z_L$ 只在测试阶段出现。属性 $\boldsymbol{a}_1, \boldsymbol{a}_2, \cdots, \boldsymbol{a}_M$ 作为中间层连接已知模式类标签和新模式类标签。样本类别及它们的属性之间的关系通过一个二值矩阵给出，$a_m^y = 0$ 表示类别 y 没有属性 $\boldsymbol{a}_m$，$a_m^z = 1$ 表示类别 z 有属性 $\boldsymbol{a}_m$。如图 1.5（a）所示，IAP 将属性作为连接已知模式类标签和未知新模式类标签的中间层，首先利用训练样本训练多类分类器，然后根据属性类别标签映射预测新样本的类别标签。在图 1.5（b）中，DAP 将属性作为一个中间层，连接底层图像特征和高层类别标签，首先利用训练样本训练多个属性分类器，通过属性分类器对测试样本赋予多个属性的预测值，然后根据属性类别标签映射关系预测新样本的类别标签。两种模型的主要差别在于学习的分类器不同，IAP 需要学习多类分类器，DAP 需要学习多个属性分类器，具体的算法过程见第 2 章。

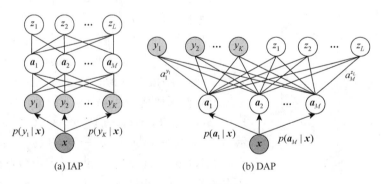

(a) IAP　　　　　　　　　(b) DAP

图 1.5　属性预测模型

Jia 等[27]提出一种分层分类模型，将一些容易误分的对象类直接分成一个大类进行处理。Wang 等[28]在属性学习的过程中加入了人工语义概念等先验知识。Chen 等[29]提出一种考虑了属性与类别之间关系的属性预测模型，该模型首先学习图像的属性向量，通过反馈和查询学习进行属性标签的调整与更新。Mohammad 等[30]提出一种联合学习模型，学习单个属性的同时考虑了与其相关性较强的属性。Nguyen 等[31]提出一种属性关系学习模型，使用置信度这一数据挖掘技术进行属性相关性的描述，并基于该属性相关性描述构建一个属性调整模型。

现有的属性-标签映射方法中，除了 DAP 模型与 IAP 模型，研究人员还提出了多种属性预测模型。Rohrbach 等[32]提出一种基于直接相似性的属性学习模型，自动挖掘出语义信息，结合不同的语言资源自动挖掘属性信息并进行零样本分类。Wang 等[33]利用互信息的方法对属性-属性关系进行了研究，结构模型如图 1.6（a）所示，使用潜在的结构化支持向量机模型来集成属性和对象类，在训练数据中将属性标签作为潜在变量使用。该模型的目标是将对象类的预测损失最小化，输出一个最优的属性关系树状图。

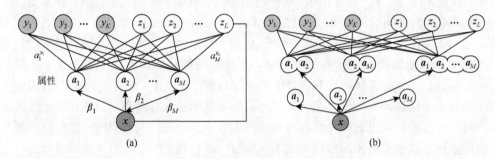

图 1.6　潜在变量判别模型

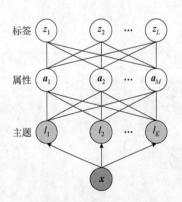

图 1.7　作者-主题潜在变量模型

Yu 等[34]利用作者-主题模型与属性进行了零样本和单样本的分类。首先建立一个产生式模型，如图 1.7 所示。Yu 等[34]借鉴文本学习的思路针对每个属性，学习它对应的图像特征的概率分布，图 1.8 为由作者-主题模型得到的类似的特征-属性模型，x 表示输入图像特征，A 表示属性集，Z 表示共生特征组，通过 $\theta_l = (\theta_{l1}, \cdots, \theta_{lK})$ 参数化表示。W 表示特征层编码，通过 $\varphi_k = (\varphi_{k1}, \cdots, \varphi_{kW})$ 参数化表示，使用 Dirichlet 先验分布[20]学习参数 θ 和 φ，采用吉布斯采样，针对 θ 和 φ 进行参数估计来学习 α 与 β[35]。

Mensink 等[36]提出一种属性检索模型，使用某一属性进行检索分类时同时考虑其他与该属性存在正负相关性的属性进行扩展，结构模型如图 1.8 所示，如当检索"亚洲""女性"时，可以增加"黑色头发"这一属性，同时排除"络腮胡子""金色头发"等属性。这种做法相当于增加了约束条件，提高了分类精度。借鉴多任务学习，可以设计多属性联合学习模型。Siddiquie 等[37]在图像检索问题中同样将属性之间的相关联系考虑在算法内，通常使用排序算法计算这种属性间的相关性并和排序函数融合到一起，提升检索的有效性。

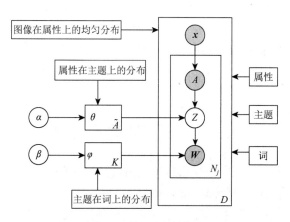

图 1.8 特征-属性模型

Hwang 等[38]提出一种在迁移学习与多任务学习背景下联合学习属性标签和类别标签的思路，结构模型如图 1.9 所示，将属性视为一种和类别同等表达的标签并放在同一层进行学习，两者之间共享部分图像特征，通过训练这种属性-标签平行模型来提高零样本分类结果。

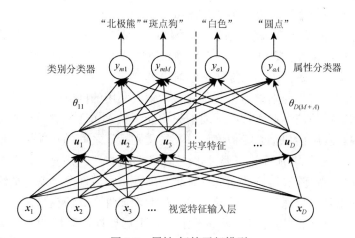

图 1.9 属性-标签平行模型

Chen 等[39]使用一种自适应方式提取底层特征，然后与一些互补特征结合学习属性。在属性分类器的学习中，利用条件随机场挖掘属性间的依赖关系，以提高独立属性分类器的预测能力并将其用于服装的分类。Han 等[40]利用图模型来挖掘属性和类别之间的相关关系。Hoo 等[41]提出一种概率隐语义分析（probabilistic latent semantic analysis，PLSA）模型，使用主题模型代替属性并将这种表现形式作为一种映射扩展到对象类，利用潜在语义分析概率进行零样本分类研究。Song 等[42]提出一种人脸识别系统，参考文本分类中将单词视为向量的表达方式，把每个属性看作对象空间的一个高维向量，构建一个属性关系图模型以挖掘属性之间的关系，这种图结构能够有效地对判别式属性分类器的参数空间进行约束以防止过拟合现象的产生。

1.3　本书主要研究内容

本书主要针对不同的属性学习算法在解决零样本图像分类问题中的不足进行了改进。本书的主要研究内容和创新点如下：

（1）提出基于关联概率的间接属性加权预测模型。通过属性与类别之间的关联概率来衡量不同属性对决策分类的贡献程度，并在传统的间接属性预测模型基础上为不同的属性赋予相应的权重，将提出的模型应用于零样本图像分类问题中。

（2）提出基于深度特征提取的零样本学习模型。首先，采用无监督的栈式稀疏自动编码器从无标签图像块中学习特征参数；其次，利用卷积网络对输入图像数据进行卷积和池化操作，其中卷积核采用栈式线性稀疏自动编码器学习到的特征参数；然后，利用卷积神经网络对图像进行特征提取；最后，利用提取到的层次特征训练属性分类器并进行零样本图像分类。

（3）考虑到属性分类器分类能力的不同，在属性-标签映射模型构建时对属性分类器进行加权设计，通过深度属性预测和属性-类别相关性挖掘的联合学习，构建出基于深度加权属性预测的零样本学习模型。

（4）针对目前零样本学习中各种先验知识欠利用的问题，通过挖掘属性、类别标签之间相关的信息并将这些重要的先验知识融入属性预测模型来提高零样本学习识别率。利用白化余弦相似度计算不同类别标签之间的相关性，通过信号的稀疏表示挖掘属性-类别标签、属性-属性之间的相关性，并使用近似马尔可夫毯移除冗余属性，将筛选得到的精选训练集与属性用于属性分类器的训练。

（5）提出基于自适应多核校验学习的多源域属性自适应模型。首先，根据类别-类别关系对可见类进行多个源域构造，并根据属性与源域的关联概率，构造出加权源域；其次，针对源域与目标域的分布差异，利用相似特征选择算法为源域和目标域挑选相似特征，从而减小两领域的分布差异；然后，利用预训练分类器、中心核校准及两领域的最大平均差等构建基于核校验的自适应多核属性分类器，从而得到属性自适应模型；最后，将学习到的属性自适应模型用于零样本图像的分类。

（6）提出基于深度特征迁移的多源域属性自适应模型。首先，根据类别之间的相似性，对可见类图像进行多个源域的构造；其次，利用深度适配网络对源域和目标域进行可迁移性特征提取，并为每个源域训练相应的分类模型；然后，根据源域与目标域的分布差异，对多个目标域可迁移特征进行加权；最后，使用基于多源决策融合的 IAP 模型实现对零样本的分类。

（7）提出基于混合属性的直接属性预测模型。针对属性相似的类别在零样本图像分类中较难被区分的问题，利用稀疏编码对样本的底层特征进行重构，将重构后的特征作为非语义属性对有限的属性进行补充和辅助，并与原有的属性构成混合属性，从而增加属性空间的差异性，使得原本属性相似的类别更加容易被区分。

（8）使用弹性网约束的二阶字典优化方法学习对象类的关系非语义属性，将关系非语义属性与语义属性相结合构建增强属性表示空间，利用领域自适应的思想，结合字典学习映射关系，实现测试域与训练域在属性空间上的分布差异最小化，进而实现测试图像属性的预测。

（9）提出基于多任务扩展属性组的零样本图像分类模型。通过利用多任务学习与结构化稀疏方法来联合学习属性和类别标签，挖掘类别与类别、类别与属性和属性与特征间的相关关系，构造类别-属性-特征全连接模型。

（10）提出基于共享特征相对属性的零样本图像分类算法。采用多任务学习的思想来同时学习类别和属性分类器，进而得到二者共享的低维特征子空间。由于这种共享特征有效地包含了类别与属性之间的关系，因此利用共享特征学习得到的属性排序函数精度将更高，同时也能够有效地减少噪声对于后续零样本图像分类任务的影响。

（11）提出基于相对属性的随机森林零样本图像分类算法。通过自动选择相对属性关系为每一个类别建立一个合理的模型，并用随机森林分类器代替最大似然估计完成测试样本的标签预测。

参 考 文 献

[1] Li G X, Chang K Y, Hoi S C H. Multiview semi-supervised learning with consensus[J]. IEEE Transactions on Knowledge and Data Engineering, 2012, 24 (11): 2040-2051.

[2] Pan S J, Yang Q. A survey on transfer learning[J]. IEEE Transactions on Knowledge and Data Engineering, 2010, 22 (10): 1345-1359.

[3] Ambihabathy R. Life-long learning[C]//Proceedings of the International Conference of Education, Research and Innovation, Madrid, 2010: 6176-6182.

[4] Chiappe D, Conger M, Liao J, et al. Improving multi-tasking ability through action videogames[J]. Applied Ergonomics, 2012, 44 (2): 278-284.

[5] Huang K Z, Xu Z L, King I, et al. Supervised self-taught learning: Actively transferring knowledge from unlabeled

data[C]//Proceedings of the International Joint Conference on Neural Networks，Atlanta，2009：1272-1277.

[6] Li F F，Fergus R，Perona P. One-shot learning of object categories[J]. Pattern Analysis and Machine Intelligence，2006，28（4）：594-611.

[7] Larochelle H，Erhan D，Bengio Y. Zero-data learning of new tasks[C]//Proceedings of AAAI Conference on Artificial Intelligence，Chicago，2008：646-651.

[8] Palatucci M，Pomerleau D，Hinton G，et al. Zero-shot learning with semantic output codes[C]//Proceedings of Advances in Neural Information Processing Systems，British Columbia，2009：1410-1418.

[9] Lampert C H，Nickisch H，Harmeling S. Attribute-based classification for zero-shot visual object categorization[J]. IEEE Transactions on Pattern Analysis and Machine Intelligence，2014，36（3）：453-465.

[10] Fu Y Y，Hospedales T M，Xiang T，et al. Transductive multi-view zero-shot learning[J]. IEEE Transactions on Pattern Analysis and Machine Intelligence，2015，37（11）：2332-2345.

[11] Ferrari V，Zisserman A. Learning visual attributes[C]//Proceedings of Advances in Neural Information Processing Systems，British Columbia，2007：433-440.

[12] Khan F，Anwer R M，Weijer J. Color attributes for object detection[C]//Proceedings of the IEEE Conference on Computer Vision and Pattern Recognition，Providence，2012：3306-3313.

[13] Rohrbach M，Stark M，Szarvas G，et al. What helps where and why? Semantic relatedness for knowledge transfer[C]//Proceedings of the IEEE Computer Society Conference on Computer Vision and Pattern Recognition，San Francisco，2010：910-917.

[14] Lampert C H，Nickisch H，Harmeling S. Learning to detect unseen object classes by between-class attribute transfer[C]//Proceedings of the IEEE Conference on Computer Vision and Pattern Recognition，Miami，2009：951-958.

[15] Buhrmester M，Kwang T，Gosling S D. Amazon's mechanical turk a new source of inexpensive，yet high-quality，data?[J]. Perspectives on Psychological Science，2011，6（1）：3-5.

[16] Farhadi A，Endres I，Hoiem D，et al. Describing objects by their attributes[C]//Proceedings of the IEEE Conference on Computer Vision and Pattern Recognition，Miami，2009：1778-1785.

[17] Russakovsky O，Li F F. Attribute learning in large-scale datasets[C]//Proceedings of the 11th European Conference on Trends and Topics in Computer Vision，New York，2010：1-14.

[18] Berg T L，Berg A C，Shih J. Automatic attribute discovery and characterization from noisy web data[C]//Proceedings of the European Conference on Computer Vision，Berlin，2010：663-676.

[19] Branson S，Wah C，Schroff F，et al. Visual recognition with humans in the loop[C]//Proceedings of the European Conference on Computer Vision，Berlin，2010：438-451.

[20] Parikh D，Grauman K. Interactively building a discriminative vocabulary of nameable attributes[C]//Proceedings of the Computer Vision and Pattern Recognition，Colorado，2011：1681-1688.

[21] Kulkarni G，Premraj V，Dhar S，et al. Baby talk：Understanding and generating simple image descriptions[C]//Proceedings of the Computer Vision and Pattern Recognition，Colorado，2011：1601-1608.

[22] Duan K，Parikh D，Crandall D，et al. Discovering localized attributes for fine-grained recognition[C]//Proceedings of the Computer Vision and Pattern Recognition，Providence，2012：3474-3481.

[23] Kong Y，Jia Y D，Fu Y. Learning human interaction by interactive phrases[C]//Proceedings of the European Conference on Computer Vision，Berlin，2012：300-313.

[24] Parikh D，Grauman K. Implied feedback：Learning nuances of user behavior in image search[C]//Proceedings of the IEEE International Conference on Computer Vision，Sydney，2013：745-752.

[25] Kovashka A, Parikh D, Grauman K. Whittlesearch: Interactive image search with relative attribute feedback[J]. International Journal of Computer Vision, 2015, 115 (2): 185-210.

[26] Sun X H, Gu J N, Sun H Y. Research progress of zero-shot learning[J]. Applied Intelligence, 2021, 51 (6): 3600-3614.

[27] Jia D, Jonathan K, Alexander C B, et al. Hedging your bets: Optimizing accuracy specificity trade-offs in large scale visual recognition[C]//Proceedings of the IEEE Conference on Computer Vision and Pattern Recognition, Providence, 2012: 3450-3457.

[28] Wang S H, Jiang S Q, Huang Q M, et al. Multi-feature metric learning with knowledge transfer among semantics and social tagging[C]//Proceedings of the IEEE Conference on Computer Vision and Pattern Recognition, Providence, 2012: 2240-2247.

[29] Chen X, Hu X H, Zhou Z N, et al. Modeling semantic relations between visual attributes and object categories via dirichlet forest prior[J]. American Anthropologist, 2012, 80 (2): 452-454.

[30] Mohammad R, Ali D, Devi P. Multi-attribute queries: To merge or not to merge?[C]//Proceedings of the IEEE Conference on Computer Vision and Pattern Recognition, Portland, 2013: 3310-3317.

[31] Nguyen N B, Nguyen V H, Duc T N, et al. AttRel: An approach to person re-identification by exploiting attribute relationships[C]//Proceedings of the Multimedia Modeling, Berlin, 2015: 50-60.

[32] Rohrbach M, Stark M, Szarvas G, et al. Combining language sources and robust semantic relatedness for attribute-based knowledge transfer[C]//Proceedings of the European Conference on Trends and Topics in Computer Vision, Berlin, 2010: 15-28.

[33] Wang Y, Mori G. A Discriminative Latent Model of Object Classes and Attributes[M]. Berlin: Springer, 2010.

[34] Yu X D, Aloimonos Y. Attribute-based transfer learning for object categorization with zero/one training example[C]// European Conference on Computer Vision, New York, 2010: 127-140.

[35] Cavallaro G, Dalla M M, Benediktsson J A, et al. Remote sensing image classification using attribute filters defined over the tree of shapes[J]. IEEE Transactions on Geoscience and Remote Sensing, 2016, 54 (7): 3899-3911.

[36] Mensink T, Verbeek J, Csurka G. Learning structured prediction models for interactive image labeling[C]// Proceedings of the IEEE Computer Society Conference on Computer Vision and Pattern Recognition, Colorado, 2011: 833-840.

[37] Siddiquie B, Feris R, Davis L. Image ranking and retrieval based on multi-attribute queries[C]//Proceedings of the International Conference on Computer Vision and Pattern Recognition, Colorado, 2011: 801-808.

[38] Hwang S J, Sha F, Grauman K. Sharing features between objects and their attributes[C]//Proceedings of the Computer Vision and Pattern Recognition, Colorado, 2011: 1761-1768.

[39] Chen H Z, Gallagher A, Girod B. Describing clothing by semantic attributes[C]//Proceedings of the European Conference on Computer Vision, Berlin, 2012: 609-623.

[40] Han Y H, Wu F, Lu X Y, et al. Correlated attribute transfer with multi-task graph-guided fusion[C]//Proceedings of the 20th ACM International Conference on Multimedia, Nara, 2012: 529-538.

[41] Hoo W L, Chan C S. PLSA-based zero-shot learning[C]//Proceedings of the 2013 IEEE International Conference on Image Processing, Melbourne, 2013: 4297-4301.

[42] Song F Y, Tan X Y, Chen S C. Exploiting relationship between attributes for improved face verification[J]. Computer Vision and Image Understanding, 2014, 122 (4): 143-154.

第 2 章 属性学习基础知识

属性学习作为弥补对象信息不足的重要手段之一，搭建起了可见模式与不可见模式之间的桥梁，并且为实现零样本学习提供了一种解决方案。在属性学习中，计算机学习的所有语义知识都是人类通过自身的思维模式和认知方式定义的，这样能够使计算机更好地模拟人类的思维模式。因此，属性学习无论对于零样本学习本身，还是对于其他模式识别领域的应用而言，均具有重要的研究价值。

2.1 属性基本概念及特点

属性是指可以通过人工标注并且能在图像中观察到的特性[1]，例如，属性可以是一些简单事物的性质，红色、黑色等颜色特性，三角形、正方形等形状特性，或者由简单的性质组成的更为复杂的描述，黑色头发、有皮毛的、会游泳的、拥挤的等。一个对象通常具有许多属性，例如，老鹰是有翅膀的，亚洲人有黑头发，马路是开阔的，高跟鞋有很高的鞋跟等，通过这些属性可以认识对象的外观并且描述对象。此外，研究人员已经通过实验表明属性对于描述人们熟悉和不熟悉的对象很有用处[2-5]，并且将已知的属性知识从一个类别迁移到另一个新的类别上面，可以使得分类器能够对那些没有训练样本的类别进行识别，从而解决零样本学习的问题[6-8]。

当然，底层特征中蕴含的信息远远比属性描述更加丰富，而且一个属性往往只能描述对象的某个侧面，不能反映对象的本质。例如，仅仅一个"条纹"属性通常很难反映是"斑马"这一对象类别的本质特点，即很难通过某些单独的属性达到"窥一斑而知全豹"的效果。即便如此，Russakovsky 等[9]仍然认为，属性作为一种对象类别的描述方式，具有底层特征不具备的以下优点。

（1）可推广性。一个具体的属性描述对象的某一方面，不同对象之间可能共享某些属性特征。如"毛茸茸的"这一属性可以同时被"狗""猫""狮子"等对象类别共享。因此通过对所有对象类共同属性的描述，我们可以将以前学到的有关各类属性的知识推广应用到新的对象类别上。正是这种可推广性才使得零样本学习中可见对象类别和新对象类别之间的知识传递变得可能。

（2）可解释性。属性与一般的底层特征相比较具有一定语义含义，可以作为一种更高级的人际交互方式，使得图像检索、嫌疑犯图像查询等工作更加方便，并使得模式识别的学习结果更具有可解释性。

（3）灵活性。与底层特征不同，属性描述既可以描述对象的某些局部特征（如"椭圆形的脸"），也可以描述对象的全局特征（如"体积庞大"），还可以描述对象的类别特征（如"像长颈鹿"）。因此在描述对象的能力上，属性具有更灵活和更宽广的表现方式。

（4）经济性。与类别标签标注不同，人们在为对象标注属性时常常是以一个对象类别而不是以一个对象实例为单位进行的，而一个对象类别可能对应着成百上千的具体实例，因此标注属性是一件相对经济的事情。

属性获取的主要途径是人工标注，通常需要借助一些网站平台来实现。例如，研究人员在亚马逊·土耳其机器人[10]平台上提供了标注要求和具体说明，然后通过专门的人员对图像进行标注，从而获得属性。

2.2 二值属性学习

2.2.1 二值属性基本概念

目前的属性学习研究主要将属性分为二值属性和相对属性，其中二值属性的取值通常是离散值，而相对属性的取值通常是连续值。二值属性表示的是属性"有"和"无"的概念，分别用 1 和 0 来表示，若目标对象具有某属性，则该属性值为 1，若目标对象不具有该属性，则该属性值为 0。因此可以用向量的形式表示为 $a=[a_1,a_2,\cdots,a_m,\cdots,a_M]$，$a_m$ 指第 m 个属性。图 2.1 表示 coast 和 highway 两种不同类别的 5 个二值属性值，其中 coast 具有 natural 和 open 这 2 个属性，而不具有其他 3 个属性，因此 coast 的二值属性向量可以表示为[1, 1, 0, 0, 0]；highway 具有 open，perspective，depth-close 这 3 个属性，而不具有其他 2 个属性，因此 highway 的二值属性向量可以表示为[0, 1, 1, 0, 1]。

	a_1 natural	a_2 open	a_3 perspective	a_4 size-large	a_5 depth-close
coast 	1	1	0	0	0
highway 	0	1	1	0	1

图 2.1 二值属性示意图

2.2.2　二值属性分类器学习

属性分类器的学习是实现零样本图像分类的重要内容，目前广泛使用的算法是使用支持向量机[11]来训练二值属性分类器。对于一幅图像而言，其属性标签有多个（如"有翅膀的""有尾巴的""绿颜色的"等），二值属性分类器的训练思路是为每一个属性训练一个分类器。二值属性分类器的训练过程主要包括：①特征提取。通常将图像表示为底层特征的向量形式。②属性分类器的学习。通常采用 Lib-SVM 来训练属性分类器。③属性标签预测。利用学习得到的二值属性分类器来预测测试图像的属性标签。下面以"条纹的"这一属性为例，如图 2.2 所示，首先提取训练图像的底层特征，并以是否有"条纹的"这一属性为标准，将训练图像划分为正负样本。然后利用正负样本的底层特征及属性标签来训练属性分类器。最后在属性标签预测阶段，提取测试图像的底层特征，代入已训练好的属性分类器中，预测测试图像是否具有"条纹的"属性。

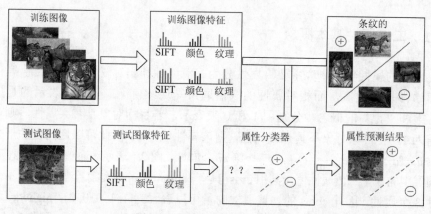

图 2.2　属性分类器训练示意图

在学习某个属性 $a_m(m \in [1, M])$ 分类器时，给定 N 幅图像组成的训练数据集 $\{(x_i, y_i), i = 1, \cdots, N\}$，其中 x_i 是图像的底层特征，$y_i \in \{-1, +1\}$ 表示训练图像的属性标签，若 $y_i = +1$ 则表示该样本具有属性 a_i，若 $y_i = -1$ 则表示该样本不具有属性 a_i。因此，该属性的线性支持向量机决策函数为

$$f_i(x_i) = \langle w_i, x_i \rangle + b_i \tag{2.1}$$

式中，w_i 为权重系数向量，即分类面的法向量；b_i 是分类超平面的偏置项。最后，将 $f_i(x_i)$ 的输出值进行二值处理，得到最终的属性决策值。

$$\mathrm{sgn}[f_i(x_i)] = \begin{cases} 1, & f_i(x_i) \geqslant 0 \\ -1, & f_i(x_i) < 0 \end{cases} \tag{2.2}$$

2.3　相对属性学习

2.3.1　相对属性基本概念

二值属性在大多数的视觉应用中有着重要的用途, 可以通过确定一个属性在图像中是否存在, 从而帮助众多的视觉任务理解图像的内容[12], 然而从人类的认知角度出发, 认识和理解事物不仅仅是看有或者没有的问题, 更多的是以比较的方式去看待。另外, 二值属性对于含糊不清的情况也无法处理, 例如, 由图 2.3 可以看出, 二值属性只能简单地表述图像是否具有某种属性 (有为 1, 没有则为 0), 以 "笑" 这个属性为例, 图 2.3 (c) 表现出了明显的笑容 (属性值为 1), 图 2.3 (a) 没有出现明显的笑容 (属性值为 0), 而图 2.3 (b) 中的笑容介于图 2.3 (a) 和 (c) 之间, 在这种情况下, 图 2.3 (b) 的属性又该如何赋值呢? 利用二值属性对其赋予 1 或者 0 均有可能, 但是这并不符合实际情况。

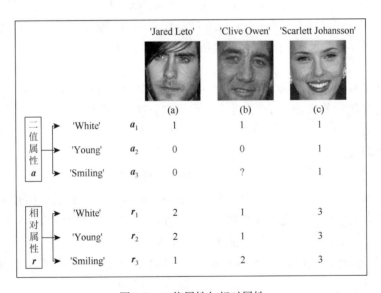

图 2.3　二值属性与相对属性

与二值属性不同, 相对属性侧重于比较两幅图像的属性强度大小。相对属性将属性的取值范围由 {0, 1} 转变成为 $(-\infty, +\infty)$, 但是属性值的绝对大小并没有明确的意义, 因为在只有一个属性值存在的情况下, 无法衡量其属性强度。另外, 对于不同的属性, 属性值的分布情况也不同, 因此任意两个属性之间不具备可比性。然而, 利用相对属性对图像的属性进行排序, 能够更加准确地表达语义属性信息,改善了二值属性中属性取值范围的局限性而导致的属性模糊不清等问题。因此，相对属性较二值属性，具有更强的图像描述能力和人机交互能力。

相对属性在机器学习和模式识别领域有着广泛的应用，除了可以应用于描述属性强度的大小，还能够通过人工有监督给分类器提供反馈[13, 14]及交互式地选取图像检索的结果[15]，从而提高主动学习的学习能力。Sadovnik 等[16]将二值属性与相对属性混合提出了一种 Spoken 属性分类器，使得属性能以一种更加自然的方式来描述图像。Kim 等[17]将深度神经卷积网络与相对属性学习框架相结合，以增加属性排序的精度。在最近的研究中，相对属性被用于解决文本描述和零样本学习等问题[18]。

2.3.2　排序学习

排序学习是相对属性学习的一个重要内容，目前大多数相对属性学习算法都是采用排序支持向量机（ranking SVM）[19-22]来学习属性排序函数。排序学习属于监督或者半监督的学习问题，在数据挖掘、网页推荐排序等领域的应用比较普遍。常见的解决排序问题的模型是 ranking SVM，其主要思想是将样本的排序问题转化为一种对样本之间的差值进行分类的问题，然后用传统的 SVM 方法来训练排序函数。

假设输入的特征空间 $X \in \mathbb{R}^d$，维数为 d。输出空间 $Y = \{y_1, y_2, \cdots, y_k\}$ 对应于特征空间 X 的标签集合，其中 k 为排序标签的个数。标签 Y 中的元素相互之间的次序关系为 $y_k \succ y_{k-1} \succ \cdots \succ y_1$。那么，存在一种排序函数 $f(\cdot)$，使得对于所有样本都存在如下的关系：

$$x_i \succ x_j \Leftrightarrow f(x_i) \succ f(x_j) \tag{2.3}$$

对数据集 $S = \{(x_i, y_i)\}_{i=1}^l$ 的排序问题也就是要从函数集合找到最优函数 $f^* \in F$ 使得排序样本的损失函数达到最小化。通常 $f_w(x_i)$ 可以用线性函数表示为

$$f_w(x_i) = \langle w, x_i \rangle \tag{2.4}$$

式中，$\langle , \rangle$ 表示内积运算；w 表示权重向量。将式（2.3）代入式（2.4）得

$$x_i \succ x_j \Leftrightarrow \langle w, x_i - x_j \rangle > 0 \tag{2.5}$$

由式（2.5）可知，特征之间的排序关系 $x_i \succ x_j$ 可以用 $(x_i - x_j)$ 表示。对于特征空间中的任意两个样本，都可以通过 $(x_i - x_j)$ 这个新的向量和相应的新标签表示两两之间的有序关系，利用已知数据集 S 中的已标记样本，可以构成新数据集 S'，由式（2.6）给出[22]：

$$S' = \{x_i - x_j, z_n\}_{n=1}^l, \quad z = \begin{cases} +1, & y_i \succ y_j \\ -1, & \text{其他} \end{cases} \tag{2.6}$$

由式（2.6）可知，通过新特征 $(\boldsymbol{x}_i - \boldsymbol{x}_j)$ 及 +1 和 –1 两个新标签，可以在原特征空间中表示任意的两个样本之间的有序关系，所以解决这个标准的二分类问题也就可以解决排序问题。构造排序支持向量机可得

$$\min M(\boldsymbol{w}) = \frac{1}{2}\|\boldsymbol{w}\|^2 + C\sum_{i=1}^{l}\xi_i \qquad (2.7)$$
$$\text{s.t.}\quad z_i\langle \boldsymbol{w}, \boldsymbol{x}_i - \boldsymbol{x}_j\rangle \geqslant 1 - \xi_i,\quad \xi_i \geqslant 0,\quad i = 1,\cdots,l$$

这样，通过求解上述优化方程就可以得到最优的权重向量，令 $\boldsymbol{w}^*$ 为式（2.4）的最优权重向量，那么排序支持向量机最终的排序函数为

$$f_{\boldsymbol{w}^*}(\boldsymbol{x}_i) = \langle \boldsymbol{w}^*, \boldsymbol{x}_i\rangle \qquad (2.8)$$

下面举例说明 ranking SVM 的训练过程。如图 2.4 所示，三角形、圆形和五角星分别代表三种不同的属性强度（三角形 ≻ 圆形 ≻ 五角星），假设对于属性 $\boldsymbol{a}_m$ 而言，样本 $\boldsymbol{x}_1$、$\boldsymbol{x}_2$、$\boldsymbol{x}_3$ 的属性强度分别为三角形、圆形和五角星（即属性强度：$\boldsymbol{x}_1 \succ \boldsymbol{x}_2 \succ \boldsymbol{x}_3$）。为了使用支持向量机的方法进行排序学习，ranking SVM 重新定义了新的训练样本，令 $(\boldsymbol{x}_1 - \boldsymbol{x}_2)$，$(\boldsymbol{x}_1 - \boldsymbol{x}_3)$，$(\boldsymbol{x}_2 - \boldsymbol{x}_3)$ 为正类样本，令 $(\boldsymbol{x}_2 - \boldsymbol{x}_1)$，$(\boldsymbol{x}_3 - \boldsymbol{x}_1)$，$(\boldsymbol{x}_3 - \boldsymbol{x}_2)$ 为负类样本，然后训练一个二分类器来对这些新样本进行二值分类。这样，就可以将排序问题转化为支持向量机的训练问题。

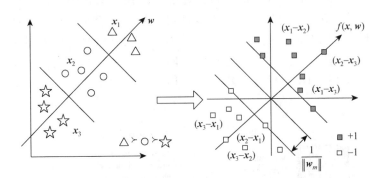

图 2.4　ranking SVM 训练示意图

2.3.3　相对属性的应用

由于相对属性比较符合人们日常生活中的语言描述习惯，因此，相对属性学习在实际应用中有着广泛的用途[14, 23, 24]。常见的应用主要有以下三方面。

（1）由于相对属性比较符合人们日常生活中的语言描述习惯，使得相对属性在实际应用中有着广泛的用途。例如，用户在电商平台上进行商品检索时，可以利用相对属性的思想不断比较商品以缩小范围，在最短的时间内找到目标商

品。如图 2.5 所示，某用户想要搜索一双满足自己想法的鞋子时，可以通过相对属性进行不断的比较，有效地缩小选择范围，最终准确地找到自己想要的那双鞋子。

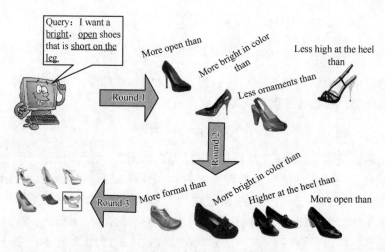

图 2.5   利用相对属性进行产品检索

（2）此外，相对属性较强的图像描述能力，使得其在图像描述应用中也起着重要的作用。值得一提的是，由于属性可以被不同类别的图像所共有，因此相对属性不仅可以对同一类别的图像进行描述，也可以对其他类别的图像进行描述。图 2.6 是分别利用二值属性和相对属性对 3 幅不同类别的图像进行描述的结果，从图 2.6 中可以看出，相比二值属性，相对属性可以更加准确地对图像进行描述。

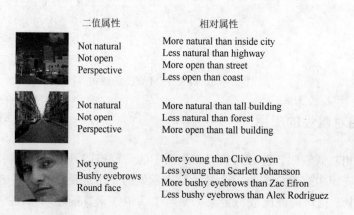

图 2.6   利用相对属性描述图像

（3）相对属性除了以上两种应用，还可以用于解决零样本学习问题。二值属性与相对属性在解决零样本学习的问题时存在很大的差别，虽然同样是将属性作为连接不同类别对象的桥梁，但二值属性通过学习特征与属性之间的关系，进而为未知样本在属性空间中定位。与二值属性不同，相对属性则通过属性之间的相对关系为未知样本在属性空间中定位，最终通过样本与类别模型之间的相似程度来判断样本的类别。图 2.7 是利用相对属性对不同类别样本的属性进行建模的过程。

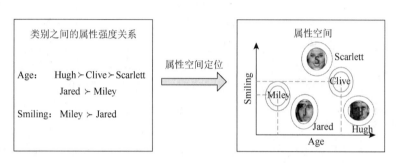

图 2.7　相对属性建模示意图

2.4　基于属性的零样本图像分类

作为实现零样本学习的关键技术，属性搭建起了可见类和不可见类之间的桥梁：在训练阶段，通过训练图像的底层特征 x 和属性标签来学习属性分类器；测试时，通过学习得到的属性分类器对测试样本的属性 $[a_1, a_2, \cdots, a_M]$ 进行预测；最后，通过属性-类别之间的对应关系寻找测试样本的类别标签。图 2.8 是基于属性的零样本学习示意图，在属性空间 (a_1, a_2, a_3) 中，圆形代表标签已知的 3 个类别 L_1、L_2、L_3；而三角形代表了标签未知的 3 个类别 Z_1、Z_2、Z_3，虽然该类周围没有训练样本，但却可以通过其类别属性为其在属性空间中定位。当测试阶段出现新样本（图 2.8 中用五角星代表）时，只需通过训练好的属性分类器为新样本预测属性，并在属性空间中定位，再根据新样本与属性空间中各个类别的距离来判断新样本的类别标签，最后将与新样本属性空间距离最小的类别标签标记给新样本。

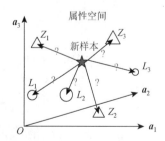

图 2.8　基于属性的零样本学习示意图

2.4.1　间接属性预测模型

在基于属性的零样本学习研究中，目前比较主流的方法有两种：IAP 模型

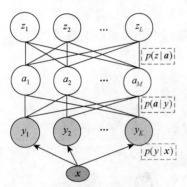

图 2.9　间接属性预测模型

和 DAP 模型，其中，IAP 模型通过预测样本的类别从而间接预测样本的属性，其模型框架如图 2.9 所示。在图 2.9 中，$\boldsymbol{x}$ 代表样本的底层特征，$\boldsymbol{a} = (a_1, a_2, \cdots, a_M)$ 表示训练类别和测试类别所共有的属性层，y 和 z 表示类别标签层，y 代表训练样本类（可见类）的标签，z 代表测试样本类（不可见类）的标签。IAP 模型将属性层建立在 y 层与 z 层之间，具体建模过程分析如下。

（1）首先，IAP 模型通过训练样本的底层特征 $\boldsymbol{x}$ 获得每一类的特征-类别模型 $p(y_k | \boldsymbol{x})$，其中 $k = 1, 2, \cdots, K$；然后，由类别标签 y_k 及属性 $\boldsymbol{a} = (a_1, a_2, \cdots, a_M)$ 估计出每一个属性的条件分布 $p(a_m | y_k)$。从而，可以得到属性-类别模型为

$$p(\boldsymbol{a} | y_k) = \prod_{m=1}^{M} p(a_m | y_k) \tag{2.9}$$

由特征-类别模型 $p(y_k | \boldsymbol{x})$ 和属性-类别模型 $p(\boldsymbol{a} | y_k)$，可以得到特征-属性预测模型：

$$p(\boldsymbol{a} | \boldsymbol{x}) = p(\boldsymbol{a} | y_k) p(y_k | \boldsymbol{x}) \tag{2.10}$$

（2）测试时，由训练阶段得到的特征-属性预测模型 $p(\boldsymbol{a} | \boldsymbol{x})$ 可以完成从测试样本特征到测试样本属性 a^z 的预测，从而得到属性预测概率 $p(a^z | \boldsymbol{x})$；由贝叶斯定理[25]，可以得到从预测属性 a^z 到测试类标签 z 的表示：

$$p(z | a^z) = \frac{p(z)}{p(a^z)} p(a^z | z) \tag{2.11}$$

那么，从测试样本的底层特征到测试样本类标签 z 的预测可以表示为

$$p(z | \boldsymbol{x}) = \sum_{\boldsymbol{a} \in \{0,1\}^M} p(z | a^z) p(a^z | \boldsymbol{x}) = \frac{p(z)}{p(a^z)} \prod_{m=1}^{M} p(a_m^z | \boldsymbol{x}) \tag{2.12}$$

（3）在标签分配阶段，通过最大后验（maximum a posterior，MAP）估计[26] 将使得后验概率最大的类别标签分配给测试样本，即

$$f(\boldsymbol{x}) = \arg\max_{l=1, \cdots, L} p(z | \boldsymbol{x}) = \arg\max_{l=1, \cdots, L} \prod_{m=1}^{M} \frac{p(a_m^{z_l} | \boldsymbol{x})}{p(a_m^{z_l})} \tag{2.13}$$

以上是 IAP 模型的建模过程，模型的重要思想是学习多类分类器，通过间接的方式预测测试样本的属性，从而实现可见类和不可见类之间的知识迁移。

2.4.2　直接属性预测模型

在 DAP 模型中，测试样本的属性是通过属性分类器直接预测得来的，其模型框架如图 2.10 所示。图 2.10 中，$\boldsymbol{x}$ 代表样本的底层特征，$\boldsymbol{a}$ 表示训练类别和测试类别所共有的属性层，y 和 z 表示类别标签层，y 代表训练样本类（可见类）的标签，z 代表测试样本类（不可见类）的标签。DAP 模型与 IAP 模型建模过程中最大的区别在于从特征到属性的预测方式不同，DAP 模型将属性层建立在特征层与类别标签层之间，具体建模过程分析如下。

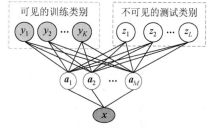

图 2.10　DAP 模型

（1）训练阶段，DAP 模型通过训练样本的底层特征 $\boldsymbol{x}$ 为每一个属性都学习一个属性分类器，获得每一个属性的属性-特征模型 $p(a_m \mid \boldsymbol{x})$，其中 $m = 1, 2, \cdots, M$。从而得到属性-特征模型：

$$p(\boldsymbol{a} \mid \boldsymbol{x}) = \prod_{m=1}^{M} p(a_m \mid \boldsymbol{x}) \tag{2.14}$$

（2）测试阶段，由训练阶段得到的每个属性的属性分类器 $p(a_m \mid \boldsymbol{x})$ 就可以完成测试样本属性 $\boldsymbol{a}$ 的预测；从预测属性到类标签的建模方法与 IAP 模型相同，但由于在 DAP 模型中标签层是由可见类 y 和不可见类 z 组成的，因此所得的类别-属性模型为

$$p(z \mid \boldsymbol{x}) = \sum_{\boldsymbol{a} \in \{0,1\}^M} p(z \mid \boldsymbol{a}) p(\boldsymbol{a} \mid \boldsymbol{x})$$

$$\text{或} \quad p(y \mid \boldsymbol{x}) = \sum_{\boldsymbol{a} \in \{0,1\}^M} p(y \mid \boldsymbol{a}) p(\boldsymbol{a} \mid \boldsymbol{x}) \tag{2.15}$$

（3）标签分配阶段，同样采用 MAP[26]方法，最终得到不可见类样本标签的预测，即

$$f(\boldsymbol{x}) = \arg\max_{l=1,\cdots,L} p(z \mid \boldsymbol{x}) = \arg\max_{l=1,\cdots,L} \prod_{m=1}^{M} \frac{p(a_m^{z_l} \mid \boldsymbol{x})}{p(a_m^{z_l})}$$

$$\text{或} \quad f(\boldsymbol{x}) = \arg\max_{k=1,\cdots,K} p(y \mid \boldsymbol{x}) = \arg\max_{k=1,\cdots,K} \prod_{m=1}^{M} \frac{p(a_m^{y_k} \mid \boldsymbol{x})}{p(a_m^{y_k})} \tag{2.16}$$

以上是 DAP 模型的整个建模过程，从以上建模过程可知，测试样本通过 DAP

模型预测后，类别标签可能被分配为可见类或者不可见类，而通过 IAP 模型预测的样本则只能被分配为不可见类别的标签。

DAP 模型与 IAP 模型最主要的区别在于需要学习的分类器不同，IAP 模型需要学习多类分类器，而 DAP 模型需要学习一组属性分类器，但是两者的目标是一致的，即通过属性预测实现已知模式向未知模式的知识迁移。

参 考 文 献

[1]　Babbie E R. The Practice of Social Research[M]. Cambridge：Wadsworth Publishing，2006.

[2]　Rohrbach M，Stark M，Szarvas G，et al. Combining language sources and robust semantic relatedness for attribute-based knowledge transfer[C]//Proceedings of European Conference on Computer Vision，Berlin，2010：15-28.

[3]　Farhadi A，Endres I，Hoiem D. Attribute-centric recognition for cross-category generalization[C]//Proceedings of IEEE Conference on Computer Vision and Pattern Recognition，San Francisco，2010：2352-2359.

[4]　Scheirer W J, Kumar N, Belhumeur P N, et al. Multi-attribute spaces：Calibration for attribute fusion and similarity search[C]//Proceedings of IEEE Conference on Computer Vision and Pattern Recognition，Providence，2012：2933-2940.

[5]　Kovashka A，Vijayanarasimhan S，Grauman K. Actively selecting annotations among objects and attributes[C]//Proceedings of IEEE Conference on Computer Vision，Barcelona，2011：1403-1410.

[6]　Kankuekul P，Kawewong A，Tangruamsub S，et al. Online incremental attribute-based zero-shot learning[C]//Proceedings of IEEE Conference on Computer Vision and Pattern Recognition，Providence，2012：3657-3664.

[7]　Elhoseiny M，Saleh B，Elgammal A. Write a classifier：Zero-shot learning using purely textual descriptions[C]//Proceedings of IEEE Conference on Computer Vision，Sydney，2013：2584-2591.

[8]　Liu M，Zhang D，Chen S. Attribute relation learning for zero-shot classification[J]. Neurocomputing，2014，139（2）：34-46.

[9]　Russakovsky O，Li F F. Attribute learning in large-scale datasets[C]//European Conference on Computer Vision，Berlin，2010：1-14.

[10]　Mason W，Suri S. Conducting behavioral research on Amazon's Mechanical Turk[J]. Behavior Research Methods，2012，44（1）：1-23.

[11]　Bouboulis P，Theodoridis S，Mavroforakis C，et al. Complex support vector machines for regression and quaternary classification[J]. IEEE Transaction on Neural Networks and Learning Systems，2015，26（6）：1260-1274.

[12]　Chen H，Gallagher A，Girod B. Describing clothing by semantic attributes[J]. Lecture Notes in Computer Science，2012，7574（3）：609-623.

[13]　Biswas A，Parikh D. Simultaneous active learning of classifiers and attributes via relative feedback[C]//Proceedings of IEEE Conference on Computer Vision and Pattern Recognition，Portland，2013：644-651.

[14]　Parkash A，Parikh D. Attributes for classifier feedback[C]//Proceedings of IEEE Conference on Computer Vision，Florence，2012：354-368.

[15]　Kovashka A，Parikh D，Grauman K. Whittle search：Image search with relative attribute feedback[C]//Proceedings of IEEE Conference on Computer Vision and Pattern Recognition，Providence，2012：2973-2980.

[16]　Sadovnik A，Gallagher A，Parikh D. Spoken attributes：Mixing binary and relative attributes to say the right thing[C]//Proceedings of IEEE Conference on Computer Vision，Sydney，2013：2160-2167.

[17]　Kim D J，Yoo D，Im S. Relative attributes with deep convolutional neural network[C]//Proceedings of IEEE Conference on Ubiquitous Robots and Ambient Intelligence，Goyangi，2015：157-158.

[18]　Parikh D，Grauman K. Relative attributes[C]//Proceedings of IEEE Conference on Computer Vision，Barcelona，2011：503-510.

[19]　Bai Y，Tang M. Robust visual tracking via ranking SVM[C]//Proceedings of IEEE Conference on Image Processing，Brussels，2011：517-520.

[20]　Cao D，Lei Z，Zhang Z，et al. Human Age Estimation Using Ranking SVM[M]. Berlin：Springer，2012：324-331.

[21]　Yu H，Kim J，Kim Y，et al. An efficient method for learning nonlinear ranking SVM functions[J]. Information Sciences，2012，209（20）：37-48.

[22]　Jung C，Jiao L C，Shen Y. Ensemble ranking SVM for learning to rank[C]//Proceedings of IEEE International Workshop on Machine Learning for Signal Processing，Beijing，2011：1-6.

[23]　Sandeep R N，Verma Y，Jawahar C V. Relative parts：Distinctive parts for learning relative attributes[C]//Proceedings of IEEE Conference on Computer Vision and Pattern Recognition，Columbus，2014：3614-3621.

[24]　Altwaijry H，Belongie S. Relative ranking of facial attractiveness[C]//Proceedings of IEEE Workshop on Applications of Computer Vision，Clearwater Beach，2013：117-124.

[25]　Hwang S J，Sha F，Grauman K. Sharing features between objects and their attributes[C]//Proceedings of IEEE Conference on Computer Vision and Pattern Recognition，Colorado，2011：1761-1768.

[26]　Zhang L P，Zhang H Y，Shen H F，et al. A super-resolution reconstruction algorithm for surveillance images[J]. Signal Processing，2010，90（3）：848-859.

第 3 章　基于关联概率的间接属性加权预测模型

本章针对间接属性预测模型在分类器训练过程中假设每个属性对于分类决策的重要性均相同的不足，一方面考察了同一个类别的不同属性对于分类的重要程度，采用类别与属性之间的关联概率来计算同一个类别中不同属性的权重值，提出一种基于关联概率的间接属性加权预测（related probability-based indirect attribute weighted prediction，RP-IAWP）模型；另一方面，将提出的 RP-IAWP 模型应用于属性预测和零样本图像分类中，以提高属性预测的精度及零样本图像分类的识别率。

为了降低计算的复杂程度，DAP 模型和 IAP 模型在分类器训练过程中均假设属性和类别之间是没有关联的，这也意味着每个属性对于分类决策的重要性是相同的，即属性的权重值均为 1。然而在实际应用中，不同的属性对于分类的贡献程度不是完全相同的，例如，在对"熊猫"进行分类和识别时，"四条腿"这个属性显然比"有翅膀"这个属性对决策分类的影响大。因此，"属性独立"这种不合理的假设会使得图像分类的准确率受到一定程度的影响。同样，朴素贝叶斯分类器也假定特征变量之间是彼此独立的。为了使朴素贝叶斯分类器的精确度得到提高，相关研究人员对削弱这一假设做了大量的尝试，通过为不同特征赋予一个相应的权重（如马尔可夫蒙特卡罗法、粗糙集法、增益率法、爬山法及决策树法等[1-3]）来区分不同的条件特征对于分类决策不同的贡献程度，提出了各种不同类型的加权朴素贝叶斯分类器。但是，这些加权朴素贝叶斯分类器都没有将属性作为中间层共享于训练类和测试类之间，因此不能实现零样本图像分类。为此，本章提出一种利用关联概率确定属性权值的方法，并将其应用于 IAP 模型，提出一种基于关联概率的间接属性加权预测模型。最后，将提出的 RP-IAWP 模型应用于零样本图像分类。

3.1　系　统　结　构

基于 RP-IAWP 模型的零样本图像分类结构图如图 3.1 所示。首先，提取训练样本的底层特征，并根据训练样本属性与类别之间的关系得到不同属性的权重，然后将训练样本的底层特征和得到的属性权重用于 IAP 模型的训练，得到间接属性加权预测模型。在测试阶段，首先提取测试样本的底层特征，然后通

过 RP-IAWP 模型对测试图像的属性进行预测，最后根据预测的属性进行测试
图像的标签预测。

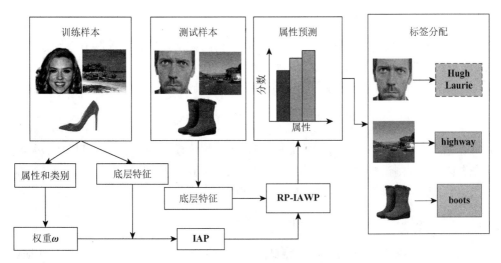

图 3.1 基于 RP-IAWP 模型的零样本图像分类结构图

3.2 RP-IAWP 模型

RP-IAWP 模型是一种将视觉属性作为中
间媒介，并结合样本的不同属性权重而构建
的分类器模型，RP-IAWP 模型的框架如图 3.2
所示。图 3.2 中，x 代表样本的底层特征，a
表示训练样本和测试样本所共有的属性层，
y 和 z 表示标签层，y 代表训练样本类（可
见类）的标签，z 代表测试样本类（未见类）
的标签，ω 表示属性的权重。RP-IAWP 模型
将属性层建立在 y 层与 z 层之间，具体建模
过程分析如下。

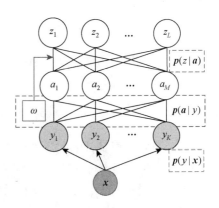

图 3.2 RP-IAWP 模型的框架

首先，RP-IAWP 模型通过训练样本的底层
特征 x 获得每一类的特征-类别模型 $p(y_k \mid x)$，其中 $k = 1, 2, \cdots, K$；然后，由类别标
签 y_k 及属性 $a = (a_1, a_2, \cdots, a_M)$ 估计出每一个属性的条件分布 $p(a_m \mid y_k)$。从而可以
得到属性-类别模型为[4, 5]

$$p(a \mid y_k) = \prod_{m=1}^{M} p(a_m \mid y_k) \tag{3.1}$$

由特征-类别模型 $p(y_k|\boldsymbol{x})$ 和属性-类别模型 $p(\boldsymbol{a}|y_k)$，可以得到特征-属性预测模型[4, 5]：

$$p(a_m|\boldsymbol{x}) = \sum_{k=1}^{K} p(a_m|y_k)p(y_k|\boldsymbol{x}) \tag{3.2}$$

由第 k 类训练样本的属性 a_m 的值可以计算出类别与属性的关联概率，进而得到第 k 类训练样本属性 a_m 的权重 ω_m^k，并将权重 ω_m^k 在特征-属性预测模型 $p(\boldsymbol{a}|\boldsymbol{x})$ 的基础上进行加权，最终得到加权后的特征-属性预测模型：

$$p(a_m|\boldsymbol{x},\omega_m) = \sum_{k=1}^{K} p(a_m|y_k)^{\omega_m^k} p(y_k|\boldsymbol{x}) \tag{3.3}$$

测试时，由训练阶段得到的加权特征-属性预测模型 $p(a^z|\boldsymbol{x},\omega)$ 可以完成从测试样本特征到测试样本属性 a^z 的预测，其中 a^z 表示类别 z 的属性；由贝叶斯定理，可以得到从预测属性 $\boldsymbol{a}$ 到测试类标签 z 的表示[4, 5]：

$$p(z|\boldsymbol{a}) = \frac{p(z)}{p(a^z)} p(a^z|z) \tag{3.4}$$

由参考文献[4]和[5]可知，在测试阶段，假设每一个测试类别 z 都以一种确定的方法预测其属性 a^z，并采用艾弗森括号（Iverson's Bracket Notation）[6]表示为

$$p(a^z|z) = [\![\boldsymbol{a} = a^z]\!] \tag{3.5}$$

式中，$[\![P]\!] = 1$ 表示假如条件 P 成立，那么值为 1，反之值为 0。将式（3.5）代入式（3.4）可得

$$p(z|\boldsymbol{a}) = \frac{p(z)}{p(a^z)} [\![\boldsymbol{a} = a^z]\!] \tag{3.6}$$

将式（3.6）作为属性-类别连接层，则从测试样本的底层特征 $\boldsymbol{x}$ 到测试样本类标签 z 的预测可以表示为

$$p(z|\boldsymbol{x}) = \sum p(z|\boldsymbol{a})p(\boldsymbol{a}|\boldsymbol{x},\omega) = \frac{p(z)}{p(a^z)} \prod_{m=1}^{M} p(a_m^z|\boldsymbol{x},\omega_m) \tag{3.7}$$

由于缺少更具体的关于类别的先验知识，参照文献[4]和[5]中的办法，在模型中忽略 $p(z)$ 的影响。在标签分配阶段，利用 MAP[7]方法来估计测试样本的标签，即将测试类别 $z_1,z_2,\cdots,z_L$ 中使得后验概率最高的类别标签分配给测试样本 $\boldsymbol{x}$：

$$f(\boldsymbol{x}) = \underset{l=1,\cdots,L}{\arg\max}\, p(z|\boldsymbol{x}) = \underset{l=1,\cdots,L}{\arg\max} \prod_{m=1}^{M} \frac{p(a_m^{z_l}|\boldsymbol{x},\omega_m)}{p(a_m^{z_l})}$$

$$= \underset{l=1,\cdots,L}{\arg\max} \prod_{m=1}^{M} \frac{\sum_{k=1}^{K} p(a_m^{z_l}|y_k)^{\omega_m^k} p(y_k|\boldsymbol{x})}{p(a_m^{z_l})} \tag{3.8}$$

RP-IAWP 模型的主要思想是假设属性与类别之间是有一定关联性的，即每个属性对于分类的重要性是不相同的。因此，RP-IAWP 在计算每个属性的 $p(a_m^{z_l}|\boldsymbol{x})$

值时，为其赋予了不同的权重值 ω_m，以此提高属性分类器的准确率。事实上，IAP 模型是 RP-IAWP 模型的一种特殊情况，当所有属性的权重均为 1 时，RP-IAWP 模型将等同于 IAP 模型。

3.3 RP-IAWP 模型权重计算

对于 RP-IAWP 模型而言，最关键的问题就是如何为每个属性确定权重的大小。对于样本的某个属性 a_m 而言，针对不同的类 y_k 应该有不同的重要性。例如，同样是"有翅膀"这个属性，对于"老鹰"和"熊猫"这两个不同的类别而言其重要程度肯定是不一样的。假设"有翅膀"这个属性对于"老鹰"的权重是 ω_1，对于"熊猫"的权重是 ω_2，则很显然 $\omega_1 > \omega_2$。也就是说，属性与类别之间存在一定程度上的关联。RP-IAWP 模型尝试对属性与类别之间的这种关联关系进行量化，计算出每个属性的每个取值对于分类的影响，并将这种关联程度作为属性权重。

具有某属性的样本占总样本的比例可以直观地体现出属性在类别中的重要性，因此通过对可见类样本的属性统计和计算，便可以得到不同属性相应的权重。为此，此处分别利用关联概率 $p(a_m, \text{rel})$ 和非关联概率 $p(a_m, \text{irrel})$ 来实现对属性权重的计算，其计算公式如下：

$$p(a_m, \text{rel}) = \frac{\text{Count}(a_m = a_m^k \in y_k)}{\text{Count}(a_m = a_m^k)} \tag{3.9}$$

$$p(a_m, \text{irrel}) = \frac{\text{Count}(a_m \neq a_m^k \in y_k)}{\text{Count}(a_m = a_m^k)} \tag{3.10}$$

在上述方程中：① a_m^k 称为类别属性，表示属性 a_m 在第 k 类训练样本 y_k 中的取值；对于类别 y_k 的第 i 个样本而言，其第 m 个属性 $a_m^{k_i}$ 称为样本属性。② $\text{Count}(a_m = a_m^k \in y_k)$ 表示在第 k 类训练样本 y_k 中属性值等于 a_m^k 的样本总数；$\text{Count}(a_m \neq a_m^k \in y_k)$ 表示在第 k 类训练样本 y_k 中属性值不等于 a_m^k 的样本总数；具体的统计原则为如果 $a_m^{k_i}$ 大于或等于 a_m^k，则令 $a_m^{k_i} = a_m^k$，即表示"属性值等于 a_m^k"；反之，$a_m^{k_i} \neq a_m^k$ 即表示"属性值不等于 a_m^k"。③ $\text{Count}(a_m = a_m^k)$ 表示在第 k 类训练样本 y_k 中具有属性 a_m 的样本总数。具体的统计原则为如果 $a_m^{k_i} > 0$，则认为类别 y_k 中的第 i 个样本具有属性 a_m，反之，则认为类别 y_k 中的第 i 个样本不具有属性 a_m。对于每一个属性，具体的属性权重取值为

$$\omega_m^k = \frac{p(a_m, \text{rel})}{p(a_m, \text{irrel})} \tag{3.11}$$

由式（3.11）可知，权重 ω_m^k 表示的是属性 a_m 与第 k 类训练样本 y_k 的关联程度。若属性 a_m 与 y_k 的关联程度大，则在后验概率计算中属性值将获得较大的权重；反之，则将获得较小的权重。

3.4　RP-IAWP 模型分析

RP-IAWP 模型中的权重代表了属性在零样本图像分类中的重要程度，权重越大则关联属性对于分类的影响程度越大，换句话说，对于测试样本而言，其属性权重取值的不同将在很大程度上决定该样本属于哪一个类别。下面具体分析权重对于分类的影响。

在二分类问题中，样本 x 可能会以概率 $p(+|x)$ 被分配到正类（即 "+"），或者以概率 $p(-|x)$ 被分到负类（即 "-"）中。因此，根据式（3.3）和式（3.7）可以得到式（3.12）和式（3.13）

$$p(+|x) = \frac{p(+)}{p(a^+)}\prod_{m=1}^{M} p(a_m^+|x,\omega_m) \propto \frac{p(+)}{p(a^+)}\prod_{m=1}^{M} p(a_m^+|y_k)^{\omega_m^k} \tag{3.12}$$

$$p(-|x) = \frac{p(-)}{p(a^-)}\prod_{m=1}^{M} p(a_m^-|x,\omega_m) \propto \frac{p(-)}{p(a^-)}\prod_{m=1}^{M} p(a_m^-|y_k)^{\omega_m^k} \tag{3.13}$$

式中，参考文献[4]和[5]的处理方法，$p(+)$ 和 $p(-)$ 可以被忽略。因此，$p(+|x)$ 和 $p(-|x)$ 经过归一化处理后可以得到

$$\tilde{p}(+|x) = \frac{1}{1+\frac{1}{r}\prod_{m=1}^{M}\left[\frac{1}{\text{pratio}(a_m)}\right]^{\omega_m}} \tag{3.14}$$

$$\tilde{p}(-|x) = \frac{1}{1+r\prod_{m=1}^{M}[\text{pratio}(a_m)]^{\omega_m}} \tag{3.15}$$

式中，$r=\frac{p(+)}{p(-)}$，$\text{pratio}(a_m)=\frac{p(a_m|y_{k1})}{p(a_m|y_{k2})}$，由于 r 是一个常数，因此可以被忽略。

将式（3.14）和式（3.15）化简后得到

$$\tilde{p}(+|x) = \frac{1}{1+\prod_{m=1}^{M}\left[\frac{1}{\text{pratio}(a_m)}\right]^{\omega_m^k}} \tag{3.16}$$

$$\tilde{p}(-|x) = \frac{1}{1+\prod_{m=1}^{M}[\text{pratio}(a_m)]^{\omega_m^k}} \tag{3.17}$$

若 $p(a_m^+|y_k) > p(a_m^-|y_k)$，则有 $\text{pratio}(a_m)>1$，即 $\frac{1}{\text{pratio}(a_m)}<1$，那么 $\tilde{p}(+|x)$ 越大，同时 $\tilde{p}(-|x)$ 越小，即样本被分配 "+" 标签的概率越大。相反，如果

$p(a_m^+ \,|\, y_k) < p(a_m^- \,|\, y_k)$，则有 $\mathrm{pratio}(a_m) < 1$，即 $\dfrac{1}{\mathrm{pratio}(a_m)} > 1$，那么 $\tilde{p}(+\,|\,\boldsymbol{x})$ 越小，同时 $\tilde{p}(-\,|\,\boldsymbol{x})$ 越大，即样本被分配 "−" 标签的概率越大。

3.5　算 法 步 骤

综上所述，给出利用 RP-IAWP 模型对属性进行预测的算法步骤。

输入：训练样本 $\{x_1, x_2, \cdots, x_K; y_1, y_2, \cdots, y_K\}$，测试样本 $\{x_1, x_2, \cdots, x_L\}$ 及属性 $\{a_1, a_2, \cdots, a_M\}$。

步骤 1：统计训练样本中的 $\mathrm{Count}(a_m = a_m^k \in y_k)$，$\mathrm{Count}(a_m \neq a_m^k \in y_k)$ 及 $\mathrm{Count}(a_m = a_m^k)$ 的值。

步骤 2：由式（3.7）和式（3.8）分别计算关联概率 $p(a_m, \mathrm{rel})$ 和非关联概率 $p(a_m, \mathrm{irrel})$。

步骤 3：根据式（3.9），计算相应的权重 ω_m^k。

步骤 4：将权重 ω_m^k 应用于测试样本的属性预测中，由式（3.3）得到测试样本的预测属性。

步骤 5：对于测试样本，通过式（3.6）计算后验概率估计 $p(z\,|\,\boldsymbol{a})$，然后从测试类别标签中找出使得后验估计最大的类别并分配标签。

输出：测试样本的属性和类别标签。

3.6　实验结果与分析

3.6.1　实验设置

实验选取户外场景识别数据集（OSR）[8]、公开人脸数据集（Pub Fig）[9] 和属性发现数据库——鞋类数据集（Shoes）[10] 和动物数据集（AWA）[5] 进行测试。表 3.1 给出了 4 个数据集的具体描述，其中 OSR 数据集采用 512 维的 gist 特征[11]来表示 2688 幅图片，共有 8 个场景类及 6 种属性；Pub Fig 数据集共包含 8 位名人的 772 幅头像图片，对每幅图片样本提取 512 维 gist 特征及 30 维全局颜色特征[12]，该数据集拥有 11 种语义属性；Shoes 数据集共包含 14658 幅图片，10 类鞋子及 10 种属性。与 Pub Fig 相同，Shoes 数据集也使用 gist 特征和全局颜色特征来表示图像；AWA 数据集包含来自 50 个类别的 30475 幅图像，共有 85 个属性，每幅图像都用 6 种不同的特征描述，分别是 2688 维的 HSV 颜色特征[13]，2000 维的 LSS 特征[14]，252 维的 PHOG 特征[15]，2000 维的 rgSIFT 特征[16]，2000 维的 SIFT 特征[17] 及 2000 维的 SURF 特征[18]。实验选择了 10 类动物作为测试类别：

blue whale、bat、lion、zebra、sheep、elephant、fox、rabbit、giraffe 和 polar bear，剩下的 40 类动物类别作为训练类别。在 AWA 数据集中，为了减少计算量，仅随机选取每一类动物的 100 幅图像作为实验样本。

表 3.1　数据集描述

数据集	样本量	类别数	属性数	特征表示
OSR	2688	8	6	gist（512）
Pub Fig	772	8	11	gist（512）；color（30）
Shoes	14658	10	10	gist（960）；color（30）
AWA	30475	50	85	HSV（2688）；LSS（2000）；PHOG（252）；rgSIFT（2000）；SIFT（2000）；SURF（2000）

3.6.2　属性预测实验

为验证提出的改进算法对于属性预测的有效性，分别将 IAP、RFUA[19] 和 RP-IAWP 模型应用于上述 4 个数据集中进行属性预测。另外，为了消除随机误差带来的影响，实验在 OSR 数据集和 Pub Fig 数据集上采取 C_8^5 折交叉验证的方法挑选 5 类图像作为训练类，其余的 3 类图像作为测试类；在 Shoes 数据集上采取 C_{10}^5 折交叉验证的方法挑选 5 类图像作为训练类，其余的 5 类图像作为测试类；在 AWA 数据集上将 3.6.1 节中选取的 10 类动物类作为测试类，剩下的 40 类动物类别作为训练类别。参考文献[4]和[5]的方法，利用非线性支持向量机来预测每一个属性。图 3.3 给出了每一种模型的平均属性预测精度结果。由图 3.3 可以看出，RP-IAWP 模型在大部分属性上的预测精度均高于 IAP 模型和 RFUA 模型，这也体现了为每一个属性进行加权的重要性。

3.6.3　零样本图像分类实验

在每一个数据集上均进行多次零样本图像分类实验，每次实验选取不同数量的训练类（可见类）和测试类（未见类）进行分类实验。另外，为了消除随机因素对实验结果的影响，实验同样采取了 C_F^f 折交叉验证的方法（F 为数据集类别总数，f 为参与训练的类别数），也就是说，在实验过程中，在 OSR 数据集和 Pub Fig 数据集上分别进行了 5 次 C_F^f 折交叉验证实验，即 $C_8^6=28$ 折、$C_8^5=56$ 折、$C_8^4=70$ 折、$C_8^3=56$ 折、$C_8^2=28$ 折；在 Shoes 数据集上进行 7 次 C_F^f 折交叉验证实验，即 $C_{10}^8=45$ 折、$C_{10}^7=120$ 折、$C_{10}^6=210$ 折、$C_{10}^5=252$ 折、$C_{10}^4=210$ 折、

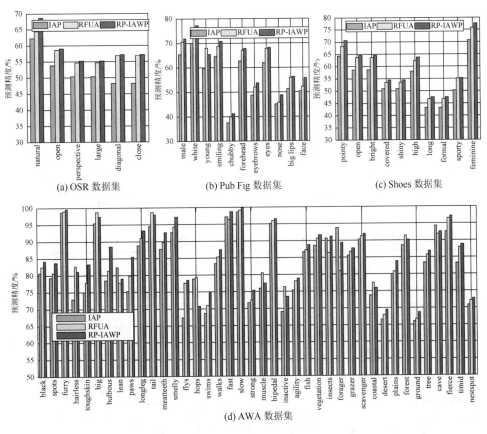

(a) OSR 数据集　　(b) Pub Fig 数据集　　(c) Shoes 数据集

(d) AWA 数据集

图 3.3　属性预测精度

$C_{10}^3 = 120$ 折、$C_{10}^2 = 45$ 折。由于动物数据集太大，因此实验仅从 3.6.1 节中已定的 10 类测试类别中挑选 f 个类别作为测试类别，其余的作为训练类别，换句话说，在 AWA 数据集上进行 6 次 C_{10}^f 折交叉验证，即 $C_{10}^5 = 252$ 折、$C_{10}^6 = 210$ 折、$C_{10}^7 = 120$ 折、$C_{10}^8 = 45$ 折、$C_{10}^9 = 10$ 折和 $C_{10}^{10} = 1$ 折。IAP 模型和 RP-IAWP 模型在实验中采用逻辑回归分类器，而 RFUA 模型则采用随机森林作为图像分类的分类器[19]。因此，为了更进一步地与 RFUA 模型作对比，实验将 RP-IAWP 模型中的逻辑回归分类器换成随机森林分类器，提出 RP-IAWP + RF 模型，以便与其他模型进行实验对比。

　　表 3.2～表 3.5 给出了 IAP、RFUA[19]、RP-IAWP 和 RP-IAWP + RF 在 4 个数据集上的零样本图像分类识别率的平均值对比。可以看出：①由于 RP-IAWP 对不可见的测试样本属性的预测精度较高，因此，RP-IAWP 模型及 RP-IAWP + RF 模型在 4 个数据集上的零样本图像分类识别率大部分高于 IAP 模型和 RFUA 模型；②由于较高的属性预测精度及较好的分类器性能，RP-IAWP + RF 模型在零样本图像分类

中的识别率最高；③随着测试类别数的增加，IAP、RFUA、RP-IAWP 及 RP-IAWP + RF 模型的零样本分类识别率均有所降低。这是由于当测试类别数增加时，参与训练的属性会减少，导致对于测试样本中出现而训练样本中没有出现的一些属性（训练样本的属性空间无法涵盖测试样本的属性）的预测精度会偏低，进而导致在未见测试样本上的分类识别率下降。

表 3.2　零样本图像分类平均识别率比较（OSR 数据集）

训练类别数/测试类别数	6/2	5/3	4/4	3/5	2/6
IAP/%	68.24	57.59	50.71	33.37	16.34
RFUA/%	73.37	66.42	60.33	40.50	23.33
RP-IAWP/%	**75.89**	66.57	59.86	38.04	19.61
RP-IAWP + RF/%	73.81	**66.85**	**61.07**	**41.39**	**24.12**

注：粗体表示性能指标较优的值，加粗是为了便于读者阅读。

表 3.3　零样本图像分类平均识别率比较（Pub Fig 数据集）

训练类别数/测试类别数	6/2	5/3	4/4	3/5	2/6
IAP/%	49.69	32.91	25.96	22.21	16.94
RFUA/%	61.09	**43.12**	35.04	31.11	21.45
RP-IAWP/%	59.62	40.42	34.51	29.50	20.33
RP-IAWP + RF/%	**62.31**	42.05	**36.21**	**32.06**	**22.67**

表 3.4　零样本图像分类平均识别率比较（Shoes 数据集）

训练类别数/测试类别数	8/2	7/3	6/4	5/5	4/6	3/7	2/8
IAP/%	53.21	37.16	27.51	28.62	23.76	15.95	14.63
RFUA/%	63.14	45.24	34.93	**34.75**	30.35	27.43	19.50
RP-IAWP/%	62.85	43.59	32.98	33.34	28.51	26.13	17.56
RP-IAWP + RF/%	**63.95**	**46.06**	**35.09**	34.58	**31.17**	**27.88**	**20.18**

表 3.5　零样本图像分类平均识别率比较（AWA 数据集）

训练类别数/测试类别数	45/5	44/6	43/7	42/8	41/9	40/10
IAP/%	28.59	28.61	27.94	27.26	26.88	26.75
RFUA/%	**41.07**	**40.22**	37.35	37.09	36.41	35.76
RP-IAWP/%	34.15	33.57	30.26	30.05	29.88	29.13
RP-IAWP + RF/%	37.86	37.85	**37.71**	**37.66**	**36.92**	**36.65**

　　分类识别率能够真实地反映出正确分类的测试样本数与测试样本总数的关系，但是不能反映误判率与灵敏度之间的关系。因此，实验中引入了受试者工作

特征曲线[20]（receiver operator characteristic curve，ROC 曲线）下面积[21, 22]（area under curve，AUC）以便更好地对分类效果进行评价。AUC 提供了评价模型平均性能的一种方法，如果模型是完美的，那么它的 AUC 值应为 1，如果模型是个简单的随机猜测模型，那么它的 AUC 值为 0.5。图 3.4 给出了 4 个数据集上所有测试类别的零样本图像分类平均 AUC 值。从图 3.4 中可以看出：①IAP 模型的平均 AUC 值是最低的；②与 RFUA 模型相比，RP-IAWP 和 RP-IAWP＋RF 模型的 AUC 值普遍更高，充分地说明了本章提出的模型在零样本图像分类上的优越性。

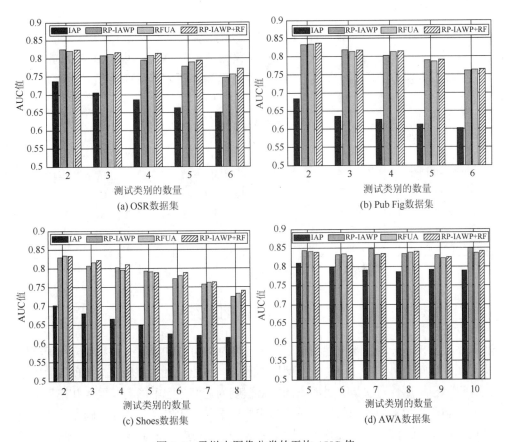

图 3.4　零样本图像分类的平均 AUC 值

3.6.4　权重分析实验

为了直观地说明属性权重对于零样本图像分类的影响，图 3.5 以 Shoes 数据集为例，给出了 5 个不同测试类别的属性权重，图 3.5 中的数字是根据式（3.11）计算得到的属性权重值。从图 3.5 中可知：①对于某一类而言，10 个属性的权重值都是不同的，说明每一种属性对于分类的贡献程度都是不一样的。以测试类别 rain-boots 为例，在 10 个属性中，其中 long-on-the-leg 的权重值最高（52.36），然而，属性 open 的权重值最低（0.19），说明属性 long-on-the-leg 对于类别 rain-boots 的分类有着最高的贡献程度，属性 open 对于类别 rain-boots 的分类有着最低的贡献程度；②简单来说，不同类别的不同属性的权重值也是不一样的。以属性 sporty 为例，类别 athletic-shoes 具有最大的该属性权重值，类别 clogs 具有最小的该属性的权重值，这是因为属性 sporty 和类别 athletic-shoes 的关联程度最高，因此，类别 athletic-shoes 的属性 sporty 权重值最高。

	stiletto 	rain-boots 	athletic-shoes 	clogs 	wedding-shoes 
pointy-at-the-front	11.50	0.62	0.51	0.44	10.94
open	17.18	0.19	0.11	14.31	35.21
bright-in-color	21.02	45.54	16.01	0.86	10.31
covered-with-ornaments	20.96	0.81	14.81	11.88	0.89
shiny	38.26	23.12	0.13	0.37	12.58
high-at-the-heel	44.34	0.95	0.25	0.49	32.09
long-on-the-leg	0.43	52.36	0.46	0.52	0.97
formal	0.56	0.34	0.93	0.38	63.39
sporty	0.75	0.77	50.83	0.22	0.83
feminine	19.48	0.28	0.31	0.14	15.11

图 3.5　Shoes 数据集测试类别属性权重值

3.7　本章小结

本章提出了一种用于属性预测和图像分类的 RP-IAWP 模型，并将其应用于零样本图像分类问题中。RP-IAWP 模型利用属性与类别之间的关联概率来实现属性权重的计算，根据属性对决策分类的不同贡献程度为它们分配不同的权重，并在基于属性的分类器基础上为不同的属性赋予相应的权重，以此提高分类的准确度并体现属性权重对决策的影响。在 OSR 数据集、Pub Fig 数据集、Shoes 数据集及 AWA 数据集上的零样本图像分类实验结果表明，RP-IAWP 模型的分类效果优于 IAP 模型，不仅能够取得较高的零样本图像分类精度，而且还获得了较高的 AUC 值。这充分地说明了提出的 RP-IAWP 模型在零样本图像分类中能够取得良好的分类性能。

参 考 文 献

[1]　Zhang H, Sheng S. Learning weighted naive Bayes with accurate ranking[C]//4th IEEE International Conference on Data Mining，Brighton，2004：567-570.

[2]　Zhang C，Wang J. Attribute weighted Naive Bayesian classification algorithm[C]//2010 5th International Conference on Computer Science and Education，Hefei，2010：27-30.

[3]　Hall M. A decision tree-based attribute weighting filter for Naive Bayes[J]. Knowledge Based Systems，2007，20（2）：120-126.

[4]　Lampert C H，Nickisch H，Harmeling S. Learning to detect unseen object classes by between-class attribute transfer[C]//2009 IEEE Conference on Computer Vision and Pattern Recognition，Miami，2009：951-958.

[5]　Lampert C H，Nickisch H，Harmeling S. Attribute-based classification for zero-shot visual object categorization[J]. IEEE Transactions on Pattern Analysis and Machine Intelligence，2014，36（3）：453-465.

[6]　Knuth D E. Two notes on notation[J]. The American Mathematical Monthly，1992，99（5）：403-422.

[7]　Zhang L，Zhang H，Shen H，et al. A super-resolution reconstruction algorithm for surveillance images[J]. Signal Processing，2010，90（3）：848-859.

[8]　Oliva A，Torralba A. Modeling the shape of the scene：A holistic representation of the spatial envelope[J]. International Journal of Computer Vision，2001，42（3）：145-175.

[9]　Kumar N，Berg A C，Belhumeur P N，et al. Attribute and simile classifiers for face verification[C]//2009 IEEE 12th International Conference on Computer Vision，Kyoto，2009：365-372.

[10]　Berg T L，Berg A C，Shih J. Automatic attribute discovery and characterization from noisy web data[C]//European Conference on Computer Vision，Berlin，2010：663-676.

[11]　Chu J，Zhao G H. Scene classification based on SIFT combined with GIST[C]//2014 International Conference on Information Science，Electronics and Electrical Engineering，Sapporo，2014：331-336.

[12]　Khan F S，Anwer R M，van De Weijer J，et al. Color attributes for object detection[C]//2012 IEEE Conference on Computer Vision and Pattern Recognition，Providence，2012：3306-3313.

[13]　Liu C，Lu X，Ji S，et al. A fog level detection method based on image HSV color histogram[C]//2014 IEEE International Conference on Progress in Informatics and Computing，Shanghai，2014：373-377.

[14]　Shechtman E，Irani M. Matching local self-similarities across images and videos[C]//2007 IEEE Conference on Computer Vision and Pattern Recognition，Minneapolis，2007：1-8.

[15]　Bosch A，Zisserman A，Munoz X. Representing shape with a spatial pyramid kernel[C]//Proceedings of the 6th ACM International Conference on Image and Video Retrieval，Amsterdam，2007：401-408.

[16]　van De Sande K，Gevers T，Snoek C. Evaluating color descriptors for object and scene recognition[J]. IEEE Transactions on Pattern Analysis and Machine Intelligence，2010，32（9）：1582-1596.

[17]　Lowe D G. Distinctive image features from scale-invariant keypoints[J]. International Journal of Computer Vision，2004，60（2）：91-110.

[18]　Bay H，Ess A，Tuytelaars T，et al. Speeded-up robust features(SURF)[J]. Computer Vision and Image Understanding，2008，110（3）：346-359.

[19]　Jayaraman D，Grauman K. Zero-shot recognition with unreliable attributes[C]//28th Annual Conference on Advances in Neural Information Processing Systems，Montreal，2014：3464-3472.

[20]　Fawcett T. An introduction to ROC analysis[J]. Pattern Recognition Letters，2006，27（8）：861-874.

[21]　Lee W H，Gader P D，Wilson J N. Optimizing the area under a receiver operating characteristic curve with application to landmine detection[J]. IEEE Transactions on Geoscience and Remote Sensing，2007，45（2）：389-397.

[22]　Castro C L，Braga A P. Novel cost-sensitive approach to improve the multilayer perceptron performance on imbalanced data[J]. IEEE Transactions on Neural Networks and Learning Systems，2013，24（6）：888-899.

第4章　基于深度特征提取的零样本图像分类

第3章在间接属性预测模型基础上，利用关联概率对同一类别中不同属性的重要性进行区分，实现了属性预测和零样本图像分类。传统基于属性解决零样本问题的方法中，均采用人工特征提取方法对图像进行底层视觉特征选择。这类方法中视觉特征的提取起着决定性作用，对语义对象存在过多的先验分布假设，最终目标的实现严重依赖于分类或者聚类学习算法。考虑到深度学习网络能够从无标签的原始图像中自动提取出具有良好描述能力的图像特征，本章提出一种新的零样本图像分类模型。在图像预处理阶段，采用图像块提取与零相位成分分析（zero-phase component analysis，ZCA）白化技术降低模型计算复杂度与像素关联度。然后，采用无监督的栈式线性稀疏自动编码器从无标签图像块中学习特征参数，通过卷积神经网络对输入图像数据进行卷积和池化操作，其中卷积核采用栈式稀疏自动编码器学习到的特征参数。利用卷积神经网络提取到的层次特征训练属性分类器并进行属性预测与零样本图像分类。在 Shoes 数据集和 OSR 数据集上的对比实验证实了该模型的有效性和在识别率上相对于传统算法的提升。

在已知的利用属性解决零样本学习问题的方法中，无论是直接属性预测模型，还是间接属性预测模型，这两种主流方法在对属性分类器进行训练的过程中，使用的图像底层特征均是在传统特征提取方法的基础上，对颜色特征、纹理特征、局部特征及全局特征等再进行一次统计和编码后得到的。在图像出现光照、遮挡物及位移变化时，这种特征的鲁棒性较低，并不适合对目前图像内容较丰富的视觉图像进行描述。研究人员对此问题进行了一些初步探索，Wu 等[1]于 2009 年提出视觉词袋模型，Feng 等[2]于 2011 年将视觉词袋模型应用到图像分类中，将图像看作文档，即若干个无序且相互独立的"视觉单词"的集合，然后学习图像中的"视觉单词"的分布情况，构建出对外界变化具有较强鲁棒性的视觉词袋模型，得到图像的特征表示。Li 等[3]于 2010 年提出一种层次化主题模型，并将其应用到图像标注上，基于层次化狄利克雷过程通过层次化聚类建立语义层次结构，针对不同级别上的语义单元构造"图像-文本"对，由此实现从视觉特征到图像语义的映射。视觉词袋模型丢失了图像局部区域之间的空间位置关系，造成了部分语义信息的丢失。Lazebnik 等[4]于 2006 年提出了空间金字塔匹配模型，其主要思想是在多个尺度上对图像进行分块，分别统计每一块的特征，最后将所有特征拼接起来，形成完整的特征，不同尺度的完整特征构成金字塔的形式。Yang 等[5]于 2009 年将空间金字塔匹配和稀疏编码相结合学习到更为简洁的特征表达形式。以上这些方法的缺点在于提取图像特征的同时丢失了语义的空间位置关系，对语义对象存在过多的先验分布假设，对数据集的依赖性较强，因此在应用到多任务和异质样本集上适应性较差，缺乏鲁棒性。常见的图像特征提取方法很难提取到具有语义性质的图像特征，并需要大量的先验知识和人工参与，无法实现图像语义特征的自动提取。

深度特征学习[6]是指从原始的图像像素数据出发，采用不同规模的深度网络结构对大量的图像样本数据进行训练，以此来学习图像的多层特征表达。在常用的深度学习方法中，栈式稀疏自动编码器（stacked autoencoder，SAE）常用于处理无标签训练数据，是一种输入层与隐含层"全连接"的深度神经网络。本章提出一种基于深度学习特征提取的零样本图像分类（deep learning based IAP，DLIAP）模型，利用 SAE 网络学习图像特征映射矩阵，使用该映射矩阵作为卷积核对原始图像利用卷积神经网络（convolutional neural network，CNN）进行特征提取。这种特征学习方法在降低特征维数的同时能够自动学习图像不同层次的特征表达，使用学习到的特征对属性分类器进行训练，能有效地提高零样本图像分类识别率。

4.1 系 统 结 构

本章旨在利用栈式稀疏自动编码器与卷积神经网络构建一个自动提取特征的网络结构，进一步地将这些提取的图像特征融入属性预测模型中，更形象地描述视觉图像并降低人工提取特征的复杂性，进而提高零样本图像的分类精度。基于深度学习特征提取的零样本图像分类的结构图如图 4.1 所示，主要由三部分组成。

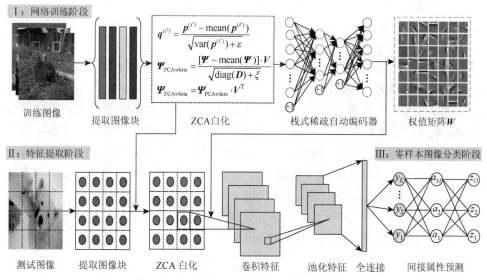

图 4.1　基于深度学习特征提取的零样本图像分类的结构图

阶段Ⅰ为网络训练阶段。首先，从无标签训练数据中随机提取一定数量的图像块；其次，利用 ZCA 白化消除图像块间的冗余信息，降低输入图像像素间的相关性；最后，通过一个栈式稀疏自动编码器从这些图像块中学习其隐藏特征，得到一个特征映射矩阵 W。阶段Ⅱ使用卷积神经网络对所有的实验图像进行特征提取，首先将输入图像分块和白化，其分块大小和阶段Ⅰ中图像块大小相同，其次将阶段Ⅰ学习到的矩阵 W 作为卷积核，对输入图像进行卷积和池化操作，最后通过一个全连接层得到最终的特征表示。阶段Ⅲ为零样本图像分类阶段，使用阶段Ⅱ中提取的图像特征训练属性或类别分类器，利用常规的 DAP 或 IAP 模型（此处考虑使用 IAP 模型）对图像属性进行预测，进而实现零样本图像分类。

4.2　图像预处理

一般来说，视觉图像的尺寸较大，若将整幅图像作为输入将会产生巨大的计算量。为减少计算复杂度，本章将原始输入图像划分成很多小的图像块并将其作为 SAE 网络的输入。

给定 $I = \{I^{(1)}, \cdots, I^{(i)}, \cdots, I^{(d)}\}$，$I^{(i)} \in \mathbb{R}^{I_W \times I_H \times c}$ 为 d 个大小为 $I_W \times I_H$ 的图像集合，c 表示图像的通道。从 I 中随机提取 e 个长度与宽度均为 w 的图像，用于无监督的深度学习网络训练。用 $P = \{p^{(1)}, p^{(2)}, \cdots, p^{(e)}\}$，$p^{(i')} \in \mathbb{R}^{w \times w \times c}$ 来表示提取的图像块。由于视觉图像受光照影响较大，使用式（4.1）对图像进行对比度归一化，得到图像块集合 $\Gamma = \{q^{(1)}, q^{(2)}, \cdots, q^{(e)}\}$，$q^{(i')} \in \mathbb{R}^{w \times w \times c}$。

$$q^{(i')} = \frac{p^{(i')} - \mathrm{mean}(p^{(i')})}{\sqrt{\mathrm{var}(p^{(i')}) + \varepsilon}} \tag{4.1}$$

式中，$\mathrm{mean}(\cdot)$ 为矩阵均值化函数，归一化参数 ε 的引入可以抑制实验噪声的产生及防止出现分母为 0 的情况。

为使图像中所有特征的方差相同且特征与特征之间的相关性较低，消除冗余信息，本章对输入数据进行 ZCA 白化处理，从而使得白化后的数据在维数不变的情况下尽可能地接近原始数据。对通过对比度归一化操作后中的每一幅图像 $q^{(i')}$ 进行矩阵变化，以每张图像像素点的值为元素，组成 e 个列向量，每个列向量的长度均为 $w \times w \times c$，构成一个 $w \times w \times c$ 行 e 列的数值矩阵 Ψ（每列为一个图像块向量）。通过对协方差矩阵 $C = \mathrm{cov}(\Psi)$ 进行特征值分解，得到 $[V, D] = \mathrm{eig}(C)$，然后对输入数据使用特征值因子进行缩放：

$$\Psi_{\mathrm{PCAwhite}} = \frac{[\Psi - \mathrm{mean}(\Psi)] \cdot V}{\sqrt{\mathrm{diag}(D) + \xi}} \tag{4.2}$$

式中，ξ 为白化因子。为避免特征值 $\mathrm{diag}(\boldsymbol{D})$ 接近于 0 导致数值不稳定或数据上溢，可将 ξ 取一个很小的正常数。在此基础上，使用式（4.3）进行 ZCA 白化处理，得到的矩阵每一列对应 ZCA 白化后的图像块数据。

$$\boldsymbol{\Psi}_{\text{ZCAwhite}} = \boldsymbol{\Psi}_{\text{PCAwhite}} \cdot \boldsymbol{V}^{\text{T}} \tag{4.3}$$

4.3　特征映射矩阵学习

如图 4.2 所示，使用稀疏自动编码器对 ZCA 白化后的图像块进行无监督的特征提取。

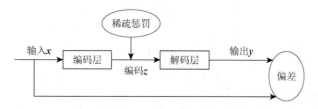

图 4.2　稀疏自动编码器

假设包含 d 个样例的训练样本集为 $\{(\boldsymbol{x}^{(1)}, y^{(1)}), (\boldsymbol{x}^{(2)}, y^{(2)}), \cdots, (\boldsymbol{x}^{(d)}, y^{(d)})\}$，若隐含层包含 s_l 个神经元，则输入特征 $\boldsymbol{x}$ 的映射为

$$h_{\boldsymbol{W},\boldsymbol{b}}(\boldsymbol{x}) = f\left(\sum_{i=1}^{d} \boldsymbol{W}\boldsymbol{x}^i + \boldsymbol{b}_1\right) \tag{4.4}$$

式中，本章中使用 Sigmoid 作为激活函数 $f(\cdot)$；$\boldsymbol{W} = [\boldsymbol{W}_1, \boldsymbol{W}_2, \cdots, \boldsymbol{W}_{s_l}]$ 为权重矩阵；$\boldsymbol{b}_1$ 为编码层偏置向量。将 $\boldsymbol{z} = h_{\boldsymbol{W},\boldsymbol{b}}(\boldsymbol{x})$ 输入到解码层，由式（4.5）得到对原始数据重构的映射 $h'_{\boldsymbol{W},\boldsymbol{b}}(\boldsymbol{x})$。

$$h'_{\boldsymbol{W},\boldsymbol{b}}(\boldsymbol{x}) = f(\boldsymbol{W}'\boldsymbol{z} + \boldsymbol{b}_2) \tag{4.5}$$

式中，为减少需要训练的参数个数，取 $\boldsymbol{W}' = \boldsymbol{W}^{\text{T}}$；$\boldsymbol{b}_2$ 为解码层偏置向量。无稀疏约束时网络的损失函数表达式如下：

$$J(\boldsymbol{W},\boldsymbol{b}) = \frac{1}{d}\sum_{i=1}^{d}\left(\frac{1}{2}\left\|h'_{\boldsymbol{W},\boldsymbol{b}}(\boldsymbol{x}^{(i)}) - y^{(i)}\right\|^2\right) + \frac{\lambda}{2}\sum_{l=1}^{L-1}\sum_{j=1}^{s_l}\sum_{\hat{j}=1}^{s_{l+1}}(\boldsymbol{W}_{\hat{j}j}^{(l)})^2 \tag{4.6}$$

网络的层数用 L 表示，s_l 表示第 l 层的神经元数目（不包含偏置单元），$W_{\hat{j}j}^{(l)}$ 表示连接第 l 层 j 单元和第 $l+1$ 层 $\hat{j}$ 单元的权值参数，λ 为权重衰减因子，防止训练中出现过拟合现象。使用稀疏编码对网络隐含层的输出进行约束来学习特征的压缩表示，重构误差函数为

$$J_{\text{sparse}}(\boldsymbol{W},\boldsymbol{b}) = J(\boldsymbol{W},\boldsymbol{b}) + \tilde{\beta}\sum_{j=1}^{s_l}\text{KL}(\rho \| \hat{\rho}_j) \tag{4.7}$$

式中，ρ 为稀疏性参数 $(\rho \approx 0)$；$\tilde{\beta}$ 为稀疏性惩罚因子的权重。令 $\chi_j^{(l)}$ 表示第 l 层第 j 个神经元的激活值（输出值），则 $\chi_j^{(l)}(\boldsymbol{x})$ 表示在给定输入为 $\boldsymbol{x}$ 的情况下隐含层神经元的激活度。第 j 个神经元在整个训练数据集上的平均激活度为

$$\hat{\rho}_j = \frac{1}{d}\sum_{i=1}^{d}[\chi_j^{(l)}(\boldsymbol{x}^{(i)})] \tag{4.8}$$

由于 $\chi_j^{(l)}$ 表示隐含层神经元的输出值，可以由式（4.5）求出，所以 $\hat{\rho}_j$ 的大小间接取决于权值矩阵 W 和偏置向量 $\boldsymbol{b}_1$。

使用 KL 距离[7]表示两个向量之间的差异，由式（4.9）可以看出，差异越大则"惩罚越大"。因此，最终的隐含层输出值会接近 0.01，其计算表达式为

$$\mathrm{KL}(\rho \| \hat{\rho}_j) = \rho\log\frac{\rho}{\hat{\rho}_j} + (1-\rho)\log\frac{1-\rho}{1-\hat{\rho}_j} \tag{4.9}$$

针对输出层神经元，当 $f(\cdot)$ 采用 Sigmoid 函数时，由于其输出范围是[0, 1]，就要对输入进行限制或缩放，使其位于[0, 1]范围中。由于此处使用的视觉属性数据集中使用 ZCA 白化处理后的输入并不满足[0, 1]范围的要求，所以在输出端使用线性恒等函数作为激励函数，这样得到的模型更容易应用，而且模型对参数的变化也更为鲁棒。通过改变权值矩阵 W，可以使输出值大于 1 或者小于 0，从而可以用实值输入来训练栈式稀疏自动编码器，避免预先缩放样本到给定范围。

实验采用如图 4.3 所示两个隐含层进行网络训练，逐层利用贪婪算法进行训练，学习一个从输入图像块 $\boldsymbol{x}^i$ 到特征矢量 $\boldsymbol{f}^{(i)}$ 的映射函数。训练完成后，权值矩阵 $W = W^1 * W^2$。图 4.3 中，隐含层 $\boldsymbol{h}^1$ 与隐含层 $\boldsymbol{h}^2$ 分别采用了栈式稀疏自动编码器进行训练，栈式稀疏自动编码器分层训练模型如图 4.4 所示。

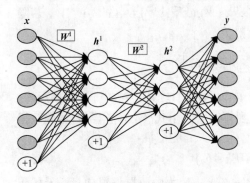

图 4.3　栈式稀疏自动编码器

输入训练数据集，根据反向传播（back propagation，BP）算法按式（4.10）求取第 l 层的第 j 个节点的残差：

$$\delta_j^{(l)} = \left(\sum_{\hat{j}=1}^{s_{l+1}} W_{\hat{j}j}^{(l)}\delta_j^{(l+1)}\right)f'(z_j^{(l)}) \tag{4.10}$$

然后，求解单个样例 (x, y) 的损失函数 $J(W, \boldsymbol{b}; x, y)$ 的偏导数：

$$\frac{\partial}{\partial W_{\hat{j}j}^{(l)}}J(W, \boldsymbol{b}; x, y) = \chi_j^{(l)}\delta_j^{(l+1)} \tag{4.11}$$

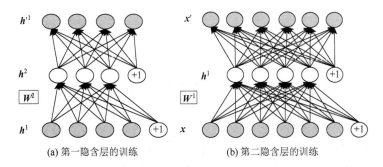

(a) 第一隐含层的训练　　　　　　　　(b) 第二隐含层的训练

图 4.4　栈式稀疏自动编码器分层训练模型

$$\frac{\partial}{\partial b_j^{(l)}} J(\boldsymbol{W}, \boldsymbol{b}; x, y) = \delta_j^{(l+1)} \tag{4.12}$$

由式（4.11）和式（4.12）可以推导出整体代价函数 $J(\boldsymbol{W}, \boldsymbol{b})$ 的偏导数：

$$\frac{\partial}{\partial W_{ij}^{(l)}} J(\boldsymbol{W}, \boldsymbol{b}) = \left[\frac{1}{d} \sum_{i=1}^{d} \frac{\partial}{\partial W_{ij}^{(l)}} J(\boldsymbol{W}, \boldsymbol{b}; x^{(i)}, y^{(i)}) \right] + \lambda W_{ij}^{(l)} \tag{4.13}$$

$$\frac{\partial}{\partial b_i^{(l)}} J(\boldsymbol{W}, \boldsymbol{b}) = \frac{1}{d} \sum_{i=1}^{d} \frac{\partial}{\partial b_i^{(l)}} J(\boldsymbol{W}, \boldsymbol{b}; x^{(i)}, y^{(i)}) \tag{4.14}$$

获得损失函数和偏导数之后，采用梯度下降法进行训练，按照式（4.15）和式（4.16）对参数 $\boldsymbol{W}$ 和 $\boldsymbol{b}$ 进行迭代更新，其中 α 为学习速率。通过对权重矩阵和偏置向量的调整，逐渐减小整体代价函数 $J(\boldsymbol{W}, \boldsymbol{b})$ 的值，求取最优化参数。本章采用 L-BFGS 算法进行参数迭代优化，通过自动调整学习速率 α 实现参数更新[8]。

$$W_{ij}^{(l)} = W_{ij}^{(l)} - \alpha \frac{\partial}{\partial W_{ij}^{(l)}} J(\boldsymbol{W}, \boldsymbol{b}) \tag{4.15}$$

$$b_i^{(l)} = b_i^{(l)} - \alpha \frac{\partial}{\partial b_i^{(l)}} J(\boldsymbol{W}, \boldsymbol{b}) \tag{4.16}$$

4.4　视觉图像特征学习

为了减少由于高分辨率图像带来的神经网络模型参数过多的问题，将稀疏自动编码器训练后得到的连接权值 $\boldsymbol{W}$ 作为卷积核用于 CNN 的训练。由于 CNN 具有局部连接和权值共享的特点，通过多种卷积核与输入图像进行卷积计算得到一系列特征图。

对于输入数据集 $\boldsymbol{I} = \{\boldsymbol{I}^{(1)}, \boldsymbol{I}^{(2)}, \cdots, \boldsymbol{I}^{(d)}\}$，$\boldsymbol{I}^{(i)} \in \mathbb{R}^{I_W \times I_H \times c}$ 来说，若卷积核大小为 $w \times w$，卷积运算的步长为 1，则可得到一个维度为 $(I_W - w + 1) \times (I_H - w + 1)$ 的特

征图。因此，卷积层的主要目的就是从不同的角度来选择前一层特征图的各种角度特征，从而使其具有位移不变性。

由于隐含层神经元数量为 s_l，那么将 W 对 $I^{(i)}$ 的特征图记为 M，则 M 的维度为 $s_l \times (I_W - w + 1) \times (I_H - w + 1)$。由于数据集 I 中包含 d 幅图像，则使用 W 对图像集执行卷积后得到的卷积特征集 F 的维度为 $d \times s_l \times (I_W - w + 1) \times (I_H - w + 1)$。如果 $I_W \times I_H$ 较大而 $w \times w$ 较小，会导致 F 中的参数量较大，后续分类器会由于参数过多而无法训练。因此，需要对卷积特征进行池化操作以减少网络参数，降低网络的空间分辨率，防止出现过拟合，起到二次提取特征的作用。

已知卷积特征集 $F = \{F_1, F_2, \cdots, F_{s_l}\} \in \mathbb{R}^{d \times s_l \times (I_W - w + 1) \times (I_H - w + 1)}$，每个卷积集 $F_{\hat{i}}(\hat{i} = 1, 2, \cdots, s_l)$ 是 d 层维度为 $(I_W - w + 1) \times (I_H - w + 1)$ 的特征图。池化窗口大小为 $u \times u$，则对 $F_{\hat{i}}$ 进行采样后得到的新的特征维度为 $[(I_W - w + 1) / u] \times [(I_H - w + 1) / u]$。由于池化操作具有平移不变性，$I_W$、$I_H$ 必须为 u 的整数倍。对每个卷积集 $F_{\hat{i}}(\hat{i} = 1, 2, \cdots, s_l)$ 的每个特征图层进行采样称为批量采样，输入数据的维度由 $d \times s_l \times (I_W - w + 1) \times (I_H - w + 1)$ 降为 $d \times s_l \times [(I_W - w + 1) / u] \times [(I_H - w + 1) / u]$。采样函数 sample($\cdot$) 本章选择使用均值池化方法，即对邻域内特征点只求平均，减小邻域大小受限造成的估计值方差。

4.5　算法步骤

DLIAP 模型的输入为图像集 $I = \{I^{(1)}, I^{(2)}, \cdots, I^{(d)}\}$，$I^{(i)} \in \mathbb{R}^{I_W \times I_H \times c}$，其中 d 表示训练类与测试类全体图像个数，c 表示图像通道数，$I_W \times I_H$ 表示图像维数。训练样本类别 $Y = \{y_1, \cdots, y_k, \cdots, y_K\}$，测试样本类比 $Z = \{z_1, \cdots, z_o, \cdots, z_O\}$，参数 e、w、u、ε、ξ、s_l、λ、β 和 ρ，属性集 $A = \{a_1, \cdots, a_m, \cdots, a_M\}$，类别-属性关系矩阵 $B = [f^1; \cdots; f^n; \cdots; f^N]$。输出为测试样本的预测标签。具体实验步骤如下所示。

1）图像预处理

（1）从 I 中随机提取 e 个 $w \times w$ 大小的图像块 $p^{(i)}$。

（2）使用式（4.1）对 e 个图像块进行对比度归一化，得到 $\Gamma = \{q^{(1)}, q^{(2)}, \cdots, q^{(e)}\}$。

（3）将 Γ 中数据构成一个 e 列的数值矩阵 Ψ，通过式（4.2）得到 Ψ_{PCAwhite}。

（4）使用式（4.3）进行 ZCA 白化，得到图像块数据 Ψ_{ZCAwhite}。

2）使用栈式稀疏自动编码器学习特征映射矩阵

（1）使用 Ψ_{ZCAwhite} 训练第一个 SAE，通过式（4.15）学习参数 W^1。

（2）根据式（4.4）计算输出 z 并将其作为第二个 SAE 的输入。

（3）使用 z 训练第二个 SAE，通过式（4.15）学习参数 W^2。

（4）得到权值矩阵 $W = W^1 * W^2$。

3）视觉图像特征学习

（1）使用 $\boldsymbol{W}$ 对 $\boldsymbol{I}^{(i)}$ 进行卷积操作，得到特征集 $\boldsymbol{F} = \{\boldsymbol{F}_1, \boldsymbol{F}_2, \cdots, \boldsymbol{F}_{s_1}\}$。

（2）对特征集 $\boldsymbol{F}$ 中的数据进行处理，依次首尾相连得到图像输入特征 $\boldsymbol{x}$。

4）基于间接属性预测的零样本学习

（1）针对测试图像 $\boldsymbol{x}$，训练多类分类器，得到 $p(y_k \,|\, \boldsymbol{x})$。

（2）由式（2.10）得到特征-属性预测关系 $p(a_m \,|\, \boldsymbol{x})$。

（3）由式（2.12）得到测试样本特征与标签 z 的关系 $p(z \,|\, \boldsymbol{x})$。

（4）由式（2.13）进行标签分配，得到最大似然输出类 $f(\boldsymbol{x}) = \underset{o=1,2,\cdots,O}{\arg\max}\, p(z \,|\, \boldsymbol{x})$。

4.6　实验结果与分析

4.6.1　实验设置

为验证 DLIAP 模型的效果，实验采用了 Shoes 数据集和 OSR 数据集进行相关实验。实验过程中，在 Shoes 数据集与 OSR 数据集上进行了多次零样本图像分类实验，每次选取不同数量的训练类（可见类）和测试类（未见类）。为了消除随机因素对实验结果的影响，确保对象种类的平衡关系，实验采取了 $C_{K+O}^{\tilde{K}} = \eta$ 折交叉验证的方法，其中 $K + O$ 为数据集类别总数，$\tilde{K}$ 为参与训练的类别数。为减少数据运算量并方便实验结果统计，仅从 Shoes 数据集中选取每一类女鞋的前 1000 幅图像构成测试样本集和训练样本集，从 OSR 数据集中选取每一类景物的前 200 幅图像构成测试样本集和训练样本集。

4.6.2　参数分析

基于 Shoes 属性数据集，本节首先讨论了实验参数的选取对 DLIAP 模型的影响。将 DLIAP 模型用于零样本图像分类中，SAE 中第一个隐含层神经元个数 s_2 取 20，第二个隐含层神经元个数 s_3 决定了 CNN 中使用的特征图个数，s_3 越大，卷积操作中使用的特征图越多，零样本图像分类中使用的底层特征维数就越大。因此，本节主要研究参数 s_3 的取值对实验分类性能的影响。其余参数根据经验取值如表 4.1 所示，由于 Shoes 数据集中的图像为 RGB 三通道图像，SAE 的输入层大小设置为 $140 \times 140 \times 3$，即看成 3 个大小为 140×140 的映射层，卷积核大小均为 12×12，池化层的采样窗口大小为 10×10，最后将模型的输出层向量首尾相连合成一个列向量。

表 4.1 DLIAP 实验参数设置

参数变量	取值	参数变量	取值
图片大小 $I_W \times I_H$	140×140	迭代次数	100
颜色通道数 c	3	隐含层神经元个数 s_2	20
稀疏性参数 ρ	0.035	卷积窗口大小 w	12
稀疏性惩罚因子 β	5	池化窗口大小 u	10
ZCA 白化因子 ξ	0.1	归一化参数 ε	10
权重衰减因子 λ	0.003	Patch 个数 e	10000

表 4.2 给出了在不同的特征图个数下零样本学习中输入数据的维数、测试类的分类准确率（acc，%）和实验耗时（time，h），其中 T_1 表示 DLIAP 模型中提取图像特征的时间，T_2 表示零样本图像分类所需的时间。

表 4.2 隐含层神经元个数 s_3 对零样本分类精度的影响

训练类/测试类	$s_3 = 1$ acc/%	T_2/h	$s_3 = 2$ acc/%	T_2/h	$s_3 = 3$ acc/%	T_2/h	$s_3 = 4$ acc/%	T_2/h	$s_3 = 5$ acc/%	T_2/h
2/8	16.20	0.01	16.45	0.02	17.46	0.02	16.72	0.03	16.60	0.05
3/7	21.15	0.05	21.21	0.15	21.04	0.26	21.81	0.26	21.58	0.34
4/6	25.87	0.13	25.70	0.47	25.41	0.58	26.37	0.70	26.00	0.69
5/5	30.79	0.24	30.58	0.49	30.35	1.02	31.35	1.07	31.19	1.12
6/4	31.22	0.29	37.13	0.97	36.98	1.13	38.18	1.32	37.70	1.26
7/3	46.33	0.23	46.23	0.46	46.33	1.01	47.52	1.15	47.05	1.06
8/2	60.15	0.11	60.53	0.39	60.66	0.70	61.60	0.80	61.24	0.67
平均	33.10	0.15	33.98	0.42	34.03	0.67	34.79	0.76	34.48	0.74
特征维数	144		288		432		576		720	
T_1/h	0.05		0.10		0.13		0.16		0.19	

训练类/测试类	$s_3 = 6$ acc/%	T_2/h	$s_3 = 7$ acc/%	T_2/h	$s_3 = 8$ acc/%	T_2/h	$s_3 = 9$ acc/%	T_2/h	$s_3 = 10$ acc/%	T_2/h
2/8	16.50	0.05	18.15	0.02	16.46	0.02	16.38	0.02	16.44	0.02
3/7	21.55	0.26	21.32	0.16	21.31	0.18	21.33	0.18	21.38	0.18
4/6	26.16	0.78	25.70	0.51	25.70	0.53	26.10	0.56	26.35	0.57
5/5	31.26	1.24	30.86	1.01	30.48	1.02	30.65	1.08	31.25	1.09
6/4	38.12	1.39	37.31	1.21	37.16	1.17	37.45	1.23	37.78	1.28
7/3	47.69	1.05	47.76	0.93	46.71	0.90	46.85	0.94	47.20	1.03
8/2	61.67	0.62	60.97	0.45	61.25	0.44	60.92	0.46	61.36	0.50
平均	34.71	0.77	34.58	0.61	34.15	0.61	34.24	0.64	34.54	0.67
特征维数	864		1008		1152		1296		1440	
T_1/h	0.24		0.35		0.44		0.53		0.58	

由表 4.2 可以看出：①随着隐含层神经元个数 s_3 的增加，DLIAP 模型使用的

特征图个数不断增加，学习到的图像特征维数越来越高，但零样本图像分类所需时间 T_2 没有明显差别；②T_1 随着 s_3 的增大而增大，图像特征维数增加的同时意味着训练过程中参数的增加，过多的参数个数会极大地提升模型的运算时间；③分类准确率始终维持在一定范围内波动。由表 4.2 可知 s_3 取 4 时 DLIAP 模型零样本图像分类效果最好且 T_1 耗时较小，所以在本章后续实验中取特征图的个数为 4，即在零样本图像分类中使用 576 维底层特征。

4.6.3　属性预测实验

为验证提出的基于深度学习方法进行图像特征提取的 DLIAP 模型对于属性预测的有效性，分别将其与 GC_IAP、Bow_IAP、SPM_IAP 等三种模型应用于 Shoes 数据集与 OSR 数据集中进行属性预测。通过 Liblinear 工具箱中的多类 Logistic 回归分类器对输入图像特征进行训练，得到多个类别分类器，然后利用间接属性预测模型获得有效用的属性。对比实验具体如下所示。

（1）使用数据集中提供的 Gist、Color 两个特征的组合在 IAP 模型下进行零样本分类，记为 GC_IAP。

（2）对图像提取局部特征 Sift，采用基于直方图相交核的 K-Means 聚类算法对局部特征集进行聚类得到视觉词典[1]，依据该词典构建图像的视觉词汇特征，然后利用 IAP 模型实现零样本分类，记为 Bow_IAP。

（3）基于金字塔匹配的词袋模型利用了视觉单词的位置信息[4]，本实验使用 3 层金字塔构建图像特征，然后利用 IAP 模型实现零样本分类，记为 SPM_IAP。

图 4.5 分别给出了四种模型在 Shoes 数据集与 OSR 数据集上零样本属性平均预测精度，用直方图的形式直观地体现了四种模型对属性精度预测的描述能力。

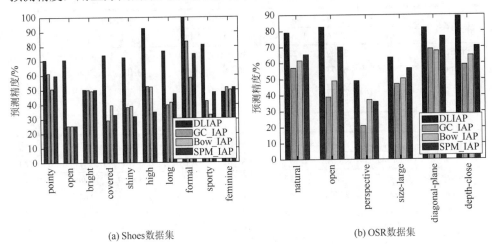

(a) Shoes数据集　　　　　　　　(b) OSR数据集

图 4.5　属性平均预测精度

表 4.3 分别给出了当测试类别数为 4 时，四种模型在 Shoes 数据集上的某次零样本图像分类结果的 10 种属性预测精度对比（训练类为 clogs、flats、high-heels、rain-boots、sneaker 和 stiletto，测试类为 athletic-shoes、boots、pumps 和 wedding-shoes）。

表 4.3　属性预测精度

类名称	属性 pointy				属性 open			
	DLIAP	GC_IAP	Bow_IAP	SPM_IAP	DLIAP	GC_IAP	Bow_IAP	SPM_IAP
athletic-shoes	96.34	72.41	50.81	70.14	93.70	0.01	0.01	0.01
boots	6.07	28.59	51.66	28.94	96.94	0.01	0.01	0.01
pumps	89.47	70.76	49.36	69.00	0.01	100	100	100
wedding-shoes	88.99	72.94	50.87	70.63	91.38	0.01	0.01	0.01
平均	70.22	61.18	50.68	59.68	70.51	25.01	25.01	25.01

类名称	属性 bright				属性 covered			
	DLIAP	GC_IAP	Bow_IAP	SPM_IAP	DLIAP	GC_IAP	Bow_IAP	SPM_IAP
athletic-shoes	100	0.01	18.64	0.01	91.26	28.25	38.43	32.39
boots	0.01	99.90	78.97	99.90	46.75	31.06	41.12	34.02
pumps	0.01	99.90	80.06	99.90	85.11	27.21	39.05	31.54
wedding-shoes	100	0.01	19.16	0.01	71.22	28.76	38.71	32.93
平均	50.01	49.96	49.21	49.96	73.59	28.82	39.33	32.72

类名称	属性 shiny				属性 high			
	DLIAP	GC_IAP	Bow_IAP	SPM_IAP	DLIAP	GC_IAP	Bow_IAP	SPM_IAP
athletic-shoes	84.96	24.55	27.00	11.93	96.34	52.23	52.40	35.17
boots	56.31	77.71	74.04	90.36	93.93	51.00	51.43	33.31
pumps	85.01	26.10	26.94	13.26	89.47	53.49	51.87	36.21
wedding-shoes	62.60	23.76	26.76	11.11	88.99	51.60	52.11	34.51
平均	72.22	38.03	38.67	31.67	92.18	52.08	51.95	34.80

类名称	属性 long				属性 formal			
	DLIAP	GC_IAP	Bow_IAP	SPM_IAP	DLIAP	GC_IAP	Bow_IAP	SPM_IAP
athletic-shoes	88.52	30.09	32.52	46.16	99.90	83.51	59.04	74.53
boots	50.35	67.93	66.76	50.39	99.90	83.40	57.00	76.07
pumps	93.73	28.17	32.33	43.92	98.19	81.26	57.34	72.84
wedding-shoes	73.50	31.53	33.46	47.50	99.90	84.31	59.25	75.30
平均	76.53	39.43	41.27	46.99	99.47	83.12	58.16	74.69

类名称	属性 sporty				属性 feminine			
	DLIAP	GC_IAP	Bow_IAP	SPM_IAP	DLIAP	GC_IAP	Bow_IAP	SPM_IAP
athletic-shoes	52.97	66.49	84.82	54.07	78.56	65.62	99.90	57.15
boots	92.19	34.09	14.66	46.07	21.85	35.74	0.01	45.48
pumps	83.03	34.80	16.07	46.31	61.51	68.89	99.90	59.25
wedding-shoes	95.48	33.30	14.82	45.87	31.98	35.24	0.10	43.91
平均	80.92	42.17	32.60	48.08	48.48	51.37	49.98	51.45

由图 4.5 和表 4.3 可以看出，尽管 DLIAP 在个别类的个别属性上的预测精度低于其他模型的预测精度，但是 DLIAP 在大部分属性上的平均预测精度要远远高于其他模型，这说明深度学习模型在图像特征提取方面具有很强的优越性。

4.6.4 零样本图像分类实验

表 4.4 和表 4.5 给出了几种模型在 Shoes 数据集与 OSR 数据集上的零样本图像分类识别率的平均值（acc，%）及实验耗时（T），Shoes 数据集采用 7 次 η 折交叉验证，OSR 数据集采用 5 次 η 折交叉验证。由表 4.4 和表 4.5 可知：①由于 DLIAP 提取到了描述能力更强的图像特征，无论未知测试类别的数量多少，DLIAP 在数据集上的零样本分类识别率均比使用其他几种模型要高；②随着测试类别数的增加，几种模型的零样本分类识别率均有所降低，这是由测试类别数增加时，参与训练的图像样本减少造成的；③由于 GC_IAP 和 DLIAP 模型对提取到的图像特征均进行全元素存储，Bow_IAP 和 SPM_IAP 模型则以稀疏矩阵的方式进行图像特征存储，因此 MATLAB 只需对其中少量非零元素进行计算，节省了大量内存空间，导致了四种模型中 Bow_IAP 和 SPM_IAP 模型进行特征提取的耗时较小。

表 4.4 零样本图像分类识别率（Shoes 数据集）

训练类/测试类	GC_IAP		Bow_IAP		SPM_IAP		DLIAP	
	acc/%	T_2/h	acc/%	T_2/h	acc/%	T_2/h	acc/%	T_2/h
2/8	11.91	0.04	11.57	0.01	12.57	0.01	16.72	0.03
3/7	13.43	0.26	12.67	0.03	14.23	0.02	21.81	0.26
4/6	15.02	0.81	14.53	0.08	15.26	0.05	26.37	0.70
5/5	17.71	1.62	17.52	0.13	19.19	0.08	31.35	1.07
6/4	22.04	2.11	21.93	0.16	23.16	0.10	38.18	1.32
7/3	29.38	1.80	29.58	0.11	28.04	0.06	47.52	1.15
8/2	43.91	0.66	45.47	0.06	44.24	0.03	61.60	0.80
平均	21.91	1.04	21.90	0.08	22.38	0.05	34.79	0.76
特征维数	990		400		1000		576	

表 4.5 零样本图像分类识别率（OSR 数据集）

训练类/测试类	GC_IAP		Bow_IAP		SPM_IAP		DLIAP	
	acc/%	T_2/s	acc/%	T_2/s	acc/%	T_2/s	acc/%	T_2/s
2/6	16.34	24.51	16.21	3.38	16.67	8.30	16.89	19.55
3/5	22.38	39.00	28.66	12.22	29.60	27.85	30.13	32.04

续表

训练类/ 测试类	GC_IAP		Bow_IAP		SPM_IAP		DLIAP	
	acc/%	T_2/s	acc/%	T_2/s	acc/%	T_2/s	acc/%	T_2/s
4/4	34.84	84.30	36.74	26.82	34.76	33.98	37.20	60.49
5/3	55.48	109.67	37.08	41.79	52.27	37.82	58.46	89.56
6/2	68.24	87.37	40.67	38.99	60.65	24.29	76.49	54.10
平均	39.46	68.97	31.87	24.64	38.79	26.45	43.83	54.15
特征维数	512		400		1000		576	

图 4.6 分别给出了当测试类别数为 4 时，使用 GC_IAP、Bow_IAP、SPM_IAP 和 DLIAP 模型在 Shoes 数据集上的某次分类结果的混淆矩阵对比图，每个测试类均有 1000 张图像。在混淆矩阵中，矩阵对角线上的元素值代表每类测试样本被正确分类的个数。以测试类 boots 为例，GC_IAP 错分了 976 幅图像（分别将 15 幅、959 幅和 2 幅 boots 图像错分为 athletic-shoes、pumps 和 wedding-shoes），Bow_IAP 错分了 976 幅图像（分别将 13 幅、963 幅 boots 图像错分为 athletic-shoes 和 pumps），SPM_IAP 错分了 996 幅图像（分别将 641 幅、354 幅和 1 幅 boots 图像错分为 athletic-shoes、pumps 和 wedding-shoes），而 DLIAP 仅错分了 90 幅图像（分

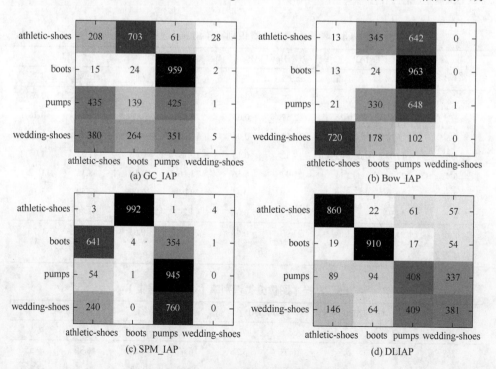

图 4.6　零样本分类结果的混淆矩阵对比图

别将 19 幅、17 幅和 54 幅 boots 图像错分为 athletic-shoes、pumps 和 wedding-shoes)。由图 4.6 可以看出，DLIAP 虽然在个别类的分类精度上有所降低，但总体分类准确率仍高于其余三种模型。

　　分类准确率能够真实地反映出分类正确的测试样本数与测试样本总数的关系，但是不能反映误判率（把实际为假值的样本判定为真值的概率）与灵敏度（把实际为真值的样本判定为真值的概率）之间的关系。因此，本章实验使用 ROC 曲线及 AUC 对分类效果进行评价。ROC 曲线越靠近图形的左上方说明模型分类效果越好，其对应 AUC 值接近 1。若模型是个简单的随机猜测模型，那么它的 AUC 值为 0.5。图 4.7 和图 4.8 分别给出了当测试类别数为 4 时，使用 GC_IAP、Bow_IAP、SPM_IAP 和 DLIAP 模型在 Shoes 数据集与 OSR 数据集上的某次分类结果的 ROC 曲线及对应的 AUC 值。可以看出：①DLIAP 的 ROC 曲线均比其他三种模型的 ROC 曲线更靠近坐标的左上角，且 AUC 值大多高于随机实验的 AUC 值（0.5），说明 DLIAP 在零样本图像分类问题上有着良好的分类效果；②GC_IAP 的 ROC 曲线均位于坐标的主对角线附近，Shoes 数据集中除测试类 wedding-shoes 外，其余 3 个

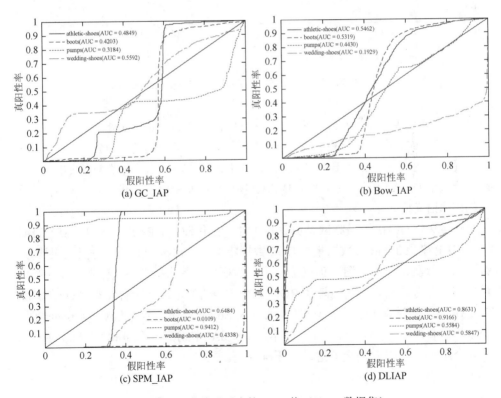

图 4.7　ROC 曲线及对应的 AUC 值（Shoes 数据集）

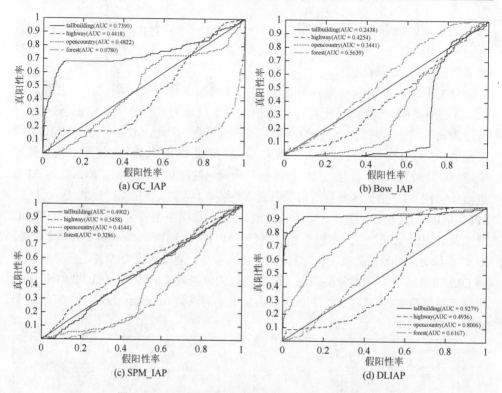

图 4.8 ROC 曲线及对应的 AUC 值（OSR 数据集）

测试类的 AUC 值均小于 0.5，OSR 数据集中除测试类 tallbuilding 外，其余 3 个测试类的 AUC 值均小于 0.5，表明 GC_IAP 在零样本图像分类问题上的分类性能要劣于一个简单的随机猜测模型。Bow_IAP 与 SPM_IAP 在零样本图像分类问题上的分类性能同样低于 DLIAP 模型。这说明了 DLIAP 模型相比其余模型能够学习到表达能力更强的图像语义特征。

图 4.9 分别给出了当测试类别数为 4 时，使用 GC_IAP、Bow_IAP、SPM_IAP 和 DLIAP 模型在 Shoes 数据集与 OSR 数据集上的某次零样本图像分类结果比较。针对每一类测试样本，图 4.9 仅给出了后验概率值最大的前 5 幅图像。由图 4.9 可以得出与分类结果混淆矩阵及 ROC 曲线一样的结论：在所有 4 类测试样本上，DLIAP 的错分样本个数是最少的。例如，在 Shoes 数据集中，从测试类 boots 的分类结果来看，GC_IAP 错分了 4 个样本，Bow_IAP 错分了 5 个样本，SPM_IAP 错分了 4 个样本，而 DLIAP 全部进行了正确分类。

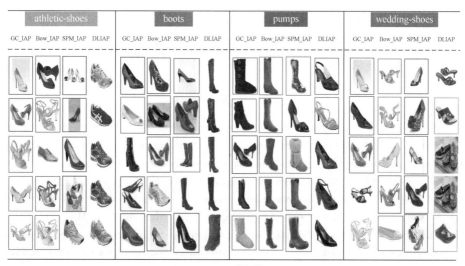

(a) Shoes数据集

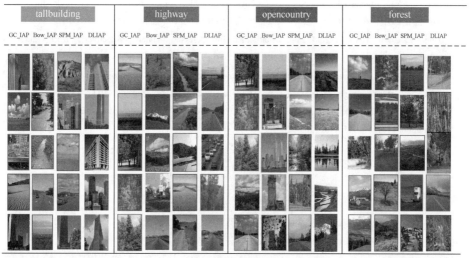

(b) OSR数据集

图 4.9　零样本图像分类结果比较

4.7　本章小结

　　针对零样本学习中图像底层视觉特征的提取问题，本章提出了一种基于深度学习特征提取的零样本学习模型。该模型首先通过图像分块与 ZCA 白化降低视觉图像的计算复杂度并消除像素间的冗余信息，然后通过无监督的栈式稀疏自动编码器自动学习特征映射矩阵，将该矩阵作为卷积核应用于卷积神经网络中，解决了神经网络模型中参数过多的问题。该模型能够从原始大小的视觉图像中自动获得更简单有效的特征表达，这种特征应用于属性预测模型中能够有效地提高零样本图像分类的准确性。

参 考 文 献

[1] Wu J X, Rehg J M. Beyond the euclidean distance: Creating effective visual codebooks using the histogram intersection kernel[C]//2009 IEEE 12th International Conference on Computer Vision, Kyoto, 2009: 630-637.

[2] Feng J, Jiao L C, Zhang X R, et al. Bag-of-visual-words based on clonal selection algorithm for SAR image classification[J]. IEEE Geoscience and Remote Sensing Letters, 2011, 8 (4): 691-695.

[3] Li L J, Wang C, Lim Y, et al. Building and using a semantivisual image hierarchy[C]//2010 IEEE Computer Society Conference on Computer Vision and Pattern Recognition, San Francisco, 2010: 3336-3343.

[4] Lazebnik S, Schmid C, Ponce J. Beyond bags of features: Spatial pyramid matching for recognizing natural scene categories[C]//2006 IEEE Computer Society Conference on Computer Vision and Pattern Recognition, New York, 2006: 2169-2178.

[5] Yang J C, Yu K, Gong Y H, et al. Linear spatial pyramid matching using sparse coding for image classification[C]//2009 IEEE Conference on Computer Vision and Pattern Recognition, Miami, 2009: 1794-1801.

[6] Bengio Y, Courville A, Vincent P. Representation learning: A review and new perspectives[J]. IEEE Transactions on Pattern Analysis and Machine Intelligence, 2013, 35 (8): 1798-1828.

[7] Qi G J, Aggarwal C, Huang T. Towards semantic knowledge propagation from text corpus to web images[C]//Proceedings of the 20th International Conference on World Wide Web, Hyderabad, 2011: 297-306.

[8] Liu D C, Nocedal J. On the limited memory BFGS method for large scale optimization[J]. Mathematical Programming, 1989, 45 (1): 503-528.

第5章　基于深度加权属性预测的零样本图像分类

在第4章的研究基础上，本章提出一种基于深度学习的属性预测模型，并将该模型与属性相关先验知识挖掘相结合用于零样本图像分类。第4章中使用无监督的卷积神经网络模型进行特征学习与提取，其卷积核是由栈式稀疏自动编码 SAE 模型通过 BP 算法得到的，这种卷积核的学习方式只适用于一个卷积层和一个池化层的连接模式。不同于第4章中仅使用卷积神经网络做特征提取器，本章使用有监督学习方法训练卷积神经网络并将属性标签纳入网络结构，其卷积核的学习直接通过无监督预训练和有监督 BP 算法微调来实现，通过多个卷积层和池化层的堆叠使用构建一个深度卷积神经网络模型，实现深层次的特征表达及属性预测。此外，使用稀疏表示系数对属性-类别间的先验知识进行挖掘，针对不同测试类，对表达能力不同的属性分类器进行加权设计，构建一种直接加权属性预测以完成对测试类图像的属性预测。由于充分考虑了不同属性间的不同表达能力，进一步地提高了零样本图像分类的准确率。在 Shoes 数据集和 OSR 数据集上的对比实验证实了该方法的有效性和在零样本图像分类识别率上相对于传统方法的提升。

在已知的利用属性解决零样本学习问题的方法中，无论是 DAP 模型，还是 IAP 模型，这两种主流方法在对属性分类器进行训练的过程中，均采用"人工提取特征+浅层机器学习"方式，使用含一个隐含层或没有隐含层的浅层学习方法（如支持向量机、决策树、逻辑回归等）训练图像底层特征得到属性分类器，使用的图像底层特征均是在传统特征提取方法的基础上，对颜色特征、纹理特征、局部特征及全局特征等再进行一次统计、编码或核描述后得到的。Yu 等[1]建立了一个产生式的作者-主题模型，针对每个属性，学习它对应的图像特征的联合概率密度分布，并作为先验知识用于零样本学习。Wang 等[2]使用潜在的结构化支持向量机模型来集成属性和对象类，在训练数据中将属性标签作为潜在变量使用。该模型的目标是将对象类的预测损失最小化，输出一个最优的属性关系树状图。Lampert 等[3]使用视觉词袋模型和空间金字塔模型对图像 SIFT、PHOG 等特征进行提取，使用支持向量机对图像特征进行训练，得到类别分类器或者属性分类器。这些方法的缺点在于由于图像来源的多样性和图像特征本身变化的复杂性，浅层学习方法很难从原始输入直接跨越到高层特征，无法有效地描述图像底层特征与语义属性间的对应关系。

对于图像识别任务来说，特征具有天然的层次结构[4]。深度学习模型由深层神经网络构成，使用多个隐含层逐层学习特征的抽象表达，对于这种特征的多层抽象表达具有很好的优势。已有文献研究表明在相同实验条件下，深度学习训练得到的特征明显优于浅层学习的手工设计特征[5]。目前已经有少量研究成果将深度学习模型用于属性预测，Sharmanska 等[6]提出一种增量属性的概念，在已经得到的属性基础上，加入一些额外的不具有语义性质但具有很强分类能力的特征维数，这些额外特征是使用稀疏自动编码器结合大边际原则给出的，通过属性的人工扩展实现对物体更详细的描述。Chung 等[7]将深度置信网络（deep believe network，DBN）这一无监督机器学习模型与属性描述相结合，使用两个隐含层，每个隐含层均由一个稀疏受限玻尔兹曼机构成，使用 Libsvm 训练一个核为径向基函数的支持向量机作为分类器，通过有监督方法训练该深度学习网络进行属性预测。Zhang 等[8]提出了一种结合卷积神经网络和 Part-base 方法的人体属性分类算法，通过将图片划分为小块，使用卷积神经网络作为局部区域的特征提取器，从而可以从较小的数据集中学习到强大的形态归一化的特征，然后将提取到的特征进行融合，最后使用线性支持向量机对属性进行预测。这些基于深度学习的属性预测均在一定程度上忽视了属性与类别标签间的相关信息，如"会飞"这一属性与"鱼类"几乎毫不相关，而"有翅膀"这一属性基本上为"鸟类"独有。由于属性在不同对象类之间可以共享的程度是不同的，采用何种方法挖掘它们之间的联系，如何将这些重要的先验知识融入属性预测模型等均是非常复杂且具有挑战性的问题。

本章将深度学习与相关性挖掘相结合构建零样本图像分类模型。通过深度属性学习模型的构建实现图像的深层次特征学习及更为鲁棒的属性预测，使用稀疏表示系数挖掘类别与属性间的相关性并对属性分类器进行加权设计，使得属性-类别标签映射能够充分地利用不同属性分类器具有不同分类性能这一先验知识，进一步提高零样本学习中不可见类别样本的分类性能。

5.1　系　统　结　构

本章使用深度学习方法学习图像属性，通过深度的增加提高模型的抽象性，从而建立"像素-特征-属性"的语义层次结构，以训练深度属性学习模型。此外，使用稀疏表示系数挖掘属性与类别标签的内在关系，进一步将这些重要的先验知识融入属性学习模型中，构建出将深度属性学习与相关性挖掘相结合的深度加权属性预测（deep weighted attribute prediction，DWAP）模型。DWAP 系统结构图如图 5.1 所示，主要由五部分组成。阶段 I 为图像预处理阶段，利用 ZCA 白化消除图像间的冗余信息，降低输入图像像素间的相关性。阶段 II 为属性分类器训练阶段，由于每一对象类均由多个属性描述，所以该阶段等同为一个多标签分类问题，通过将其转化为多个单标签问题进行求解。使用深度卷积神经网络（deep convolutional neural network，DCNN）[9]训练一个深度属性预测（deep attribute prediction，DATP）模型，通过卷积层与池化层的不断叠加增强 DATP 模型描述图像层次特征的能力，使用有监督的训练方式对属性分类器进行学习。阶段Ⅲ是属性预测阶段，使用预训练好的 DATP 模型对测试图像进行属性预测，统计所有属性的预测概率值，即测试图像与属性间对应关系。阶段Ⅳ为类别-属性相关性的知识挖掘，首先通过间隔最大化判别分析从类别-属性矩阵中提取最优分量作为目标信号 s；然后引入稀疏表示，利用稀疏表示系数来计算出属性与类别之间的相关性。阶段Ⅴ为使用 DAP 进行零样本学习，首先使用阶段Ⅲ得到的图像与属性间的预测值代替原模型中使用支持向量机得到的图像-属性对应关系，然后在 DAP 模型的基础上引入属性加权，即考虑到不同属性描述能力的不同，使用属性与类别间的稀疏表示系数表示各个属性分类器的分类能力，进而实现零样本图像分类。

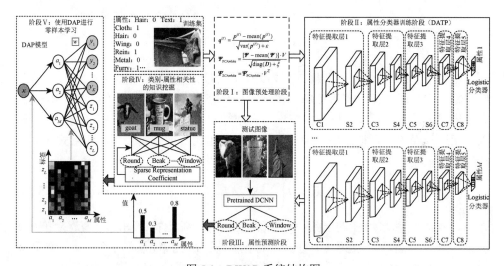

图 5.1　DWAP 系统结构图

5.2　基于深度卷积神经网络的属性学习

给定 $\boldsymbol{I} = \{\boldsymbol{I}^{(1)}, \boldsymbol{I}^{(2)}, \cdots, \boldsymbol{I}^{(d)}\}$，$\boldsymbol{I}^{(d)} \in \mathbb{R}^{I_W \times I_H \times c}$ 为 d 个大小为 $I_W \times I_H$ 的图像集合，c 表示图像的通道。对比度归一化与 ZCA 白化的具体步骤与 4.2 节相同。

在零样本图像分类中，每类样本或每幅图像均由多种属性描述，本章使用深度卷积神经网络对每个属性标签单独训练一个分类器，然后将多个分类器的分类结果合并，作为最终的属性预测结果。基于 DATP 的属性学习模型如图 5.2 所示，该模型由输入层、特征提取层和输出层组成，此处以 5 个特征提取层为例。输入层为原始图像数据，特征提取层包括卷积层和池化层，输出层采用 Logistic 二值分类器。卷积层中某一特征图依据权值共享策略由相同卷积核卷积生成，以降低模型复杂度，减少训练参数的个数。然后经池化层对卷积层特征进行非线性下采样，过滤掉相邻相似特征，降低计算复杂度并增强局部特征的不变性。最后使用 Logistic 回归算法对学习到的深层次特征建立多个独立的二值属性分类器，用[1, 0]表示该图像有这个属性，用[0, 1]表示该图像没有这个属性。

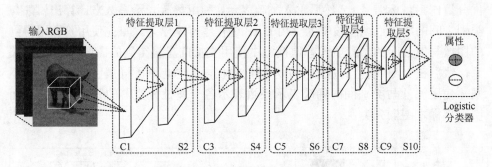

图 5.2　基于 DATP 的属性学习模型

令经过 ZCA 白化后的图像数据为 $I = \{I^{(1)}, I^{(2)}, \cdots, I^{(d)}\}$，$I^{(d)} \in \mathbb{R}^{I_W \times I_H \times c}$，卷积层将输入数据或者前一层特征图与多组卷积核进行卷积运算。由于图像为 RGB 三通道图像，输入数据 $x^{(i)}$ 与卷积核均为三维结构，将三维的卷积核分别与三个输入全图进行卷积，再把这三个输出的对应位置相加，加上偏差项，使用式（5.1）计算其特征图：

$$x_j^l = f\left(\sum_{i \in F^l} x_i^{l-1} * k_{ij}^l + b_j^l\right) \tag{5.1}$$

式中，l 为该卷积层所在的层数；x_j^l 为第 l 层第 j 个输出特征图；k_{ij}^l 为连接第 $l-1$ 层第 i 个特征图和第 l 层第 j 个特征图的卷积核；b_j^l 为第 l 层第 j 个单元的偏置系数；$f(\cdot)$ 为激活函数；$*$ 为卷积运算操作符。在卷积层后使用局部对比度归一化[10]对特征图进行处理，该模块的主要作用是通过局部做减与做除归一化削弱相邻特征差距，以实现特征归一化。

池化层是对上一卷积层的特征图进行下采样操作，从而得到与输入特征映射一一对应的维度更小的输出特征映射：

$$x_j^l = f[\hat{\beta}_j^l \text{down}(x_j^{l-1}) + b_j^l] \tag{5.2}$$

式中，$\text{down}(\cdot)$ 为下采样函数；$\hat{\beta}_j^l$ 为下采样系数。常用的下采样函数包括均值下采样（average-pooling）和最大化下采样（max-pooling）[11]。

传统卷积神经网络中标准神经元激活函数 $f(\cdot)$ 主要有 Sigmoid 函数和双曲正切 tanh 函数。当 DATP 模型使用较多隐含层时，上述函数在神经网络反向传播训练过程中梯度计算较耗时，使得误差从输出层开始呈现指数衰减，出现多层神经网络的梯度弥散[12]现象。本章采用非线性非饱和型神经元激活函数 $f(x) = \max(0, x)$，称为 Relu（rectified linear units），该函数不容易饱和，函数值和导数值计算简单，能够避免梯度弥散问题，其训练速度是 tanh 型神经元的数倍[13]，有利于模型在图形处理器（graphic processing unit，GPU）中快速迭代。

DATP 模型的训练采用反向传播算法[14]，需要训练的参数包括卷积层的卷积核 k 及卷积层和下采样层的偏置系数 b 等。属性学习属于多个独立二分类问题，单个二分类问题中类别数为 2，令 t_k^n 表示第 n 个样本对应标签的第 k 维，y_k^n 表示第 n 个样本对应的第 k 个输出标签，平方误差代价函数表示为

$$E^d = \frac{1}{2} \sum_{n=1}^{d} \sum_{k=1}^{2} (t_k^n - y_k^n)^2 \tag{5.3}$$

针对全连接神经网络的第 l 层，$\boldsymbol{W}^l$ 表示当前层与上一层的连接权值，当前层的输出可以表示为

$$\boldsymbol{x}^l = f(\boldsymbol{u}^l), \quad \boldsymbol{u}^l = \boldsymbol{W}^l \boldsymbol{x}^{l-1} + \boldsymbol{b}^l \tag{5.4}$$

输出层 L 的神经元灵敏度 $\boldsymbol{\delta}^L$ 表示为

$$\boldsymbol{\delta}^L = f'(\boldsymbol{u}^L) \circ (\boldsymbol{y}^n - \boldsymbol{t}^n) \tag{5.5}$$

式中，符号。表示矩阵的点积操作，即对应元素的乘积。假设卷积层 l 后面是池化层 $l+1$，为计算卷积层 l 的每个神经元对应的权值更新，需要先求得卷积层 l 的神经元灵敏度 $\boldsymbol{\delta}^l$，已知池化层 $l+1$ 的神经元灵敏度 $\boldsymbol{\delta}^{l+1}$，$\boldsymbol{\delta}^l$ 中 δ_j^l 的计算方式如下：

$$\delta_j^l = \hat{\beta}_j^{l+1} [f'(\boldsymbol{u}_j^l) \circ \mathrm{up}(\delta_j^{l+1})] \tag{5.6}$$

式中，$f'(\boldsymbol{u}_j^l)$ 表示的是第 l 层第 j 特征图的导数。下标 j 表示第 j 个特征映射，只是子采样层的输出特征映射小一些。池化层中特征图的权值均取一个相同参数 β。函数 $\mathrm{up}(\cdot)$ 为上采样过程，由于池化层的每个节点是由卷积层中多个节点共同计算得到的，所以池化层每个节点的灵敏度由卷积层中多个节点的灵敏度共同产生。若池化层采用均值下采样方法，且采样因子是 n，上采样过程为将每个像素在水平和垂直方向上复制 n 次，可以用 Kronecker 乘积来实现：

$$\mathrm{up}(\boldsymbol{x}) \equiv \boldsymbol{x} \otimes \mathbf{1}_{n \times n} \tag{5.7}$$

若池化层采用最大化下采样方式，上采样时池化层的灵敏度需要根据前向传播过程中池化区域最大值的位置使用 padding 方法[15]设定，其余位置置 0。(u, v) 表示特征图中神经元的位置，通过对卷积层 l 中所有节点的灵敏度进行求和，计算卷积层参数 b 的梯度：

$$\frac{\partial E}{\partial b_j} = \sum_{u,v} (\boldsymbol{\delta}_j^l)_{u,v} \tag{5.8}$$

使用 BP 算法计算卷积核的权值的梯度，由于卷积神经网络中权值共享的特点，对于一个给定的权值，需要对所有与该权值存在共享连接的神经元求梯度，然后对这些梯度进行求和：

$$\frac{\partial E}{\partial \boldsymbol{k}_{ij}^l} = \sum_{u,v} (\boldsymbol{\delta}_j^l)_{u,v} (\boldsymbol{p}_i^{l-1})_{u,v} \tag{5.9}$$

式中，$(\boldsymbol{p}_i^{l-1})_{u,v}$ 是卷积操作时上一层 (u,v) 位置上的特征块 $\boldsymbol{x}_i^{l-1}$ 与卷积核 $\boldsymbol{k}_{ij}^l$ 逐元素相乘的结果。式（5.9）可由 MATLAB 中提供的卷积函数 conv2(·) 直接计算，如式（5.10）所示，rot 函数用来进行旋转操作以实现互相关计算，参数 valid 表示返回值为在卷积过程中未使用边缘补 0 部分进行计算的卷积结果。

$$\frac{\partial E}{\partial \boldsymbol{k}_{ij}^l} = \text{rot}180\left(\text{conv2}[\boldsymbol{x}_i^{l-1}, \text{rot}180(\boldsymbol{\delta}_j^l), '\text{valid}']\right) \tag{5.10}$$

计算池化层的梯度时同样需要先计算灵敏度，当池化层与卷积层相连时，需要根据输出特征映射的字块与卷积核的连接实现误差项的反向传播。当池化层与输出层相连接时，由于是全连接模式，直接使用常规 BP 算法即可。假设池化层 l 后面为卷积层 $l+1$，池化层 l 有 F^l 个特征图，卷积层 $l+1$ 有 F^{l+1} 个特征图，l 层中每个特征图都有对应的灵敏度，其计算依据为第 $l+1$ 层所有特征核的贡献之和。第 l 层的第 i 个特征图的灵敏度为第 $l+1$ 层的所有卷积核灵敏度的和：

$$\boldsymbol{\delta}_i^l = \sum_{j=1}^{F^{l+1}} \boldsymbol{\delta}_j^{l+1} * \boldsymbol{k}_{ij} \tag{5.11}$$

式（5.11）可由 MATLAB 中提供的卷积函数 conv2(·) 直接计算，式（5.12）中参数 full 表示卷积函数 conv2(·) 选择全卷积操作，返回值为在卷积过程中的全部结果，对缺少的输入像素补 0。

$$\boldsymbol{\delta}_j^l = f'(\boldsymbol{u}_j^l) \circ \text{conv2}[\boldsymbol{\delta}_j^{l+1}, \text{rot}180(\boldsymbol{k}_j^{l+1}), '\text{full}'] \tag{5.12}$$

参数 b 的梯度计算与卷积层一样，将所有特征图中的灵敏度相加求和。对于乘性偏置参数 $\hat{\beta}$，首先定义前向传播过程中下采样特征图并进行保存：

$$\boldsymbol{d}_j^l = \text{down}(\boldsymbol{x}_j^{l-1}) \tag{5.13}$$

对 $\hat{\beta}$ 的梯度计算如下所示：

$$\frac{\partial E}{\partial \hat{\beta}_j} = \sum_{u,v} (\boldsymbol{\delta}_j^l \circ \boldsymbol{d}_j^{l-1})_{uv} \tag{5.14}$$

在求得各个参数的梯度后，本章采用基于 Dropout 的随机批量梯度下降（stochastic batch gradient descent，SBGD）方法进行参数更新，Dropout 技术[16]即在训练过程中将一些输入层和中间层的神经元随机置零，能够减轻深度结构带来的模型过拟合问题。SBGD 方法[17]在训练过程采用分批处理方式，随机选取多个最小批（min-batch）并依次训练，迭代更新网络权重，直到模型收敛、验证集误差不再减小时停止训练，这种方法具有更快的学习速率。

在模型设置方面，因为 Relu 函数的使用，所以特征更加稀疏并具有更好的线性可分性，这使得全连接（fully connected，FC）层变得多余[18]。由于 FC 层几乎占据了 DATP 90%的参数，同时又可能带来过拟合现象，所以本章中使用的 DATP 模型未添加 FC 层。参照目前主流的深度卷积神经网络训练技巧，本章在最后两个特征提取层仅使用了卷积层，未添加池化层[19]。由于深度学习模型训练过程中大量的模型参数需要学习，所以本章在模型训练过程中采用了 GPU 加速技术。

5.3　基于稀疏表示的属性-类别关系挖掘

为了充分地考虑不同属性间的表达能力，对每个属性分类器进行加权设计。设 $\varphi_q \in \mathbb{R}^h$ 为基信号，$\boldsymbol{\Phi} = [\varphi_1, \varphi_2, \cdots, \varphi_q]$ 为字典，$\boldsymbol{\beta} = [\beta_1; \beta_2; \cdots; \beta_q]$ 为系数向量，s 为目标信号。信号稀疏表示即在字典 $\boldsymbol{\Phi}$ 中选择尽可能少的原子使得 $\boldsymbol{\Phi}\boldsymbol{\beta} = s$ 成立，即希望找到一个 $\boldsymbol{\beta}$，使得 $\boldsymbol{\Phi}\boldsymbol{\beta} = s$ 成立的同时，其中非 0 元素的个数尽可能少。$\boldsymbol{\beta}$ 中的元素称为稀疏表示系数，$\|\boldsymbol{\beta}\|_0$ 为 $\boldsymbol{\beta}$ 的稀疏度，表示 $\boldsymbol{\beta}$ 中非 0 系数的个数。

在实际问题中，字典 $\boldsymbol{\Phi}$ 常常是过完备冗余的，即目标信号的维数 h 远小于稀疏表示系数的维数 q，从而导致方程 $\boldsymbol{\Phi}\boldsymbol{\beta} = s$ 无解，此时稀疏表示系数是不唯一的。由于在过完备字典下求最稀疏解是一个 NP 难问题，所以可以考虑采用次优的逼近算法求解。目前，求解稀疏表示问题的方法主要有凸松弛法和贪婪法。

凸松弛法的典型模型为基于 $\|\boldsymbol{\beta}\|_1$ 最小的基追踪[20]，贪婪法为基于 $\|\boldsymbol{\beta}\|_0$ 最小的匹配追踪[21]。由于基追踪模型既可保证 $\boldsymbol{\beta}$ 的稀疏性，又可在向量相互影响间寻求最优组合，此处使用该方法求解稀疏表示问题，其数学描述如式（5.15）所示。为使 $\boldsymbol{\beta}$ 尽可能稀疏，$\|\boldsymbol{\beta}\|_0$ 应尽可能小。

$$\min \ \|\boldsymbol{\beta}\|_0$$
$$\text{s.t.} \quad \boldsymbol{\Phi}\boldsymbol{\beta} = s \tag{5.15}$$

式（5.15）是一个 l_0 范数极小化问题，基追踪算法的基础是用 l_1 范数代替 l_0 范数，即

$$\min \ \|\boldsymbol{\beta}\|_1$$
$$\text{s.t.} \quad \boldsymbol{\Phi}\boldsymbol{\beta} = s \tag{5.16}$$

令 $A = [\boldsymbol{\Phi}, -\boldsymbol{\Phi}]$，$b = s$，$c = [1,1]^T$，$x = [u,v]^T$，$\boldsymbol{\beta} = u - v$，则式（5.16）可转换为

$$\min \ c^{\mathrm{T}} x$$
$$\text{s.t.} \quad Ax = b, \quad x \geqslant 0 \tag{5.17}$$

任何用于求解线性规划的方法均可求解稀疏表示问题，目前常见的方法有下降单纯形法（downhill simplex method，DSM）[22]、基于内点法的 MOSEK[23] 和基于根求解的 SPGL1[24] 等，也可使用基于 L1-magic 的 MATLAB 工具箱进行求解。考虑到运行效率，此处使用 SPGL1 方法，其主要用于解决基追踪及 Lasso 问题。由于基追踪方法的全局寻优特点，β_q 的大小反映的是在其他原子的影响下，原子 φ_q 与 s 的相关性大小。

在零样本图像分类领域，当样本类别数小于属性个数时，可以将类别-属性矩阵 $B = [f^1; \cdots; f^n; \cdots; f^N]$ 视为字典 Φ，将属性值 f_n 视为原子 φ_q，将含类别信息的变量视为目标信号 s，这样通过求解式（5.16）得到的 β 就反映了各个属性对于稀疏表示类别变量的重要性。其中，采用间隔最大化判别分析[25] 对矩阵 B 进行分类，取其最优分类面的法向量投影作为目标信号 s。对于二分类问题，属性对于类别变量的重要性由稀疏表示系数向量 β 表示，其数学描述如下：

$$\min \ \| \beta \|_1$$
$$\text{s.t.} \quad B\beta = s \tag{5.18}$$

结合书中字母符号的使用，式（5.18）可表达为

$$\begin{bmatrix} a_1^1 & a_2^1 & \cdots & a_M^1 \\ a_1^2 & a_2^2 & \cdots & a_M^2 \\ \vdots & \vdots & & \vdots \\ a_1^N & a_2^N & \cdots & a_M^N \end{bmatrix} \cdot \begin{bmatrix} \beta_1 \\ \beta_2 \\ \vdots \\ \beta_M \end{bmatrix} = \begin{bmatrix} s_1 \\ s_2 \\ \vdots \\ s_N \end{bmatrix} \ \text{i.e.} \begin{cases} s_1 = a_1^1 \beta_1 + a_2^1 \beta_2 + \cdots + a_M^1 \beta_M \\ s_2 = a_1^2 \beta_1 + a_2^2 \beta_2 + \cdots + a_M^2 \beta_M \\ \vdots \\ s_N = a_1^N \beta_1 + a_2^N \beta_2 + \cdots + a_M^N \beta_M \end{cases} \tag{5.19}$$

使用基追踪方法对 β 进行求解后，与属性 a_m 对应的属性-类别相关性定义为 $\text{SRC}(a_m, z) = |\beta_m|$。

当零样本学习中类别的个数大于属性的个数即 $N > M$ 时，类别-属性矩阵 B 不再是过完备字典，将属性-类别矩阵表示为二值矩阵 $\tilde{B} = [\tilde{f}^1; \tilde{f}^2; \cdots; \tilde{f}^M]$，其中 $\tilde{f}^m = [a_1^m, \cdots, a_n^m, \cdots, a_N^m]$，$a_n^m$ 表示属性 a^m 对于分类类别 n 是有效的（$a_n^m = 1$）还是无效的（$a_n^m = 0$）。将 $\tilde{B}$ 视为字典，将属性值 $\tilde{f}_m$ 视为原子 φ_q，将含有属性信息的变量视为目标信号 $\tilde{s}$。由于将属性-类别矩阵作为字典，对于属性二分类问题，类别与属性变量的相关性如式（5.20）所示。

$$\min \ \| \tilde{\beta} \|_1$$
$$\text{s.t.} \quad \tilde{B}\tilde{\beta} = \tilde{s} \tag{5.20}$$

在求得 $\tilde{\beta}$ 后，与类别 z 对应的属性-类别相关性定义为 $\text{SRC}(z_l, a) = |\beta_l|$。

由于间隔最大化判别分析的核函数一般采用线性核函数，只适合处理二分类问题。对于多分类问题，可以考虑采用一对多策略解决。设 s^l 为第 l 个二分类问

题中间隔最大化判别分析在 B 上提取的第一个分量,稀疏表示系数向量 $\boldsymbol{\beta}^l$ 可通过式(5.21)求解:

$$\min \ \| \boldsymbol{\beta}^l \|_1 \qquad (5.21)$$
$$\text{s.t.} \quad B\boldsymbol{\beta}^l = s^l$$

在求得所有 L 个二分类问题对应的稀疏表示系数向量后,与属性 $\boldsymbol{a}^m$ 对应的属性-类别相关性可描述为

$$\text{SRC}(\boldsymbol{a}_m, z) = \sum_{l=1}^{L} | \beta_m^l | \qquad (5.22)$$

5.4　基于直接属性加权预测的零样本图像分类

本章采用 DAP 模型作为算法基础,属性预测及零样本图像标签分类的具体过程参见 2.4.2 节。

训练阶段,传统 DAP 模型对训练样本 x 采用浅层学习方法 SVM 训练属性分类器,本章采用深层学习方法取代此步骤,通过 DATP 模型训练多个属性分类器。在测试阶段,通过已训练好的属性分类器对测试样本进行属性预测得到概率 $p(\boldsymbol{a}|\boldsymbol{x})$:

$$p(\boldsymbol{a}|\boldsymbol{x}) = \prod_{m=1}^{M} p(\boldsymbol{a}_m|\boldsymbol{x}) \qquad (5.23)$$

根据贝叶斯定理,可以得到从预测属性 $\boldsymbol{a}$ 到测试类标签 z 的表示:

$$p(z|\boldsymbol{a}) = \frac{p(z)}{p(\boldsymbol{a}^z)} p(\boldsymbol{a}|z) \qquad (5.24)$$

零样本学习中将类别与属性间的依赖关系 $p(\boldsymbol{a}|z)$ 作为先验知识使用,使用一个阶乘分布表示:

$$p(\boldsymbol{a}) = \prod_{m=1}^{M} p(\boldsymbol{a}_m), \quad p(\boldsymbol{a}_m) = (1/K) \sum_{k=1}^{K} a_m^{y_k} \qquad (5.25)$$

式中, $p(\boldsymbol{a}_m)$ 作为先验知识使用,通常取经验值 $p(\boldsymbol{a}_m) = 1/2$ 。同时认为测试类别被分为任何类的概率值都是相等的,因此在进行测试类别标签预测时忽略 $p(z)$ 的影响。

现有的属性-类别标签的映射方法中将所有属性同等对待,由于不同的属性对不同类进行区分时的描述能力不同,各个属性分类器的分类能力也不尽相同,这种处理方式对属性和类别标签的映射关系无法精准地刻画。本章使用属性-类别关系 $\text{SRC}(\boldsymbol{a}_m, z)$ 对各属性分类器的分类性能进行描述,并作为一种先验

知识以权重的形式加入属性-类别标签映射函数中。测试样本 x 到类标签 z 的预测概率 $p(z|x)$：

$$p(z|x) = \sum_{a \in \{0,1\}^M} p(z|a)p(a|x) = \frac{p(a|z)^{\text{SRC}}}{p(a^z)} \prod_{m=1}^{M} p(a_m^z|x) \quad (5.26)$$

在标签分配阶段，决策规则 $f:X \to Z$ 表示针对所有测试类 $z_1, z_2, \cdots, z_L$，测试样本 x 最有可能的输出类。通过最大后验估计实现由训练类别标签的后验分布来推知测试样本类标签的概率分布，即

$$g(x) = \arg\max_{o=1,2,\cdots,O} p(z|x) = \arg\max_{o=1,2,\cdots,O} \prod_{m=1}^{M} \frac{p(a|z)^{\text{SRC}} p(a_m^{z_o}|x)}{p(a_m^{z_o})} \quad (5.27)$$

5.5 算法步骤

DWAP 模型的输入为训练样本集 $Y = \{y_1, y_2, \cdots, y_K\}$，测试样本集 $Z = \{z_1, z_2, \cdots, z_O\}$，属性集 $A = \{a_1, a_2, \cdots, a_M\}$，属性-类别关系矩阵 $B = [f^1; \cdots; f^n; \cdots; f^N]$，图像集合 $I = \{I^{(1)}, I^{(2)}, \cdots, I^{(d)}\}$，$I^{(d)} \in \mathbb{R}^{I_W \times I_H \times c}$，归一化参数 ε，白化因子 ξ 和深度学习模型相关参数等。输出为测试样本的预测标签。具体实验步骤如下所示。

1）图像预处理

（1）使用式（4.1）对 d 幅图像进行对比度归一化，得到 $Q = \{q^{(1)}, q^{(2)}, \cdots, q^{(d)}\}$，$q^{(d)} \in \mathbb{R}^{I_W \times I_H \times c}$。

（2）使用式（4.2）对输入数据进行特征值因子缩放得到 Ψ_{PCAwhite}。

（3）使用式（4.3）进行 ZCA 白化，得到图像数据 Ψ_{ZCAwhite}。

2）使用 DATP 模型训练属性分类器

（1）使用式（5.1）对预处理后的图像数据 x 进行卷积操作，得到卷积层 C_1 特征图。

（2）对卷积层特征图使用局部对比度归一化操作。

（3）使用式（5.2）对归一化处理后的特征图进行下采样，得到维度更小的池化层 S_2 的特征图。

（4）依次使用式（5.1）和式（5.2）对特征图进行卷积与采样，然后将卷积层 C_8 的输出特征图作为 Logistic 二元分类器的输入使用。

（5）使用 BP 算法对 DATP 模型进行有监督微调实现模型参数更新。

3）使用稀疏表示系数进行属性-类别相关性挖掘

（1）使用式（5.21）求取针对单一二分类问题时，属性与类别间相关性 $|\beta_m^l|$。

（2）在上一步骤计算所有二分类问题后，使用式（5.22）求取属性与类别间相关性 $\text{SRC}(a_m, z)$。

4）基于直接属性加权预测的零样本学习

（1）针对测试图像 x，使用步骤 2）得到的属性学习模型训练多个属性分类器，使用式（5.23）得到 $p(a|x)$。

（2）使用式（5.24）得到从预测属性 a 到测试类标签 z 的表示 $p(z|a)$。

（3）将步骤 3）中得到的 $SRC(a_m, z)$ 以权重的形式加入属性-类别标签映射函数，使用式（5.26）得到测试样本 x 到类标签 z 的预测概率 $p(z|x)$。

（4）由式（5.27）进行标签分配，得到最大似然输出类 $g(x) = \underset{o=1,2,\cdots,O}{\arg\max}\, p(z|x)$。

5.6　实验结果与分析

5.6.1　实验设置

为验证所提 DWAP 模型的效果，实验采用了 Shoes 数据集和 OSR 数据集进行相关实验。为减少数据运算量并方便实验结果统计，仅从 Shoes 数据集中选取每一类鞋子的前 1000 幅图像构成测试样本集和训练样本集。从 OSR 数据集中选取每一类景物的前 260 幅图像构成测试样本集和训练样本集。

使用工具箱 MatConvNet 构建基于深度卷积网络的属性预测模型 DATP，采用其提供的典型结构进行实验。本模型共包括 6 个特征提取单元，其中前 4 个单元均由卷积层和池化层交替连接组成，后 2 个单元由卷积层构成，仅第一个特征提取单元采用最大下采样方式进行池化层操作，其余的池化层均采用平均下采样方式，激活函数均使用 Relu。训练中使用"最小批（min-batch）"策略进行参数调整，取 batch 大小为 100，即每训练 100 幅图像网络就进行一次权值调整更新。迭代次数取 45，下采样系数 $\hat{\beta}$ 取 0.25，归一化参数 ε 取 10，ZCA 白化因子 ξ 取 0.1。具体参数配置如表 5.1 所示，N_{Fil} 表示卷积核个数，D_{Fil} 表示卷积核维度，S_{Fil} 表示卷积核大小。在后续具体操作中，为减少计算量，首先将数据集中图像的大小由 280×280×3 压缩至 64×64×3。

表 5.1　DATP 模型实验参数设置

类型	输入			N_{Fil}	D_{Fil}	S_{Fil}	步长	输出			
	宽度	高度	通道					宽度	高度	通道	尺寸
Input	/	/	/	/	/	/	/	64	64	3	12288
Conv1	64	64	3	32	3	5	1	64	64	32	131072
Maxpool1	64	64	32	/	/	3	2	32	32	32	32768
Conv2	32	32	32	32	32	5	1	32	32	32	32768

续表

类型	输入			N_{Fil}	D_{Fil}	S_{Fil}	步长	输出			
	宽度	高度	通道					宽度	高度	通道	尺寸
Avg-pool2	32	32	32	/	/	3	2	16	16	32	8192
Conv3	16	16	32	32	32	5	1	16	16	32	8192
Avg-pool3	16	16	32	/	/	3	2	8	8	32	2048
Conv4	8	8	32	64	32	5	1	8	8	64	4096
Avg-pool4	8	8	64	/	/	3	2	4	4	64	1024
Conv5	4	4	64	64	64	4	1	1	1	64	64
Conv6	1	1	64	64	64	1	1	1	1	2	2
Softmax	1	1	2	/	/	/	/	1	1	2	2

5.6.2 属性预测实验

属性预测包括有监督属性预测和零样本属性预测两种。首先针对深度属性预测 DATP 模型，在不同迭代次数下对 Shoes 数据集和 OSR 数据集中的所有属性进行有监督的训练与预测。在 Shoes 数据集中随机选择 9000 幅做训练样本，剩余 1000 幅做测试样本，在 OSR 数据集中随机选择 1800 幅做训练样本，剩余 280 幅做测试样本。由图 5.3 的预测结果可以看出，随着迭代次数的不断增加，属性预测精度不断提高，当模型迭代到一定次数后，属性预测精度趋于稳定。

为验证提出的 DATP 模型对于属性预测的有效性，分别将其与深度置信网络 DBN 和 SVM 等两种模型应用于 Shoes 数据集和 OSR 数据集中进行属性训练与预测。对比实验包括以下三种。

（1）基于 DBN 的属性预测模型使用的输入数据与 DCNN 相同，该模型由两层稀疏受限玻尔兹曼机构成，记为 DBN[7]。

（2）基于 SVM 的属性预测模型使用基于 L_2 规则化的线性 SVM 进行分类，输入数据采用与 DATP 相同的原始图像特征，记为 SVM_I。

（3）基于 SVM 的属性预测模型使用基于 L_2 规则化的线性 SVM 进行分类，输入数据由原始图像降维后的特征组成。Shoes 数据集中采用无监督的卷积神经网络（一个卷积层加一个池化层）从原始输入图像中提取，图像特征为 576 维，OSR 数据集采用 512 维 Gist 特征，记为 SVM_C。

由表 5.2 和表 5.3 中属性预测结果可知：①在有监督训练情况下，尽管 DATP 模型在个别属性上的预测精度低于其他模型的预测精度，但是 DATP 在大部分属性上的预测精度要远高于其他模型，这说明了深度学习模型在图像层次化特征表示和属性标签预测方面的优越性；②由于 DBN 模型在结构方法方面无法和 CNN 一样

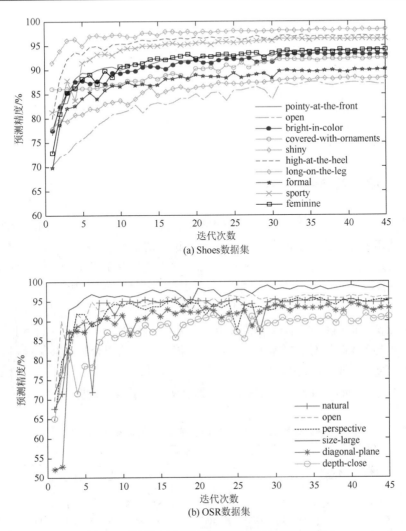

图 5.3　基于深度属性预测模型的属性预测结果

构造深层网络模型，所以使用两层稀疏受限玻尔兹曼机堆叠而成的 DBN 模型在特征提取和属性预测方面的效果不如 DATP 模型；③SVM_I 模型的属性预测精度要低于 SVM_C，这说明 SVM 更适合处理已经提取好的图像特征。

表 5.2　属性预测结果比较（Shoes 数据集）

模型	属性									
	pointy	open	bright	covered	shiny	high	long	formal	sporty	feminine
DATP	94.30	87.50	93.40	92.60	88.40	97.20	98.40	90.10	96.60	94.20
DBN	89.00	85.10	90.30	88.40	87.00	92.10	95.70	91.30	92.10	89.30
SVM_I	84.00	76.40	74.60	73.60	79.60	82.00	83.10	75.70	78.80	77.70
SVM_C	88.40	81.60	91.80	85.50	86.80	90.70	95.90	88.00	92.10	84.90

表 5.3　属性预测结果比较（OSR 数据集）

模型	属性					
	natural	open	perspective	size-large	diagonal-plane	depth-close
DATP	95.71	96.79	95.71	98.93	94.29	91.79
DBN	94.64	94.29	94.64	97.86	94.04	92.86
SVM_I	56.07	51.43	55.00	37.57	52.86	37.14
SVM_C	92.50	93.21	94.29	96.43	94.62	88.93

5.6.3　零样本图像分类实验

在零样本图像分类问题中，针对 OSR 数据集，实验选择 4 类景物作为训练类，剩余 4 类作为测试类，4 种训练类和 4 种测试类的组合形式有 C_8^4 共 70 种，在零样本图像分类时，排除掉训练过程中只有正样本或只有负样本的极端情况，能够使用的组合形式共 9 种，对 9 种情况全部进行零样本图像分类实验。针对 Shoes 数据集，实验选择 6 类鞋子作为训练类，剩余 4 类鞋子作为测试类。6 种训练类和 4 种测试类的组合形式有 C_{10}^6 共 210 种，在训练属性分类器时，排除掉训练过程中只有正样本或只有负样本的极端情况，能够使用的组合形式共 104 种，在这些组合中随机抽取了 10 组数据进行实验。表 5.4 和表 5.5 分别给出了零样本学习下四种模型在 Shoes 数据集和 OSR 数据集上所有的属性平均预测精度。

表 5.4　零样本属性平均预测精度（Shoes 数据集）

模型	属性									
	pointy	open	bright	covered	shiny	high	long	formal	sporty	feminine
DATP	75.15	58.25	90.68	75.35	60.51	82.16	95.36	69.14	82.63	87.11
DBN	56.90	58.68	74.85	65.55	53.47	65.81	84.76	68.71	79.84	64.38
SVM_I	63.76	51.47	47.52	43.37	56.74	68.37	51.46	54.80	49.15	56.96
SVM_C	65.27	58.19	77.70	60.05	58.31	71.42	85.99	60.77	85.49	68.86

表 5.5　零样本属性平均预测精度（OSR 数据集）

模型	属性					
	natural	open	perspective	size-large	diagonal-plane	depth-close
DATP	75.94	77.57	75.48	91.31	75.48	74.81
DBN	69.30	68.67	69.36	88.62	69.17	49.36
SVM_I	50.39	53.21	50.39	52.53	50.39	51.06
SVM_C	75.10	69.33	75.10	88.56	75.10	55.87

图 5.4 给出了四种模型在 Shoes 数据集和 OSR 数据集上的某次分类结果的属性的预测精度对比（Shoes 数据集训练类包括 athletic-shoes、wedding-shoes、boots、 clogs、flats、sneaker，测试类包括 high-heels、pumps、stiletto；OSR 数据集训练类包括：street、tallbuilding、coast、mountain，测试类包括 inside-city、highway、opencountry、forest）。由表 5.4、表 5.5 和图 5.4 可以看出，在零样本学背景下，尽管 DATP 在个别类的个别属性上的预测精度低于其他模型的预测精度，但是 DATP 在大部分属性上的平均预测精度要远远高于其他模型，这说明了 DATP 模型在零样本学习问题中依然具有很强的属性学习能力。

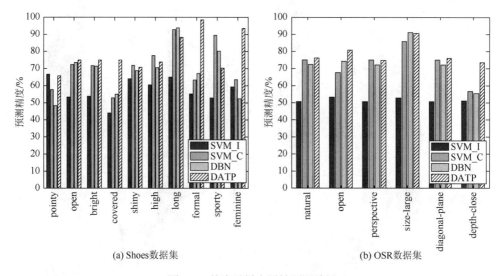

(a) Shoes数据集　　　　　　　　　(b) OSR数据集

图 5.4　某次零样本属性预测结果

为验证提出的 DWAP 模型对于属性加权预测的有效性，表 5.6 给出了五种模型在 Shoes 数据集和 OSR 数据集上的零样本图像分类识别率的平均值。其中模型 DATP 表示在零样本图像分类问题中未考虑属性与类别相关性。

表 5.6　零样本图像分类识别率的平均值

识别率/%	DWAP	DATP	DBN	SVM_I	SVM_C
Shoes	46.88	45.37	37.10	29.72	32.26
OSR	54.16	47.94	24.46	22.50	23.56

由表 5.6 可以看出：①基于深度属性预测模型的 DATP 模型和考虑属性加权的 DWAP 模型在两个数据集上的零样本分类识别率均比使用其他几种模型要高；②DWAP 模型的零样本图像分类识别率要高于未考虑属性加权设计的 DATP 模型，这说明在属性和类别标签的映射关系中考虑各个属性分类器的分类能力有助于提高零样本图像分类识别率。

　　图 5.5 和图 5.6 分别给出了当测试类别数为 4 时，使用 DBN、SVM_I、SVM_C、DATP 与 DWAP 模型在 Shoes 数据集和 OSR 数据集上的某次分类结果的混淆矩阵对比图（Shoes 测试类为 athletic-shoes、wedding-shoes、boots、pumps，训练类为 clogs、flats、sneaker、rain-boots、high-heels、stiletto；OSR 训练类为 street、tallbuilding、coast、mountain，测试类为 inside-city、highway、opencountry、forest）。

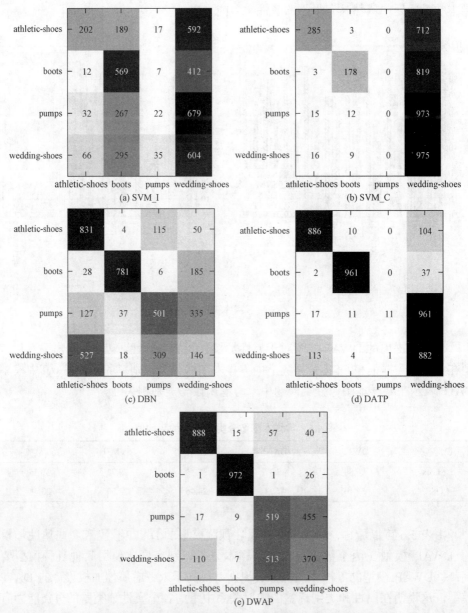

图 5.5　零样本分类结果混淆矩阵对比图（Shoes 数据集）

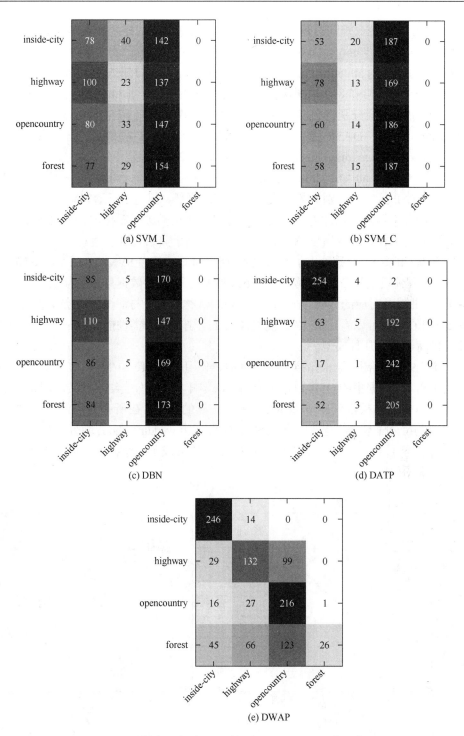

图 5.6　零样本分类结果混淆矩阵对比图（OSR 数据集）

　　在混淆矩阵中，矩阵对角线上的元素值代表每类测试样本被正确分类的个数。以图 5.5 中测试类 boots 为例，SVM_I 错分了 431 幅图像（分别将 12 幅、7 幅和 412 幅图像错分为 athletic-shoes、pumps 和 wedding-shoes），SVM_C 错分了 822 幅图像（分别将 3 幅和 819 幅图像错分为 athletic-shoes 和 wedding-shoes），DBN 错分了 219 幅图像（分别将 28 幅、6 幅和 185 幅图像错分为 athletic-shoes、pumps 和 wedding-shoes），DATP 错分了 39 幅图像（分别将 2 幅和 37 幅图像错分为 athletic-shoes 和 wedding-shoes），DWAP 错分了 28 幅图像（分别将 1 幅、1 幅和 26 幅图像错分为 athletic-shoes、pumps 和 wedding-shoes）。由图 5.5 和图 5.6 可以看出，DWAP 虽然在个别类的分类精度上有所降低，但是由于 DWAP 模型考虑了不同属性分类器的表达能力不同，所以对每个测试类进行零样本分类时各个属性都有不同的加权设计，所以总体分类准确率仍高于其余几种模型。

　　图 5.7 和图 5.8 分别给出了当测试类别数为 4 时，使用 SVM_I、SVM_C、DBN、DATP 等四种模型与 DWAP 模型在 Shoes 数据集和 OSR 数据集上的某次分类结果的 ROC 曲线及对应的 AUC 值，训练类与测试类的选择与混淆矩阵实验相同。由图 5.7 和图 5.8 可以看出 DWAP 模型虽然在个别类上分类性能略低，但总体分类性能仍高于其余几种模型。

　　图 5.9 分别给出了当测试类别数为 4 时，使用 SVM_I、SVM_C、DBN、DWAP 模型在 Shoes 数据集和 OSR 数据集上的某次零样本图像分类结果比较。由图 5.9 可以得出与分类结果混淆矩阵及 ROC 曲线一样的结论：在所有 4 类测试样本上，DWAP 的错分样本个数是最少的。例如，从测试类 wedding-shoes 的分类结果来看，SVM_I 错分了 4 个样本，SVM_C 和 DBN 分别错分成了 3 个样本，而 DWAP 仅错分了 1 幅图像。

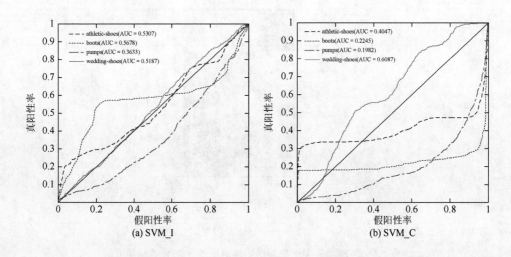

(a) SVM_I　　　　　　　　　　　　(b) SVM_C

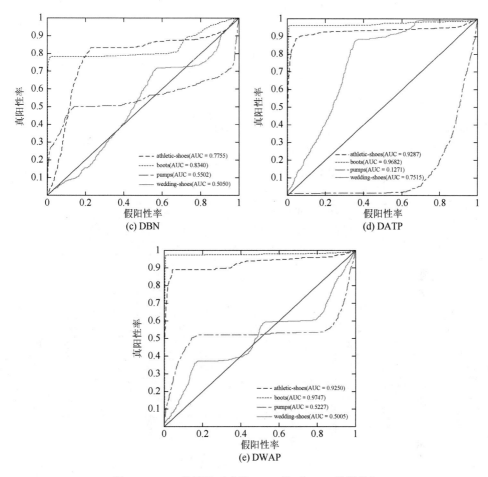

图 5.7　ROC 曲线及对应的 AUC 值（Shoes 数据集）

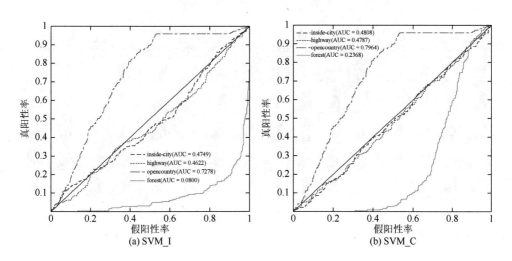

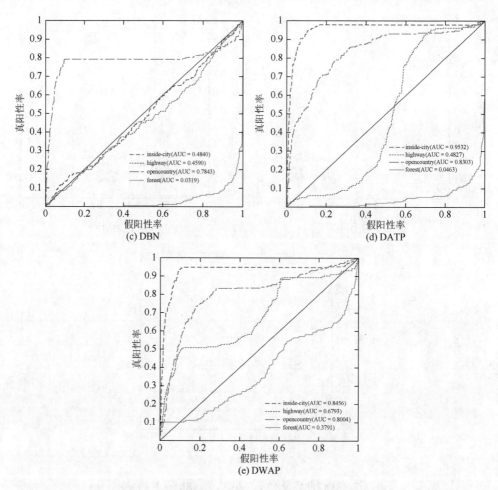

图 5.8　ROC 曲线及对应的 AUC 值（OSR 数据集）

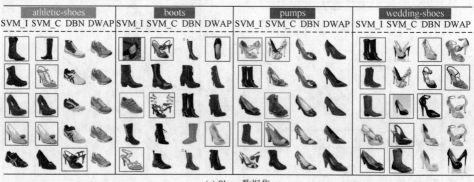

(a) Shoes数据集

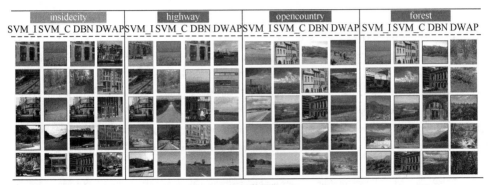

(b) OSR数据集

图 5.9　零样本分类结果图

5.7　本　章　小　结

本章提出一种深度加权属性预测模型，使用有监督学习方法训练一个深度卷积神经网络并将属性标签纳入网络结构，其卷积核的学习直接通过无监督预训练和有监督 BP 算法微调来实现，通过多个卷积层和池化层的堆叠使用实现深层次的特征表达及属性预测。此外，结合关于属性先验知识挖掘的相关内容，对表达能力不同的属性分类器进行加权设计，构建一种直接加权属性预测模型，有效地提高了属性预测精度和零样本图像分类识别率。

参 考 文 献

[1] Yu X，Aloimonos Y. Attribute-based transfer learning for object categorization with zero/one training example[C]// Proceedings of the European Conference on Computer Vision，Berlin，2010：127-140.

[2] Wang Y，Mori G. A discriminative latent model of object classes and attributes[C]//Proceedings of the European Conference on Computer Vision，Berlin，2010：155-168.

[3] Lampert C H，Nickisch H，Harmeling S. Attribute-based classification for zero-shot visual object categorization[J]. IEEE Transactions on Pattern Analysis and Machine Intelligence，2014，36（3）：453-465.

[4] Olshausen B A. Emergence of simple-cell receptive field properties by learning a sparse code for natural images[J]. Nature，1996，381（6583）：607-609.

[5] Kavukcuoglu K，Ranzato M A，Fergus R，et al. Learning invariant features through topographic filter maps[C]// IEEE Conference on Computer Vision and Pattern Recognition，Miami，2009：1605-1612.

[6] Sharmanska V，Quadrianto N，Lampert C H. Augmented attribute representations[C]//European Conference on Computer Vision，Berlin，2012：242-255.

[7] Chung J，Lee D，Seo Y，et al. Deep attribute networks[C]//Proceedings of the 26th Conference on Neural Information Processing Systems，Lake Tahoe，2012：3.

[8] Zhang N，Paluri M，Ranzato M A，et al. Panda：Pose aligned networks for deep attribute modeling[C]//Proceedings of the IEEE Conference on Computer Vision and Pattern Recognition，Columbus，2014：1637-1644.

[9]　Lecun Y，Boser B，Denker J S，et al. Backpropagation applied to handwritten zip code recognition[J]. Neural Computation，1989，1（4）：541-551.

[10]　Jarrett K，Kavukcuoglu K，Ranzato M A，et al. What is the best multi-stage architecture for object recognition?[C]// Proceedings of the IEEE International Conference on Computer Vision，Kyoto，2009：2146-2153.

[11]　Vikram T N，Tscherepanow M，Wrede B. A saliency map based on sampling an image into random rectangular regions of interest[J]. Pattern Recognition，2012，45（9）：3114-3124.

[12]　Krizhevsky A，Sutskever I，Hinton G. Imagenet classification with deep convolutional neural networks[C]// Proceedings of the 25th International Conference on Neural Information Processing Systems，Doha，2012：1097-1105.

[13]　Nair V，Hinton G E. Rectified linear units improve restricted boltzmann machines[C]//Proceedings of the 27th International Conference on Machine Learning，Haifa，2010：807-814.

[14]　Bouvrie J. Notes on convolutional neural networks[J]. Neural Nets，2006.

[15]　Chan T H，Jia K，Gao S，et al. PCANet: A simple deep learning baseline for image classification?[J]. IEEE Transactions on Image Processing，2015，24（12）：5017-5032.

[16]　Hinton G E，Srivastava N，Krizhevsky A，et al. Improving neural networks by preventing co-adaptation of feature detectors[J]. Compnter Science，2012，3（4）：212-223.

[17]　Goodfellow I J，Warde-Farley D，Mirza M，et al. Maxout networks[J]. ar Xiv：1302.4389v4，2013.

[18]　Glorot X，Bordes A，Bengio Y. Deep sparse rectifier neural networks[C]//Proceedings of the International Conference on Artificial Intelligence and Statistics，Fort Lauderdal，2011：315-323.

[19]　Long J，Shelhamer E，Darrell T. Fully convolutional networks for semantic segmentation[C]//Proceedings of the IEEE Conference on Computer Vision and Pattern Recognition，Boston，2015：3431-3440.

[20]　Chen S. Basis pursuit[D]. Palo Alto：Stanford University，1995.

[21]　Pati Y C，Rezaiifar R，Krishnaprasad P S. Orthogonal matching pursuit: Recursive function approximation with applications to wavelet decomposition[C]//Proceedings of the Conference on Signals，Pacific Grove，1993：1-3.

[22]　Groeneveld E，Kovac M. A note on multiple solutions in multivariate restricted maximum likelihood covariance component estimation[J]. Journal of Dairy Science，1990，73（8）：2221-2229.

[23]　Andersen E D，Andersen K D. The MOSEK Interior Point Optimizer for Linear Programming：An Implementation of the Homogeneous Algorithm[M]. Berlin：Springer，2000：197-232.

[24]　Friedlander M P，van den Berg E. SPGL1，a solver for large scale sparse reconstruction[J]. SIAM Journal on Scientific Computing，2008，31（2）：890-912.

[25]　Tsang I W H，Kocsor A，Kwok J T Y. Large-scale maximum margin discriminant analysis using core vector machines[J]. IEEE Transactions on Neural Networks，2008，19（4）：610-624.

第6章　基于类别与属性相关先验知识挖掘的
零样本图像分类

第3章和第4章分别通过关联概率和深度学习对零样本图像分类中属性的重要性与特征提取进行了优化。已知的利用属性解决零样本问题的方法中，均不同程度地缺少对属性相关的各种先验知识的刻画。如何挖掘属性、类别标签之间相关的信息，将这些重要的先验知识融入属性预测模型等是提高零样本学习识别率的关键。不同于第2章中介绍的已有建模方法，本章提出一种新的零样本学习模型，利用白化余弦相似度反映不同类别标签之间的关联程度，通过信号的稀疏表示挖掘属性-类别标签、属性-属性之间的相关性，通过相关先验知识的挖掘，将筛选得到的实验数据用于属性预测和零样本学习。在AWA数据集和A-Pascal/A-Yahoo数据集上的对比实验证实了该算法的有效性和在识别率上相对于传统算法的提升。

在已知的利用属性解决零样本学习问题的方法中，对属性相关的各种先验知识的刻画尤为重要。无论是直接属性预测模型，还是间接属性预测模型，这两种主流方法在对属性进行预测的过程中，均在一定程度上忽视了一些与属性或类别标签相关的信息，如不同属性之间可能具有正、负关联关系，如"有翅膀"和"会飞"两个属性可能正相关，"有翅膀"和"尖牙"两个属性可能负相关，而"有翅膀"这一属性基本上为"鸟类"独有。采用何种方法挖掘它们之间的联系，如何将这些重要的先验知识融入属性预测模型等均是非常复杂且具有挑战性的问题。

研究人员对属性-属性之间，属性-类别标签之间的内在关系挖掘进行了一些初步探索。Wang 等[1]利用潜在的结构化支持向量机模型来集成属性和对象类，在训练数据中将属性标签作为潜在变量使用。该模型的目标是将对象类的预测损失最小化，模型训练包括三部分，在忽略属性影响的前提下使用多分类支持向量机训练类别分类器；在忽略类别影响的前提下使用二值化的支持向量机训练属性分类器；利用互信息和贝叶斯网络构建属性关系树状图模型，树状图的顶点代表属性，各个顶点之间的连线用来描述两个属性之间的互信息关系。使用最大生成树算法去掉相关性差的属性对，只保留具有最强互信息的属性对。Kovashka 等[2]使用潜在的结构化支持向量机模型进行分类器的设计，同时将主动学习的思想引入零样本学习，提出一个基于信息熵的选择函数，用于对属性与类别标签进行主动交互式提问，对测试图像的属性或类别标签进行预测和排序，得到熵减少最大化时的属性或类别标签。但是，Wang 与 Kovashka 提出的属性-属性关系图模型仅仅考虑了两个属性之间的关系。Rohrbach 等[3]针对目前属性数据集提供的属性-类别先验知识存在描述性弱及人工标注消耗大等缺点，提出借助外在的语义知识库（如 WordNet、Wikipedia 和 Yahoo Web）来挖掘对象类和属性之间的语义相关性，使用部件属性实现类间共享及相关知识迁移，由于每个属性均可由一系列类别表示，把类别标签作为一种扩展的属性标签进行使用。在 Rohrbach 的工作中，需要人工提取自然语言的专业知识并且只讨论了类别与属性的关系。Siddiquie 等[4]提出一种相关属性模型，将与待检索属性具有相关性的属性也考虑进检索模型中，同时使用多个检索属性来对检索和排序方程进行训练。Liu 等[5]使用多任务学习对属性-属性间关系进行建模，通过设计一个目标函数将属性之间的关系挖掘与属性分类器设计进行联合学习，得到一个协方差矩阵用来表示属性-属性间的正相关性、负相关性及不相关性，使用训练样本及其属性标签，以及属性-属性间关系对属性分类器进行训练。上述方法得到的先验知识通常基于信息论或者预先统计得到，用来评价两个属性的相关程度，也可用于评价属性-类别相关性，缺点是假设所考察的属性与其他属性是相互独立的，得到的相关测度值通常只能反映单个属性与类别或两个属性之间的相关性，没有反映其他属性对它们的影响。另外，目前已有的方法中忽略了类别标签之间的相关性挖掘。

模式识别问题中常使用白化余弦相似度（whitened cosine similarity，WCS）[6]挖掘向量间的相关性，本章利用 WCS 来挖掘类别标签之间的相关性。信号的稀疏表示是目前用来计算相关性的一种方法，该理论是假设任何目标信号都是稀疏的，通过少量的基信号可以对其进行线性表示。揭示基信号对于表示目标信号重要与否的量称为稀疏表示系数（sparse representation coefficient，SRC）[7]。此处，利用稀疏表示系数来挖掘与属性相关的先验知识和评估属性的相关性。稀疏表示系数与已有的相关性测度的不同之处在于：稀疏表示系数值本身就可以反映一个属性在其他属性影响下与目标的相关性，此处目标既可以是含类别信息的变量也可以是某个属性，从而可以一次性解得所有属性-类别标签之间的相关性和属性-属性之间的相关性。因此，本章提出一种基于属性与类别相关先验知识的零样本学习（IAP_CAPK）模型。

6.1　系　统　结　构

IAP_CAPK 模型旨在挖掘类别-类别之间、属性-属性之间及属性-类别标签的内在关系，进一步将这些重要的先验知识融入属性预测模型中，以降低数据运算量和提高分类精度。基于类别与属性相关先验知识挖掘的零样本学习系统的结构图如图 6.1 所示，主要由四个阶段组成。阶段 I 为类别-类别相关性的知识挖掘，通过计算类别向量间的白化余弦相似度来判断两者相关性的强弱，利用阈值 K_1 的设定来挑选出精选训练集。阶段 II 为属性-类别相关性的知识挖掘。首先，通过间隔最大化判别分析（margin maximizing discriminant analysis，MMDA）[8]从类别-属性关系中提取最优分量作为目标信号 s；然后，引入稀疏表示，利用稀疏表示系数来表示属性与类别之间的相关性强弱，通过阈值 K_2 对求得的属性-类别相关性进行选择，然后对原始属性集进行筛选，得到粗选属性集。阶段 III 为属性-属性相关性的知识挖掘。针对粗选属性集，利用稀疏表示系数挖掘属性-属性间的相关关系；最后，利用马尔可夫毯移除部分冗余属性，得到精选属性集。阶段 IV 为属性预测与分类，基于精选训练集及精选属性集，利用常规的间接属性预测或者直接属性预测模型（此处考虑使用间接属性预测模型）对图像属性进行预测，进而实现零样本分类。

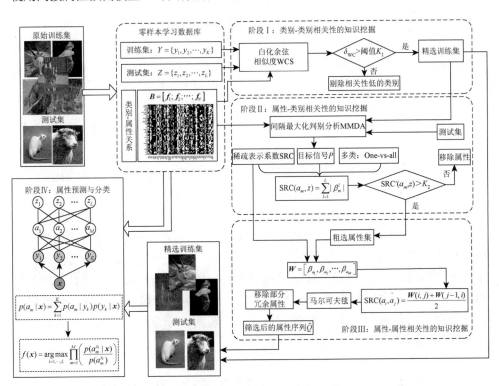

图 6.1　基于类别与属性相关先验知识挖掘的零样本学习系统的结构图

6.2　基于白化余弦相似度的类别-类别相关性挖掘

由于相似类别具有属性共享的特点，因此可以考虑利用属性知识从原始训练集中挑选一些与测试类样本相似度高的类别充当训练数据，此举不仅能够减少计算量，而且能够更有效地实现知识迁移。通过引入白化余弦相似度来衡量训练样本与测试样本间的关系，从而获取与测试样本相似性大的精选训练样本集。设模式向量 $\boldsymbol{f}^y$ 与 $\boldsymbol{f}^z$ 分别代表训练类别 y 与测试类别 z 的类别信息，利用白化余弦相似度计算这两类之间的类别相似度：

$$\delta_{\mathrm{wc}}(\boldsymbol{f}^y, \boldsymbol{f}^z) = \frac{(\boldsymbol{G}^{\mathrm{T}}\boldsymbol{f}^y)^{\mathrm{T}}(\boldsymbol{G}^{\mathrm{T}}\boldsymbol{f}^z)}{\|\boldsymbol{G}^{\mathrm{T}}\boldsymbol{f}^y\| \cdot \|\boldsymbol{G}^{\mathrm{T}}\boldsymbol{f}^z\|} \tag{6.1}$$

式中，$\boldsymbol{G}$ 为白化转化矩阵，即白化算子；$\|\cdot\|$ 为范数算子。在求解 $\boldsymbol{G}$ 时，可以通过协方差矩阵 $\boldsymbol{\Sigma}$ 计算：

$$\boldsymbol{\Sigma} = E[(\boldsymbol{\chi} - \boldsymbol{M}_0)(\boldsymbol{\chi} - \boldsymbol{M}_0)^{\mathrm{T}}] \tag{6.2}$$

式中，$E(\cdot)$ 表示求期望；$\boldsymbol{M}_0 = E(\boldsymbol{\chi})$ 为总体均值。上述协方差矩阵可以由主成分分析方法化简为

$$\boldsymbol{\Sigma} = \boldsymbol{\Psi}\boldsymbol{\Lambda}\boldsymbol{\Psi}^{\mathrm{T}} \tag{6.3}$$

式中，$\boldsymbol{\Psi}$ 为正交特征矢量矩阵；$\boldsymbol{\Lambda}$ 为对角特征值矩阵。在白化算子 $\boldsymbol{G} = \boldsymbol{\Psi}\boldsymbol{\Lambda}^{-1/2}$ 的作用下，式（6.1）变形为

$$\delta_{\mathrm{wc}}(\boldsymbol{f}^y, \boldsymbol{f}^z) = \frac{(\boldsymbol{f}^y)^{\mathrm{T}}\boldsymbol{\Sigma}^{-1}(\boldsymbol{f}^z)^{\mathrm{T}}}{\|\boldsymbol{G}^{\mathrm{T}}\boldsymbol{f}^y\| \cdot \|\boldsymbol{G}^{\mathrm{T}}\boldsymbol{f}^z\|} \tag{6.4}$$

然后，通过式（6.5）从训练类中挑选出符合条件的精选训练集：

$$\delta_{\mathrm{wc}}(\boldsymbol{f}^y, \boldsymbol{f}^z) > K_1 \tag{6.5}$$

式中，阈值 $K_1 \in [0,1)$ 决定了精选训练集中的类别个数。K_1 取 0 即未考虑类别之间的相关性，即使用了训练集中所有的类别进行分类器的训练。由于零样本问题中测试类与训练类没有交集，不存在 $\delta_{\mathrm{wc}}(\boldsymbol{f}^y, \boldsymbol{f}^z) = 1$ 这种情况，因此不考虑 $K_1 = 1$。随着 K_1 从 0 不断增加，精选训练集中样本的相关性逐渐增强，分类器训练时使用的样本类别逐渐减少，计算机耗时大大降低，图像分类准确率明显提高。但是当 K_1 增大到一定程度时，精选训练集中的训练类别与目标测试类具有极强的相关性，这将导致过拟合现象的产生：实验结果中所有测试类图像误分为同一类。因此，为避免该现象，K_1 的取值在保证较高的分类精度与较短的运行时间的同时略大即可。

6.3 基于稀疏表示的属性-类别相关性挖掘

使用 5.3 节中稀疏表示系数计算出属性-类别相关性 $\mathrm{SRC}(a_m, z)$ 后，通过式（6.6）获得粗选属性集：

$$\mathrm{SRC}'(a_m, z) > K_2 \tag{6.6}$$

式中，$\text{SRC}'(a_m, z)$ 为 $\text{SRC}(a_m, z)$ 的归一化结果，阈值 K_2 的取值决定了属性-类别相关性分析中选择多少个属性，同时也决定后续属性间冗余分析的规模，K_2 取值范围为[0, 1]。K_2 取 0 即未考虑属性之间的相关性，使用了属性集中所有的属性进行分类器的训练。当 K_2 取 1 时，意味着粗选属性集中只剩下了一个与类别 z 相关性最强的属性。随着 K_2 的增大，精选属性集中属性与类别间的相关性逐渐增强，同时属性与属性间的相关性逐渐减弱，零样本图像分类准确率提高，耗时降低。当 K_2 增大到一定程度时，精选属性集与目标测试类具有极强的相关性，导致实验结果中所有测试类图像误分为同一类，这是由于此时精选属性集过于拟合测试数据造成的。因此，为了避免过拟合现象的产生，K_2 不宜取得过大。

6.4　基于稀疏表示的属性-属性相关性挖掘

由 5.4 节的相关理论可知，如果将 $\boldsymbol{B} = [\boldsymbol{f}^1; \cdots; \boldsymbol{f}^n; \cdots; \boldsymbol{f}^N]$ 中的某个属性当作目标属性并视为 $\boldsymbol{s}$，将除目标属性外的属性集视为字典 $\boldsymbol{\varPhi}$，通过求解式（5.18）得到的 $\boldsymbol{\beta}$ 就反映了其余属性对于稀疏表示目标属性的重要性。

设属性 a_m 为目标属性，由所有样本中第 m 个属性构成的属性向量记为 $\boldsymbol{F}_m = [\boldsymbol{B}_{1,m}; \boldsymbol{B}_{2,m}; \cdots; \boldsymbol{B}_{N,m}]$，由除 a_m 的其他属性与类别构成的对应关系记为 $\boldsymbol{f}_m^n = [a_1^n, a_2^n, \cdots, a_{m-1}^n, a_{m+1}^n, \cdots, a_M^n]$，相应的样本集记为 $\boldsymbol{B}_m' = [\boldsymbol{f}_m^1; \boldsymbol{f}_m^2; \cdots; \boldsymbol{f}_m^N]$，则其他属性稀疏表示的系数可通过求解式（6.7）得到

$$\begin{aligned} &\min \ \|\boldsymbol{\beta}_{a_m}\|_1 \\ &\text{s.t.} \ \ \boldsymbol{B}_m' \boldsymbol{\beta}_{a_m} = \boldsymbol{F}_m \end{aligned} \tag{6.7}$$

在得到与每个属性对应的 $\boldsymbol{\beta}_{a_m}$ 后，令

$$\boldsymbol{W} = [\boldsymbol{\beta}_{a_1}, \boldsymbol{\beta}_{a_2}, \cdots, \boldsymbol{\beta}_{a_M}] \tag{6.8}$$

设 $i, j \in \{1, 2, \cdots, M\}$ 且 $i \neq j$，则 $|\boldsymbol{W}(i, j)|$ 反映属性 $\boldsymbol{a}_i$ 对于稀疏表示属性 $\boldsymbol{a}_j$ 的重要性，$|\boldsymbol{W}(j, i)|$ 反映属性 $\boldsymbol{a}_j$ 对于稀疏表示属性 $\boldsymbol{a}_i$ 的重要性。属性 $\boldsymbol{a}_i$ 和 $\boldsymbol{a}_j$ 间的属性-属性关系定义为

$$\text{SRC}(a_i, a_j) = \frac{|\boldsymbol{W}(i, j)| + |\boldsymbol{W}(j, i)|}{2} \tag{6.9}$$

在通过稀疏表示系数评估每个属性的属性-类别相关性并选择相关属性后，使用由稀疏表示系数定义的近似马尔可夫毯[9]来移除冗余属性，使得精选属性集中所有属性的属性-属性间相关性最小且属性-类别间相关性最大。基于稀疏表示系数定义的近似马尔可夫毯为对于属性 $\boldsymbol{a}_i$ 和 $\boldsymbol{a}_j$，如果 $\text{SRC}(a_i, y) \geqslant \text{SRC}(a_j, y)$ 且 $\text{SRC}(a_i, a_j) \geqslant \text{SRC}(a_j, y)$，则可知 $\boldsymbol{a}_i$ 是 $\boldsymbol{a}_j$ 的马尔可夫毯，移除冗余属性 $\boldsymbol{a}_i$，最终得到精选属性集。

6.5　算法时间复杂度

由于算法 IAP_CAPK 主要包括四个阶段，令 T_1 表示阶段 I 的时间复杂度，T_2 表示阶段 II 的时间复杂度，T_3 表示阶段III的时间复杂度，T_4 表示阶段IV的时间复杂度，则整个算法的时间复杂度为 $T_1 + T_2 + T_3 + T_4$。阶段 I 中，已知训练类的类别数为 K，测试类的类别数为 L，类别-类别之间相关性计算的时间复杂度为 $T_1 = O(KL)$。阶段 II 由于将多分类问题转化为 L 个二分类问题解决，时间复杂度为 $T_2 = O(L)$。在阶段III中，已知阶段 II 中得到的粗选属性个数为 nra，使用近似马尔可夫毯移除冗余属性的时间复杂度为 $O(\mathrm{nra}^2)$，由于使用稀疏表示系数做相关性测度需要求解稀疏表示问题，因此时间复杂度为 $T_3 = O(\mathrm{nra}\log\mathrm{nra})$。阶段IV中，已知精选训练集类别数为 nftc（the number of fine training classes），令参与实验的图像特征类别数为 N_{fe}，参与实验的每个类别的图像个数为 N_{im}，精选属性集中属性个数为 nfa，阶段IV中时间复杂度可以表示为 $T_4 = O(N_{\mathrm{fe}} N_{\mathrm{im}} \mathrm{nftc} \cdot \mathrm{nfa})$。因此 IAP_CAPK 模型的时间复杂度可表示为 $O(K \cdot L + L + \mathrm{nra} \cdot \log\mathrm{nra} + N_{\mathrm{fe}} \cdot N_{\mathrm{im}} \cdot \mathrm{nftc} \cdot \mathrm{nfa})$。

6.6　实验结果与分析

6.6.1　实验数据集

实验采用了动物属性数据集 AWA 和 A-Pascal/A-Yahoo 数据集。实验过程中，AWA 数据集选择 6 类动物做测试类：海豹（seal）、仓鼠（hamster）、狮子（lion）、水牛（buffalo）、绵羊（sheep）及虎鲸（killer + whale），剩余 44 类动物作为训练类。为减少数据运算量，仅从 AWA 数据集中选取每一类动物的前 100 幅图像构成测试样本集和训练样本集。a-Yahoo 数据集中选择 5 个类别做测试类：狼（wolf）、驴（donkey）、建筑（building）、赛艇（jetski）及杯子（mug），A-Pascal 数据集作为训练样本。同样地，从 A-Pascal/A-Yahoo 数据集中选取每一类的前 100 幅图像构成测试样本集和训练样本集。

6.6.2　参数分析

IAP_CAPK 模型的关键参数为阈值 K_1 和 K_2，在 AWA 数据集中讨论了两个参数的选取对 IAP_CAPK 模型的影响并提供了参数选择的思路。已知参数 K_1 决定了精选训练集中类别的个数，参数 K_2 决定了粗选属性集中属性的个数，进而对测试样本的分类性能产生直接影响。为此，首先，令 $K_2 = 0$，分析阈值 K_1 的设置对分类性能的影响。表 6.1 给出了在不同的 K_1 取值情况下，得到的精选训练类别数 nftc、6 种测试类的分类准确率（acc，%）和计算机耗时（time，s），其中"/"表示无法得到正确的结果。由表 6.1 数据可知：①当 $K_1 = 0$ 时，由于未考虑类别-类别相关性，精选训练集由所有 44 个训练类组成，图像的分类准确率较低且计算机耗时较多；②随着 K_1 的增大，由于精选训练集中训练样本的相关性逐渐增强，所有测试类图像的分类准确率均有了明显的提高。同时，随着训练类别数的降低，计算机耗时大大降低，运算效率得到显著提高；③当 $K_1 = 0.8$ 时，精选训练集中的训练样本类别数（以测试类 lion 为例，精选训练集中的训练类别数由最初的 44 个减少为 6 个，分别为 tiger、leopard、bobcat、wolf、german + shepherd 和 fox）较少，但均与目标测试类具有极强的相关性，这就导致了过拟合现象的产生：将所有测试类图像误分为同一类。因此，为避免出现过拟合现象，K_1 的取值不能太大。

表 6.1　K_1 对零样本分类性能的影响

测试类	$K_1 = 0$			$K_1 = 0.4$			$K_1 = 0.6$			$K_1 = 0.8$		
	nftc	acc/%	time/s	nftc	acc/%	time/s	nftc	acc/%	time/s	nftc	acc/%	time/s
seal	44	26	1219.97	35	31	811.67	14	56	228.91	5	/	/
hamster	44	32	1219.97	38	35	723.31	17	81	230.98	5	/	/
lion	44	67	1219.97	37	81	840.88	18	95	183.85	6	/	/
buffalo	44	22	1219.97	32	22	609.66	18	71	189.74	3	/	/
sheep	44	13	1219.97	37	15	965.62	18	59	199.10	1	/	/
killer + whale	44	26	1219.97	28	30	415.44	14	91	181.34	3	/	/
平均		31.0	1219.97		35.7	793.55		75.5	202.32		/	/

其次，令 $K_1 = 0$，讨论 K_2 取值对分类性能的影响。表 6.2 给出了在不同的 K_2 取值情况下，得到的精选属性集的属性个数 nfa、6 种测试类的分类准确率（acc，%）和分类时间（time，s），其中"/"表示无法得到正确的结果。由表 6.2 数据可知：①当 $K_2 = 0$ 时，由于未考虑属性与属性、属性与类别间的相关性，粗选属性集由所有 85 个属性组成，尽管使用冗余马尔可夫毯移除部分冗余属性，但是图像的分类准确率较低；②随着 K_2 的增大，精选属性集中属性-类别间的相关性逐渐增强，同时属性-属性间的相关性逐渐减弱，因此所有测试类图像的分类准确率均有了明显的提高。但是由于训练类的训练样本个数没有减少，计算机耗时没有明显变化；③当 $K_2 = 0.3$ 时，精选属性集中的属性个数（以测试类 lion 为例，精选属性集中的属性个数由最初的 85 个减少为 33 个，相关性前五的属性分别为

meat、stalker、strong、hunter 和 meatteeth）较少，但均与目标测试类具有极强的相关性，这同样导致了过拟合现象的产生。因此，为避免出现过拟合现象，不能仅选择有突出作用的属性进行训练，即 K_2 的取值不能太大。综合考虑表 6.1 和表 6.2 的实验结果，为保证分类准确率和计算效率，后续实验中令 $K_1 = 0.6$，$K_2 = 0.1$。

表 6.2　K_2 对零样本分类性能的影响

测试类	$K_2 = 0$			$K_2 = 0.05$			$K_2 = 0.1$			$K_2 = 0.3$		
	nfa	acc/%	time/s	nfa	acc/%	time/s	nfa	acc/%	time/s	nfa	acc/%	time/s
seal	85	26	1219.97	58	46	1249.36	46	64	1202.15	26	/	/
hamster	85	32	1219.97	53	93	1240.30	47	96	1242.76	32	/	/
lion	85	67	1219.97	53	94	1232.60	47	99	1297.29	33	/	/
buffalo	85	22	1219.97	42	45	1253.78	35	79	1241.24	21	/	/
sheep	85	13	1219.97	40	46	1283.05	33	63	1253.22	22	/	/
killer + whale	85	26	1219.97	45	79	1259.37	41	85	1231.99	23	/	/
平均		31.0	1219.97		67.2	1253.08	41.5	81.0	1244.78		/	/

表 6.3 给出了使用近似马尔可夫毯移除冗余属性对零样本图像分类产生的影响。nra 表示粗选属性集中属性的个数，acc1 和 time1 表示冗余属性移除前的分类精度与运行时间，acc2 和 time2 表示冗余属性移除后的分类精度与运行时间。由表 6.3 的数据可以看出，通过近似马尔可夫毯移除冗余属性，零样本分类精度得到提高，同时也降低了计算复杂度。

表 6.3　冗余属性的移除对零样本分类性能的影响

测试类	nra	acc1/%	time1/s	nfa	acc2/%	time2/s
seal	59	77	213.80	46	86	201.94
hamster	56	96	225.36	47	96	218.73
lion	58	99	201.41	47	99	180.82
buffalo	39	89	187.51	35	89	164.29
sheep	38	86	178.45	33	88	167.18
killer + whale	46	96	189.00	41	97	162.52
平均		90.50	199.26		92.50	182.58

每类样本参与训练的个数同样对零样本分类精度产生影响。表 6.4 给出了在不同训练样本个数的情况下，得到的分类精度（acc，%）与运行时间（time，s），其中 N_{tr} 表示每类样本参与训练的图像数。

表 6.4　训练类样本数对零样本分类性能的影响（A-Pascal/A-Yahoo 数据集）

测试类	$N_{tr} = 15$		$N_{tr} = 45$		$N_{tr} = 75$		$N_{tr} = 100$		$N_{tr} = 135$		$N_{tr} = 150$	
	acc/%	time/s	acc/%	time/s	acc/%	time/s	acc/%	time/s	acc/%	time/s	acc/%	time/s
wolf	88	6.34	89	9.70	89	13.73	92	15.93	93	21.57	92	24.73
statue	69	6.73	76	10.94	78	12.56	81	19.10	80	28.86	80	30.92
building	86	7.05	95	11.45	97	16.58	99	20.32	99	28.77	99	32.19
jetski	78	6.58	79	10.48	77	15.54	83	18.64	83	25.25	84	28.02
mug	91	6.46	93	12.37	95	16.27	96	20.30	96	29.93	96	31.32
平均	82.4	6.63	86.4	11.0	87.2	15.0	90.2	18.9	90.2	26.9	90.2	29.4

由于 A-Pascal/A-Yahoo 数据集中训练类 diningtable 最多只有 150 幅图片，因此表 6.4 中 N_{tr} 的最大值取到 150。由于 AWA 数据集中训练类 ox 最多只有 168 幅图片，因此表 6.5 中 N_{tr} 的最大值取到 168。从表 6.4 和表 6.5 中可以看出，尽管个别测试类的分类准确率有所波动，但是大部分测试类的分类准确率均有小幅提高，同时计算机耗时也在不断增加。

表 6.5　训练类样本数对零样本分类性能的影响（AWA 数据集）

测试类	$N_{tr} = 60$		$N_{tr} = 80$		$N_{tr} = 100$		$N_{tr} = 120$		$N_{tr} = 140$		$N_{tr} = 168$	
	acc/%	time/s	acc/%	time/s	acc/%	time/s	acc/%	time/s	acc/%	time/s	acc/%	time/s
seal	80	72.26	80	112.96	86	201.94	82	223.61	88	251.30	89	312.28
hamster	91	86.43	94	122.18	96	218.73	98	279.99	98	344.34	98	450.00
lion	96	95.44	99	169.73	99	180.82	99	281.61	99	429.64	99	508.74
buffalo	84	76.92	86	130.73	90	164.29	94	237.07	92	305.94	94	336.18
sheep	85	78.63	87	133.89	88	167.18	89	245.07	88	268.11	90	432.55
killer + whale	96	74.79	96	98.53	97	162.52	95	183.68	98	231.55	98	391.41
平均	88.7	80.75	90.3	128.00	92.5	182.58	92.8	241.84	93.8	305.15	94.7	405.19

6.6.3　属性预测实验

为验证提出的基于类别与属性相关先验知识挖掘的 IAP_CAPK 模型对于属性预测的有效性，分别将其与传统的 IAP/DAP 模型应用于 AWA 数据集与 A-Pascal/A-Yahoo 数据集中进行属性预测。在 AWA 数据集中，以测试类狮子（lion）为例，当 $K_1 = 0.6$ 且 $K_2 = 0.1$ 时，由表 6.2 可知，精选属性集中的属性个数是 47 个。在 A-Pascal/A-Yahoo 数据集中，根据 IAP_CAPK 在参数 K_1、K_2 的经验取值，K_1、K_2 分别取 0.7 与 0.15，以测试类雕塑（statue）为例，精选属性集中的属性个数是 18 个。

　　图 6.2 给出了 IAP、DAP 和 IAP_CAPK 对精选属性集中属性的预测精度的对比，图 6.2（a）表示 AWA 数据集中测试类狮子（lion）的 47 个属性预测值，图 6.2（b）表示 A-Pascal 数据集中测试类雕塑（statue）的 18 个属性预测值。表 6.6 给出了三种模型的属性平均预测精度。由图 6.2 与表 6.6 可以看出，尽管 IAP_CAPK 在个别属性（如 furry、big、lean 等）上的预测精度稍低于 IAP 或 DAP 的预测精度，但是 IAP_CAPK 在两个数据集的所有属性上的平均预测精度均高于 IAP 与 DAP，这也说明了先验知识对于提高属性预测精度的重要性。

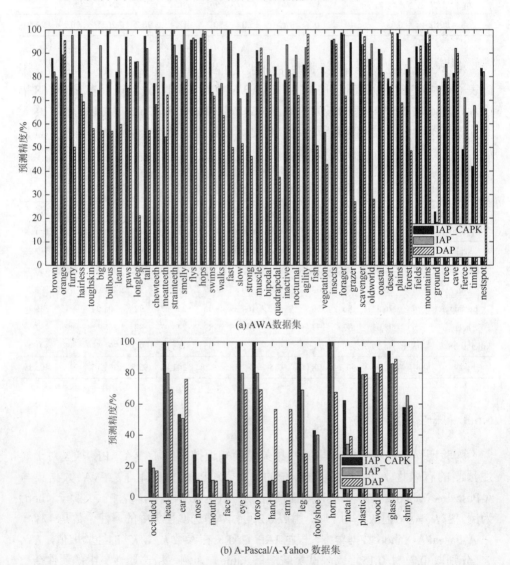

(a) AWA 数据集

(b) A-Pascal/A-Yahoo 数据集

图 6.2　精选属性集预测精度的对比

表 6.6　不同数据集中属性平均预测精度

数据集	IAP/%	DAP/%	IAP_CAPK/%
AWA	83.82	70.34	88.46
A-Pascal/A-Yahoo	50.86	50.55	61.04

6.6.4　零样本图像分类实验

基于预测的属性，分别采用 IAP、DAP 和 IAP_CAPK 对测试类图像进行零样本图像分类，表 6.7 和表 6.8 分别给出了在 AWA 数据集与 A-Pascal/A-Yahoo 数据集上使用不同图像特征情况下的分类精度（acc，%）与运行时间（time），其中表 6.7 的时间单位为 min，表 6.8 的时间单位为 s。由表 6.7 和表 6.8 可以看出：无论是使用任一特征，还是使用所有特征，IAP_CAPK 在分类准确率和计算机耗时这两个指标上均优于 IAP 与 DAP，这是由于：①类别和属性相关先验知识的有效利用能够显著地提高 IAP_CAPK 的分类准确率；②类别选择与属性约简使得 IAP_CAPK 的分类识别计算量大大减少，从而使得运算效率得到大幅提升。此外，由于 DAP 对每一个属性训练分类器，所以在三种模型中其计算机运行时间最多。

表 6.7　零样本图像分类性能比较（AWA 数据集）

测试类	cq						lss					
	IAP		DAP		IAP_CAPK		IAP		DAP		IAP_CAPK	
	acc/%	time/min	acc/%	time/min	acc/%	time/min	acc/%	time/min	acc/%	time/min	acc/%	time/min
seal	9	4.11	2	41.96	70	0.54	25	4.23	7	44.03	80	0.67
hamster	31	4.11	52	44.28	89	0.61	31	4.23	48	45.02	92	0.72
lion	69	4.11	47	42.85	99	0.63	68	4.23	52	49.50	100	0.77
buffalo	4	4.11	3	38.86	99	0.56	13	4.23	3	42.36	100	0.60
sheep	4	4.11	0	38.63	83	0.54	5	4.23	1	42.82	88	0.62
killer + whale	35	4.11	37	40.85	96	0.52	23	4.23	33	43.47	99	0.65
平均	25.3	4.11	23.5	41.24	89.3	0.57	27.5	4.23	24.0	44.53	93.2	0.67

测试类	phog						surf					
	IAP		DAP		IAP_CAPK		IAP		DAP		IAP_CAPK	
	acc/%	time/min	acc/%	time/min	acc/%	time/min	acc/%	time/min	acc/%	time/min	acc/%	time/min
seal	11	0.89	1	9.51	94	0.31	24	4.96	2	50.40	85	0.71
hamster	24	0.89	60	9.46	99	0.25	29	4.96	52	52.02	98	0.79
lion	84	0.89	66	9.82	99	0.27	66	4.96	59	52.78	100	0.76
buffalo	0	0.89	1	9.25	99	0.25	17	4.96	6	53.38	100	0.74
sheep	0	0.89	0	9.34	96	0.25	15	4.96	0	53.33	83	0.55
killer + whale	18	53.6	24	589.2	99	0.29	21	4.96	27	55.96	96	0.72
平均	22.8	53.6	25.3	571.8	97.7	0.27	28.7	4.96	24.3	52.98	93.7	0.71

续表

测试类	rgsift						sift					
	IAP		DAP		IAP_CAPK		IAP		DAP		IAP_CAPK	
	acc/%	time/min	acc/%	time/min	acc/%	time/min	acc/%	time/min	acc/%	time/min	acc/%	time/min
seal	25	4.87	5	55.69	83	0.69	17	18.1	4	184.9	81	2.04
hamster	34	4.87	66	53.58	97	0.77	39	18.1	64	187.6	96	2.67
lion	70	4.87	61	54.45	100	0.65	78	18.1	49	189.5	100	2.52
buffalo	12	4.87	6	53.36	100	0.63	10	18.1	3	186.8	100	1.77
sheep	5	4.87	0	54.26	90	0.64	1	18.1	0	200.0	88	2.31
killer + whale	38	4.87	40	50.90	97	0.59	37	18.1	37	189.7	99	2.07
平均	30.7	4.87	29.7	53.71	94.5	0.66	30.3	18.1	26.2	189.8	94.0	2.23

测试类	all features					
	IAP		DAP		IAP_CAPK	
	acc/%	time/min	acc/%	time/min	acc/%	time/min
seal	26	20.3	5	238.6	86	3.37
hamster	32	20.3	63	238.6	96	3.65
lion	67	20.3	52	238.6	99	3.01
buffalo	22	20.3	10	238.6	89	2.74
sheep	13	20.3	0	238.6	88	2.79
killer + whale	26	20.3	28	238.6	97	2.71
平均	31.0	20.3	26.3	238.6	92.5	3.05

表 6.8　零样本图像分类性能比较（A-Pascal/A-Yahoo 数据集）

测试类	IAP		DAP		IAP_CAPK	
	acc/%	time/s	acc/%	time/s	acc/%	time/s
wolf	83	46.42	82	182.75	92	15.93
statue	22	46.42	0	182.75	81	19.10
building	60	46.42	4	182.75	99	20.32
jetski	39	46.42	45	182.75	83	18.64
mug	2	46.42	74	182.75	96	20.30
平均	41.20	46.42	41.00	182.75	90.2	18.86

图 6.3 和图 6.4 分别给出了在使用全部特征的情况下，IAP、DAP 和 IAP_CAPK 在 AWA 数据集与 A-Pascal/A-Yahoo 数据集上的某次分类结果的混淆矩阵对比图。在混淆矩阵中，矩阵对角线上的元素值代表每类测试样本被正确分类的个数。以测试类 hamster 为例，IAP 错分了 68 幅图像（分别将 4 幅、62 幅和 2 幅图像错分为 seal、lion 和 sheep），DAP 错分了 37 幅图像（分别将 36 幅和 1 幅图像错分为 lion 和 killer + whale），而 IAP_CAPK 仅错分了 4 幅图像（分别将 3 幅和 1 幅图像错分为 lion 和 killer + whale）。由图 6.3 和图 6.4 可以看出，IAP_CAPK 在所有 6 个测试类上均取得了比 IAP 和 DAP 高的分类准确率。

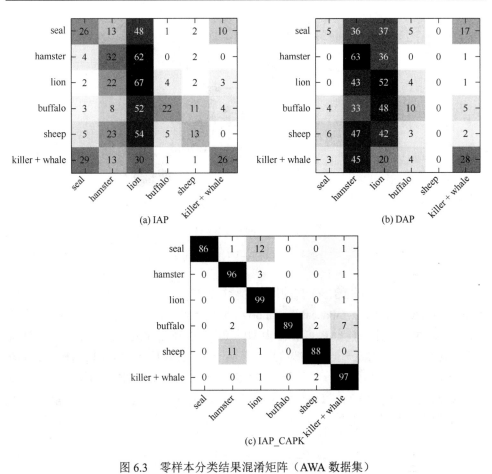

(a) IAP

(b) DAP

(c) IAP_CAPK

图 6.3 零样本分类结果混淆矩阵（AWA 数据集）

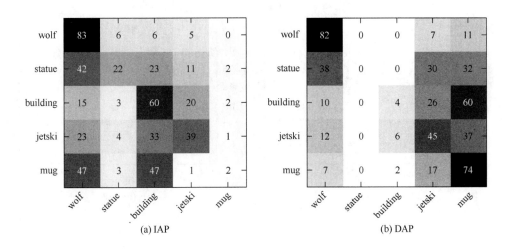

(a) IAP

(b) DAP

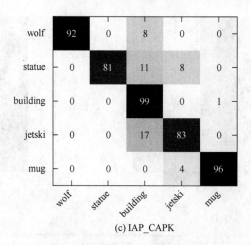

(c) IAP_CAPK

图 6.4　零样本分类结果混淆矩阵（A-Pascal/A-Yahoo 数据集）

图 6.5 和图 6.6 分别给出了在使用全部特征的情况下，IAP、DAP 和 IAP_CAPK 模型在 AWA 数据集与 A-Pascal/A-Yahoo 数据集上的某次分类结果的 ROC 曲线及 AUC 值。可以看出：①IAP_CAPK 模型的 ROC 曲线均靠近坐标的左上角，且曲线下面积 AUC 值均高于随机实验的 AUC 值（0.5），说明 IAP_CAPK 在零样本图像分类问题上有着良好的分类效果；②IAP 与 DAP 的 ROC 曲线均位于坐标的主对角线附近，表明 IAP 与 DAP 模型在零样本图像分类问题上的分类性能要劣于一个简单的随机猜测模型。

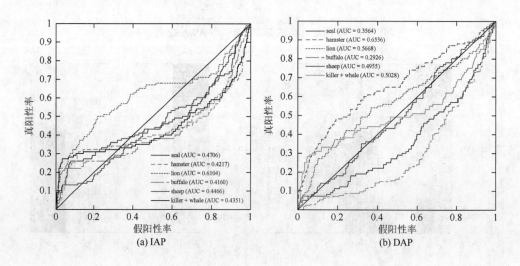

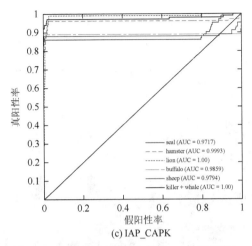

(c) IAP_CAPK

图 6.5　ROC 曲线与 AUC 值（AWA 数据集）

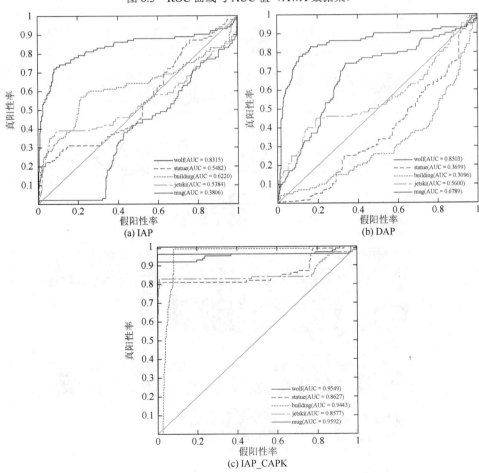

图 6.6　ROC 曲线与 AUC 值（A-Pascal/A-Yahoo 数据集）

　　图 6.7 分别给出了 IAP、DAP 和 IAP_CAPK 在两个数据集上的某次零样本图像分类结果比较。针对每一类测试样本，图 6.7 仅给出了 3 幅图像的分类结果，其

(a) AWA数据集

(b) A-Pascal/A-Yahoo数据集

图 6.7　零样本分类结果图

中 X 表示被错分的样本。由图 6.7（a）可以看出：对于 6 类共 18 幅测试图像来说，IAP_CAPK 仅将 1 幅 sheep 图像误分成了 hamster，而 IAP 错分了 13 幅图像，DAP 错分了 15 幅。低错分率意味着高分类准确率，也就是说，由图 6.7 可以得出与分类结果混淆矩阵一样的结论：在所有 6 类测试样本上，IAP_CAPK 的分类正确率高于 IAP 与 DAP。这是由于：①在 IAP_CAPK 中，只保留了与测试类别具有较高相关的训练类进行属性分类器的学习；②在 IAP_CAPK 中，只保留了与测试类别具有较高相关的属性。类别与属性的先验知识的有效利用提高了 IAP_CAPK 的分类精度。

6.7 本 章 小 结

本章针对目前零样本学习中均不同程度地缺少对属性相关的各种先验知识刻画的问题，提出了一种基于类别与属性相关先验知识挖掘的零样本学习模型。该模型利用白化余弦相似度反映不同类别标签之间的关联程度，通过信号的稀疏表示挖掘属性-类别标签、属性-属性之间的相关性，通过相关先验知识的挖掘，将筛选得到的实验数据用于零样本学习，分别使用直接属性预测与间接属性预测两种模型在 AWA 数据集和 A-Pascal/A-Yahoo 数据集上进行了相关实验。由于该算法充分地利用了基于属性的各种先验知识，实现了对零样本学习模型的精细刻画，提高了零样本图像分类的精度。

参 考 文 献

[1] Wang Y，Mori G. A discriminative latent model of object classes and attributes[C]//European Conference on Computer Vision，Berlin，2010：155-168.

[2] Kovashka A，Vijayanarasimhan S，Grauman K. Actively selecting annotations among objects and attributes[C]// 2011 International Conference on Computer Vision，Barcelona，2011：1403-1410.

[3] Rohrbach M，Stark M，Szarvas G，et al. Combining language sources and robust semantic relatedness for attribute-based knowledge transfer[C]//European Conference on Computer Vision，Berlin，2010：15-28.

[4] Siddiquie B，Feris R，Davis L. Image ranking and retrieval based on multi-attribute queries[C]//International Conference on Computer Vision and Pattern Recognition，Colorado，2011：801-808.

[5] Liu M，Zhang D，Chen S. Attribute relation learning for zero-shot classification[J]. Neurocomputing，2014，139：34-46.

[6] Chengjun L. The Bayes decision rule induced similarity measures[J]. IEEE Transactions on Pattern Analysis and Machine Intelligence，2007，29（6）：1086-1090.

[7] Bruckstein A M，Donoho D L，Elad M. From sparse solutions of systems of equations to sparse modeling of signals and images[J]. SIAM Review，2009，51（1）：34-81.

[8] Tsang I W H，Kocsor A，Kwok J T Y. Large-scale maximum margin discriminant analysis using core vector machines[J]. IEEE Transactions on Neural Networks，2008，19（4）：610-624.

[9] Yu L，Liu H. Efficient feature selection via analysis of relief and redundancy[J]. Journal of Machine Learning Research，2004，5（10）：1205-1224.

第7章 基于自适应多核校验学习的 多源域属性自适应

第 3~6 章通过深度学习及知识挖掘使得零样本图像分类获得了更好的效果，为本书第一部分。第 6 章和第 7 章为第二部分，针对领域偏移问题从多源域属性自适应角度对零样本图像分类问题进行考虑。

对于基于属性的零样本图像分类，由于训练类别和测试类别之间不存在交集，其数据分布存在一定的差异，因此在训练图像上学习的属性分类器可能不适用于测试类图像。考虑到领域适应学习能够在数据分布不同的情况下有效地实现知识转移，因此，本章从分类器自适应的角度出发，提出一种新的零样本图像分类方法，即基于自适应多核校验学习的多源域属性自适应模型。由于对象类别之间可能存在较大差异，所以采用了基于白化余弦相似度的聚类方法对训练图像进行了分组，从而构造出多个源域，并将构造的多个源域组合为一个加权源域，以进行领域间的分布差异匹配。为了让源域学习的属性分类器能够适应目标域，对属性核矩阵和自适应多核函数进行了中心核校准，从而设计出基于核校准的自适应多核属性学习模型。在 Shoes、OSR 和 AWA 数据集上的实验结果表明，与几种最新的零样本图像分类方法相比，本章所提算法可以实现更准确的零样本图像分类。

属性经典模型 DAP 和 IAP 在零样本图像分类过程中，均直接将可见类别领域学习的属性模型用于目标域。由于可见类与不可见类可能遵循不同的数据分布，这种"困难的知识迁移"若没有进行自适应操作将不可避免地导致领域的偏移问题。研究人员发现，同一个属性在不同的类别差别较大[1]。例如，虽然属性"斑点"由"牛"和"豹"共享，但该属性的颜色、大小、形状及在身体上的位置可能在两个类别中显示出很大的差异，那么在"牛"上学习的"斑点"的属性分类器可能无法适用于"豹"这一类别。

迁移学习是一种跨领域的机器学习方法，其目的在于从一个或多个源域中寻找有用的信息，并将其用于目标任务的学习。作为典型的迁移学习方法，领域适应（domain adaptation，DA）[2]能够在数据分布不同的情况下有效地进行知识迁移，在 DA 学习中，领域间的相关性被用于新目标任务的学习，这可以在很大程度上最小化领域分布差异的影响。因此，DA 是解决零样本学习（zero-shot learning，ZSL）领域偏移问题的有效解决方案。Han 等[3]提出了一种图像属性自适应（image attribute adaptation，IAA）的方法，其目的是将源域样本的属性知识迁移应用到目标域，并预测出目标域样本的属性。在 IAA[3]中，多个基核函数的非线性映射函数将源域和目标域的每个训练样本均映射到再生核 Hilbert 空间（reproduced kernel Hilbert space，RKHS），其领域间的分布差异通过最大均值差异（maximum mean discrepancy，MMD）进行衡量。大多数零样本学习方法均使用属性或词向量作为语义的嵌入空间。Kodirov 等[4]同时利用两种类型的语义嵌入空间，提出了一种无监督领域适应（unsupervised domain adaptation，UDA）方法来解决零样本学习中的领域迁移问题，其通过制定正则化稀疏编码框架，将类别标签信息在语义空间上的投影用于规范和学习目标域的投影，从而有效地解决了投影领域的偏移问题。同样，Ji 等[5]提出了一种用于零样本学习的流形正则化跨模式嵌入 DA 模型（manifold regularized cross_modal embedding DA，MCME-DA）。除了图像的属性标注，UDA 和 MCME-DA 模型还需要语言知识数据库（如维基百科）的词向量进行描述。

　　上述属性自适应学习方法均属于特征表示自适应，其目的为增强源域和目标域的共享特征及削弱两领域的独立特征。除了特征表示自适应方法，分类器自适应也是 DA 学习领域的重要学习方法。Liu 等[1]及 Kovashka 等[6]将自适应支持向量机（adaptive support vector machine，A-SVM）[7]作为领域间的自适应分类器对属性进行了学习，但 A-SVM 存在两个方面的缺陷：①扰动函数仅有一个单独的核函数；②目标域中的未标记样本没有得到利用。针对以上问题，Duan 等[8]提出了自适应多核学习（adaptive multikernel learning，A-MKL）框架模型。为了更好地挑选 A-MKL 核函数，本章使用了基于中心核校准（centered-based kernel alignment，CKA）[9]的自适应多核校验学习模型（A-MKAL），并将该模型用于属性自适应分类器的学习。

　　与特征表示自适应相比，分类器自适应要相对简单。本章从分类器自适应的角度出发，提出一种新的属性自适应方法。此外，现有的属性自适应方法包括 IAA、UDA、MCME-DA 和 A-SVM 方法均属于单源迁移算法，即所有不同对象类的可见图像都被视为一个源域进行处理。这种单源处理方式虽然很简单，但忽略了类别之间的差异性。如果简单地强制将所有可见图像视为一个源域，则当物体类别之间存在较大差异时，在零样本图像分类中将不可避免地发生负转移。因此，本章针对以上问题，提出一种基于 A-MKAL（MDAA①＋A-MKAL）的多源域属性自适应模型。

　　具体来说，本章主要创新工作概括为以下四方面。

　　（1）通过将可见类和不可见类的图像集分别视为源域与目标域，构建了基于 MDAA＋A-MKAL 算法的零样本学习方法，并进一步对可见类图像学习的预训练属性分类器进行分类器自适应。

　　（2）根据类别-类别相关性，通过聚类构造出多个源域。类别-类别相关性根据先验知识类别属性矩阵的白化余弦相似度进行衡量。

---

① multi-source domain attribute adaptation，MDAA

（3）本章提出一种基于属性与领域相关概率的领域加权方法。通过领域各自的权重，将多个源域组合为一个加权源域，以进行跨领域的分布差异匹配。

（4）通过 CKA 对属性核矩阵和 A-MKL 的核函数进行校准，设计出自适应属性分类器 A-MKAL。

7.1　系　统　结　构

本章所提出的 MDAA＋A-MKAL 模型主要由六个阶段组成，如图 7.1 所示。阶段Ⅰ是源域构造。如果将每个可见对象类视为一个源域，则可得到多个源域，这种源域构造方式是一种非常方便和简单的方法，但是，这种源域构造方式有以下两个缺陷。

（1）如果可见对象类别较多，每个可见类别的训练样本则需要训练更多的属性分类器，从而导致繁重的计算工作量。

（2）忽略了对象类之间的相关性。

因此，针对上述缺陷，采用了基于类别间相关性的聚类方法对可见类的图像进行了分组，最终的分组结果可以构造出多个源域，类别间的相关性则根据先验知识类别属性矩阵通过白化余弦相似度测量得到。为了实现后续的特征选择，进一步利用源域的权重，从每个源域中挑选部分样本，并生成加权源域。阶段Ⅱ是构造目标域。根据 Han 等[3]的目标域定义，手动标记了目标图像的属性，得到一小部分标记的目标训练图像，因此，构造的目标域包含少量属性标记的图像和大量未标记的图像。阶段Ⅲ是属性分类器预训练。在阶段Ⅰ构造的多个源域上，训练每个源域的属性分类器 $f_p(x)$，将多个属性分类器进行线性组合，可得 $f(x)=\sum_{p=1}^{P}\beta_p f_p(x)$，其中 P 为源域数量，β_p 为需要在阶段Ⅴ学习得到的领域线性组合系数。阶段Ⅳ是选择特征。尽管源域和目标域之间存在一定的分布差异，但也存在一些相似之处，为了在一定程度上减少跨领域的分布差异，更好地实现从源域到目标域的属性迁移，在匹配分布差异之前对领域间的相似特征[1]进行了选择。阶段Ⅴ是属性分类器自适应。为了获得更好的分类性能，使用了 A-MKAL 对多个基核函数进行了线性组合，从而建立了扰动函数模型。A-MKAL 的最终目标函数由三部分组成：核函数校准、域间分布差异度量和分类器损失函数。核函数校准旨在通过将 A-MKL 核函数与目标核矩阵的中心进行核校准来获得各基核函数的最优组合系数，使用的目标核矩阵为源于先验知识的属性核矩阵。对于相似特征选择后的源域和目标域，采用 MMD 算法来减小两领域间的数据分布差异。通过求解 A-MKAL 的目标函数，可得分类器的扰动函数，从而获得基于核校准的自适应多核属性分类器。阶段Ⅵ是零样本学习。使用了常规的 DAP 属性预测模型对未见类图像的类别标签进行了预测。所提模型的重要实现步骤如图 7.1 所示。

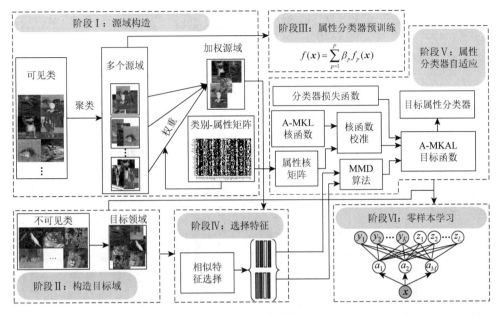

图 7.1　MDAA + A-MKAL 模型结构图

7.2　源 域 构 造

由于相似类别具有属性共享的特点，因此可以考虑利用属性知识实现对多个源域的构造，此举不仅使得领域的选取具有可解释性，以及构造出的领域具有判别性，而且考虑到了类别之间的相关性，从而能够更有效地实现知识迁移。白化余弦相似度常被用于解决基于生物特征匹配的模式识别问题，能够很好地反映不同模式向量间的相关性，通过引入白化余弦层次聚类来衡量原始训练集中样本与样本间的相关性，相关性强的样本构成一个源域，由此获得由可见类样本组成的多个源域。

对于不同类别 y_i 与 y_j，使用 $\boldsymbol{f}^{y_i}$ 与 $\boldsymbol{f}^{y_j}$ 分别表示两类的属性信息，则两类别的相似度可计算为

$$\delta_{\mathrm{WC}}(\boldsymbol{f}^{y_i}, \boldsymbol{f}^{y_j}) = \frac{(\boldsymbol{G}^{\mathrm{T}}\boldsymbol{f}^{y_i})^{\mathrm{T}}(\boldsymbol{G}^{\mathrm{T}}\boldsymbol{f}^{y_j})}{\|\boldsymbol{G}^{\mathrm{T}}\boldsymbol{f}^{y_i}\| \cdot \|\boldsymbol{G}^{\mathrm{T}}\boldsymbol{f}^{y_j}\|} \tag{7.1}$$

利用协方差矩阵 $\boldsymbol{\Sigma}$ 求解白化因子 $\boldsymbol{G}$，可得

$$\boldsymbol{\Sigma} = E[(\boldsymbol{\chi} - \boldsymbol{M}_0)(\boldsymbol{\chi} - \boldsymbol{M}_0)^{\mathrm{T}}] \tag{7.2}$$

式中，$E(\cdot)$ 为期望函数；$\boldsymbol{M}_0 = E(\boldsymbol{\chi})$ 为总体的平均值。利用 PCA 方法可对式（7.2）进行化简：

$$\boldsymbol{\Sigma} = \boldsymbol{\Psi}\boldsymbol{\Lambda}\boldsymbol{\Psi}^{\mathrm{T}} \tag{7.3}$$

式中，$\boldsymbol{\Lambda}$ 为对角的特征值矩阵；$\boldsymbol{\Psi}$ 为正交的特征矢量矩阵。利用 $\boldsymbol{G} = \boldsymbol{\Psi}\boldsymbol{\Lambda}^{-1/2}$，式（7.1）变为

$$\delta_{\mathrm{WC}}(\boldsymbol{f}^{y_i}, \boldsymbol{f}^{y_j}) = \frac{(\boldsymbol{f}^{y_i})^{\mathrm{T}} \boldsymbol{\Sigma}^{-1} (\boldsymbol{f}^{y_j})^{\mathrm{T}}}{\| \boldsymbol{G}^{\mathrm{T}} \boldsymbol{f}^{y_i} \| \cdot \| \boldsymbol{G}^{\mathrm{T}} \boldsymbol{f}^{y_j} \|} \tag{7.4}$$

得到类别之间的属性相似度 $\delta_{\mathrm{WC}}(\boldsymbol{f}^{y_i}, \boldsymbol{f}^{y_j})$ 之后，利用层次聚类[10, 11]的方法进行聚类。层次聚类首先根据 $\delta_{\mathrm{WC}}(\boldsymbol{f}^{y_i}, \boldsymbol{f}^{y_j})$，通过计算比较将所有对象类中最相近的两个对象合并在一起，作为一个整体集合，然后通过 average-linkage 算法[12]计算该集合与其他对象类之间的距离，利用该距离就可以把距离最近的两个集合合并成一个大集合，以此类推，直到距离最近的两个集合的距离大于设置的阈值 ε 便停止迭代。

在属性学习中，类别样本的属性 $\boldsymbol{a}_m$ 可共享于多个类别领域，但其对不同领域的重要性是不同的。例如，对于"会游泳"这一属性，在陆地动物和海洋动物中的重要性是不同的，很明显该属性对海洋动物的重要性要大于陆地动物。在选择用于学习属性的数据过程中，可根据属性在领域中的重要性，对各领域加权，以能够更可靠地提取出有效的数据。对于某一类别领域 s_p，其包含许多个属性，每个属性在领域 s_p 中所占的比重是不同的，例如，在食肉类动物领域中，"四条腿"这一属性很显然比"有翅膀"所占的比重大。在实际计算过程中，每个领域的权重可通过源域中属性的权值归一化而得到。

同一属性在各领域中的权重，可通过对领域样本的属性统计和计算得到[13]。此处使用了关联概率 $p(\boldsymbol{a}_m, \mathrm{rel})$ 和非关联概率 $p(\boldsymbol{a}_m, \mathrm{norel})$[14]来计算实现，其具体计算过程如下：

$$p(\boldsymbol{a}_m, \mathrm{rel}) = \frac{\mathrm{Count}(\boldsymbol{a}_m = a_m^p \in s_p)}{\mathrm{Count}(\boldsymbol{a}_m = a_m^p)} \tag{7.5}$$

$$p(\boldsymbol{a}_m, \mathrm{norel}) = \frac{\mathrm{Count}(\boldsymbol{a}_m = a_m^p \notin s_p)}{\mathrm{Count}(\boldsymbol{a}_m = a_m^p)} \tag{7.6}$$

式中，a_m^p 表示属性 $\boldsymbol{a}_m$ 在源域 s_p 中的取值；$\mathrm{Count}(\boldsymbol{a}_m = a_m^p)$ 为含有属性 $\boldsymbol{a}_m$ 的第 p 个源域的所有样本；$\mathrm{Count}(\boldsymbol{a}_m = a_m^p \notin s_p)$ 为源域 s_p 不含有属性 $\boldsymbol{a}_m$ 的样本数量。则属性 $\boldsymbol{a}_m$ 在领域 p 中的权值为

$$\omega_p^{a_m} = \frac{p(\boldsymbol{a}_m, \mathrm{rel})}{p(\boldsymbol{a}_m, \mathrm{norel})} \tag{7.7}$$

根据得到的属性 $\boldsymbol{a}_m$ 与各源域的关联程度，可得各源域在所有源域样本中对于属性 $\boldsymbol{a}_m$ 的权重：

$$\hat{\omega}_p^{a_m} = \frac{\omega_p^{a_m}}{\sum_p \omega_p^{a_m}} \tag{7.8}$$

对于属性 $\boldsymbol{a}_m$，如果要从 p 个源域中选择 n_A 个样本来生成加权源域 S^m，则各源域中分别被选择的样本个数为 $n_A\hat{\omega}_1^{a_m}, n_A\hat{\omega}_2^{a_m}, \cdots, n_A\hat{\omega}_p^{a_m}$。

7.3　特　征　选　择

为了拉近加权源域与目标域两个领域的距离，使用 Liu 等[1]提出的特征选择算法对两领域间的相似特征进行了选择，从而减小了领域间的分布差异。除此之外，特征维度的减小也减轻了计算负担，提高了学习效率。

对于属性 $\boldsymbol{a}_m$，源域 S^m 和目标域 T 中包含此属性的样本分别定义为 $\boldsymbol{D}_S^+$ 和 $\boldsymbol{D}_T^+$，不包含该属性的样本定义为 $\boldsymbol{D}_S^-$ 和 $\boldsymbol{D}_T^-$，特征维在 $\boldsymbol{D}_S^+$ 和 $\boldsymbol{D}_T^+$ 的平均值与方差分别计算如下：

$$\mu(\boldsymbol{j}, \boldsymbol{D}_S^+) = \frac{1}{|\boldsymbol{D}_S^+|} \sum_{\boldsymbol{x}_i \in \boldsymbol{D}_S^+} \boldsymbol{x}_{i,j} \tag{7.9}$$

$$\sigma^2(\boldsymbol{j}, \boldsymbol{D}_S^+) = \frac{1}{|\boldsymbol{D}_S^+|} \sum_{\boldsymbol{x}_i \in \boldsymbol{D}_S^+} [\boldsymbol{x}_{i,j} - \mu(\boldsymbol{j}, \boldsymbol{D}_S^+)]^2 \tag{7.10}$$

式中，j 为一个特征维，$\boldsymbol{x}_{i,j}$ 表示图像 $\boldsymbol{x}_i$ 的第 j 维特征。用于比较源域与目标域中特征维相似性的分数 s_j^+ 和 s_j^- 为

$$s_j^+ = \frac{|\mu(\boldsymbol{j}, \boldsymbol{D}_S^+) - \mu(\boldsymbol{j}, \boldsymbol{D}_T^+)|^2}{\sigma^2(\boldsymbol{j}, \boldsymbol{D}_S^+) + \sigma^2(\boldsymbol{j}, \boldsymbol{D}_T^+)} \tag{7.11}$$

$$s_j^- = \frac{|\mu(\boldsymbol{j}, \boldsymbol{D}_S^-) - \mu(\boldsymbol{j}, \boldsymbol{D}_T^-)|^2}{\sigma^2(\boldsymbol{j}, \boldsymbol{D}_S^-) + \sigma^2(\boldsymbol{j}, \boldsymbol{D}_T^-)} \tag{7.12}$$

分别对得到的分数值 s_j^+ 和 s_j^- 按照升序的方式进行排序，然后从最小的序列中选择 N_s 个特征维，便可得到两个领域中最相似的特征维。

7.4　基于中心核校准的自适应多核学习

自适应多核学习 A-MKL[6]是一种能够用于领域自适应的分类器，它由预训练属性分类器 $f_p(\boldsymbol{x})$ 与扰动函数 $\Delta f(\boldsymbol{x})$ 组成，即

$$\hat{f}(\boldsymbol{x}) = \sum_{p=1}^{P} \beta_p f_p(\boldsymbol{x}) + \Delta f(\boldsymbol{x}) \tag{7.13}$$

式中，β_p 表示预训练属性分类器的线性组合系数，扰动函数 $\Delta f(\boldsymbol{x})$ 中的核函数 $\boldsymbol{K}$ 是基核函数的线性组合，即

$$\boldsymbol{K} = \sum_{q=1}^{Q} \eta_q \boldsymbol{K}_q(\boldsymbol{x}_i, \boldsymbol{x}_j) \tag{7.14}$$

式中，η_q 是基核函数的线性组合系数，$\eta_q \geqslant 0$ 且 $\sum_{q=1}^{Q}\eta_q = 1$，基核 $K_q(x_i, x_j) = \varphi_q(x_i)\varphi_q(x_j)$，$\varphi_q(x)$ 是非线性特征映射函数，Q 为基核个数。令 $f_p(x)$ 为预训练属性分类器，w_q 为模型系数，b 为偏置系数，则 A-MKL 的决策函数为

$$\hat{f}(x) = \sum_{p=1}^{P}\beta_p f_p(x) + \underbrace{\sum_{q=1}^{Q}\eta_q w_q^{\mathrm{T}}\varphi_q(x) + b}_{\Delta f(x)} \tag{7.15}$$

A-MKL 使用 MMD 来计算源域 D^A 与目标域 D^T 数据分布的不匹配，其 MMD 值计算如下：

$$\mathrm{MMD}(D^A, D^T) = \left\| \frac{1}{n_A}\sum_{i=1}^{n_A}\varphi(x_i^A) - \frac{1}{n_T}\sum_{i=1}^{n_T}\varphi(x_i^T) \right\|_{\mathrm{H}} \tag{7.16}$$

式中，x_i^A 和 x_i^T 分别是源域与目标域中的样本；n_A 和 n_T 是两领域中的样本数量。

由于核函数 $K_q(x_i, x_j) = \varphi_q(x_i)\varphi_q(x_j)$，两领域 MMD 的平方就可以简化为

$$\mathrm{MMD}^2(D^A, D^T) = \Omega^2(\boldsymbol{\eta}) = h^{\mathrm{T}}\boldsymbol{\eta} \tag{7.17}$$

式中，$\boldsymbol{\eta} = [\eta_1, \eta_2, \cdots, \eta_Q]$ 是基核线性组合系数 η_q 的向量；$h = [\mathrm{tr}(K_1\boldsymbol{\eta}), \mathrm{tr}(K_2\boldsymbol{\eta}), \cdots, \mathrm{tr}(K_Q\boldsymbol{\eta})]^{\mathrm{T}}$，$K_Q$ 是两领域中的第 Q 个基核矩阵。根据 MMD 值的计算，A-MKL 的目标函数可以表示为

$$\min_{\boldsymbol{\eta}} G(\boldsymbol{\eta}) = \min_{\boldsymbol{\eta}}\left[\frac{1}{2}\Omega^2(\boldsymbol{\eta}) + \theta J(\boldsymbol{\eta})\right] \tag{7.18}$$

式中

$$\min_{\boldsymbol{\eta}} J(\boldsymbol{\eta}) = \min_{w_q, \boldsymbol{\beta}, b, \xi_i}\left[\frac{1}{2}\left(\sum_{q=1}^{Q}\eta_q \| w_q \|^2 + \lambda \| \boldsymbol{\beta} \|^2\right) + C\sum_{i=1}^{n_A+n_T}\xi_i\right] \tag{7.19}$$
$$\text{s.t.} \quad y_i\hat{f}(x_i) \geqslant 1 - \xi_i, \quad \xi_i \geqslant 0$$

式中，ξ_i 表示分类器 $\hat{f}(x)$ 的分类误差；$\boldsymbol{\beta} = [\beta_1, \beta_2, \cdots, \beta_p]$ 是属性分类器线性组合系数 β_p 的向量；λ 和 C 为正则化参数。

引入拉格朗日算子 $\boldsymbol{\alpha} = [\alpha_1, \alpha_2, \cdots, \alpha_{n_A+n_T}]$ 对式（7.19）进行优化，A-MKL 的决策函数可以写为

$$\hat{f}(x) = \sum_{i=1}^{n_A+n_T}\alpha_i y_i\left[\sum_{q=1}^{Q}\eta_q K_q(x_i, x) + \frac{1}{\lambda}f^{\mathrm{T}}(x_i)f(x)\right] + b \tag{7.20}$$

每个属性分类器均是通过单独训练得到的，训练得到的 A-MKL 即是每个属性分类器，为了获得最优的基核函数线性组合系数，使用了中心核校准的方法对核函数进行建模，以提高 A-MKL 的分类效果。

对于每个样本都有多个属性标签，而这些属性标签作为先验知识，可以用于对核函数的校准，因此使用了中心核校准[9]对属性监督信息进行建模。设 $L_m = \langle a_m, a_m \rangle$ 作为属性 a_m 的核矩阵，属性的核矩阵与式（7.13）中 A-MKL 的核函数相校准，表示为

$$\rho(K, L) = \frac{\mathrm{tr}(KL)}{\sqrt{\mathrm{tr}(LL)}\sqrt{\mathrm{tr}(KK)}} \tag{7.21}$$

对于中心核校准与 A-MKL 的统一优化问题，由于 $\sqrt{\mathrm{tr}(LL)}$ 与优化参数 η 没有联系，所以在优化过程中，可以将 $\sqrt{\mathrm{tr}(LL)}$ 忽略；而 $\sqrt{\mathrm{tr}(KK)}$ 与 $\Omega(\eta)$ 在一定程度上有重复，所以 $\sqrt{\mathrm{tr}(KK)}$ 可以不计入优化过程，所以在优化问题中只能加入 $\sqrt{\mathrm{tr}(KL)}$，其中 $K = \sum_{q=1}^{Q} \eta_q K_q(x_i, x)$，最终的目标优化函数为

$$\min_{\eta} G(\eta) = \min_{\eta} \left(\frac{1}{2}[\Omega(\eta) - \mathrm{tr}(KL)]^2 + \theta J(\eta) \right) \tag{7.22}$$

7.5 算 法 步 骤

对于 MDAA + A-MKAL 模型，其输入为训练样本 x_i^A，测试样本 x_i^{T}，训练类别标签 y_i，测试类别标签 z_κ，属性矩阵 $A = \{a_1, a_2, \cdots, a_M\}$，基核函数 K_q 和算法控制参数（ε、N_s、n_A、n_T、Q、θ、λ 和 C）。输出为目标域图像的类别标签。具体算法步骤如下所示。

（1）利用式（7.4）计算类别之间的属性相似度 $\delta_{\mathrm{WC}}(f^{y_i}, f^{y_j})$，然后根据层次聚类算法及属性类别矩阵聚类得到 p 个源域 $s_1, s_2, \cdots, s_p$。

（2）为每个源域均训练属性分类器，得到预训练属性分类器 $f_p(x)$。

（3）通过式（7.7）得到每个源域中属性所占比重，利用源域中属性的比重通过式（7.8）间接计算每个源域 s_p 对属性 a_m 的权重，得到加权的源域。

（4）利用式（7.11）和式（7.12）为加权的源域及目标域挑选 N_s 维相似特征。

（5）根据多个基核函数 K_q 并通过式（7.14）构建核函数 K。

（6）根据式（7.22）获得参数 η、β_p、w_q 和 b 的取值。

（7）利用式（7.20）构建基于核检验的多核属性自适应分类器。

（8）将已训练的属性自适应分类器通过 DAP 框架用于零样本图像分类，从而得到不可见类样本的预测属性与类别标签。

7.6　实验结果与分析

7.6.1　实验数据集

　　本章实验选择 OSR（户外场景）、Shoes（鞋类）和 AWA（动物）等数据集对所提算法 MDAA + A-MKL 进行了分类性能的评估。OSR 数据集含有 8 类场景、6 种属性和 2688 张图片。Shoes 数据集含有的属性与类别均为 10 个，总共 14658 张图片。AWA 数据集包含 50 类动物、85 种属性和 30475 幅图片，本章使用了 4096 维 DECAF 特征，该特征对应于 CaffeNet 的 fc7 层特征。

7.6.2　参数分析

　　由 7.2 节可知，阈值 ε 决定着多个源域的个数，相似特征维 N_s 决定参与训练的样本的维数。为了实现参数在三个数据集上的设定，分别对三个数据集所用的样本进行了挑选。对于 AWA 数据集，根据数据集的标准划分，使用 chimpanzee、giant panda、hippopotamus、humpback + whale、leopard、pig、raccoon、rat、seal、persian + cat 10 类用于测试，其余 40 类作为可见类用于训练；OSR 数据集使用了 highway、coast、opencountry、forest 4 类作为测试类，其他 4 类作为可见类用于训练。Shoes 数据集使用 flats、pumps、stiletto、wedding-shoes 作为测试类，其余 6 类作为可见类用于训练。

　　对于两个参数的设置，令 $N_s = 0$，即不对训练样本进行特征选择，分析阈值 ε 的设置对分类性能的影响，层次聚类的结果如图 7.2 所示。根据图 7.2 的聚类结果，设置阈值 ε 分别为 0.4、0.8、1.2、1.6、2.2。表 7.1 给出了在不同的 ε 取值情况下，三种数据集的分类准确率及计算机耗时。根据表 7.1 可看出：①当 ε 取值较小时，层次聚类得到的源域数较多，类别之间相似度划分过于精细，导致计算机耗时较多且精度较低。②随着 ε 的增大，由于源域数减少，耗时开始降低，运算效率逐渐提高，测试类图像的分类准确率也随之提高，但当 ε 增加到一定的值时，类别之间的相关性出现描述不足的情况，分类准确率开始降低。③当 ε 取值足够大时（如 AWA 数据集中 $\varepsilon = 2.2$，Shoes 数据集、OSR 数据集 $\varepsilon = 1.2$），所有参与训练的类别被聚类为一个源域，由于未考虑到类别之间的相关性，分类准确率大大降低。

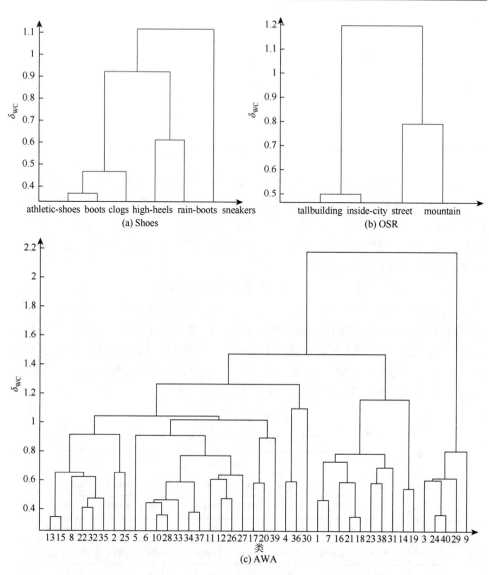

图 7.2 聚类二叉树

表 7.1 ε 对分类性能的影响

数据集	ε = 0			ε = 0.5			ε = 0.8		
	P	acc/%	耗时/s	P	acc/%	耗时/s	P	acc/%	耗时/s
Shoes	6	37.54	447.64	4	39.86	435.67	3	**41.82**	421.72
OSR	4	38.25	282.43	3	42.41	364.71	2	**44.36**	249.34
AWA	40	23.51	954.32	27	24.72	808.55	10	28.30	624.17

续表

数据集	$\varepsilon = 1.2$			$\varepsilon = 1.6$			$\varepsilon = 2.2$		
	P	acc/%	耗时/s	P	acc/%	耗时/s	P	acc/%	耗时/s
Shoes	1	35.59	404.48	1	35.59	404.48	1	35.59	404.48
OSR	1	37.80	199.51	1	37.80	199.51	1	37.80	199.51
AWA	4	**30.12**	411.25	2	25.37	386.70	1	22.67	379.52

由表 7.1 可明显看出：①对于 AWA 数据集，当 $\varepsilon = 1.2$，类别聚类为 4 个源域时，分类精度最高。在已知最佳源域数的情况下，我们讨论特征选择维数 N_s 的取值对 AWA 数据集分类性能的影响，即令 $\varepsilon = 1.2$。②Shoes 数据集与 OSR 数据集均在 $\varepsilon = 0.8$ 时分类性能最好，因此在 $\varepsilon = 0.8$ 时，讨论 N_s 的取值对 Shoes 数据集、OSR 数据集零样本分类的影响。

表 7.2 为大小不同的 N_s 下的零样本分类性能和实验耗时。由表 7.2 可以看出，①当 N_s 取值较小，由于选择的特征太少，存在一定的信息丢失，分类精度较低。②随着 N_s 的增加，分类精度随之增加。③当 N_s 增加足够大时，由于选择的特征含有冗余信息，分类精度开始下降，计算机耗时较多。结合表 7.1 和表 7.2，在后面的属性自适应实验中，AWA 数据集令 $\varepsilon = 1.2$，$N_s = 1500$；Shoes 数据集中令 $\varepsilon = 0.8$，$N_s = 800$；OSR 数据集令 $\varepsilon = 0.8$，$N_s = 400$。

表 7.2　N_s 对分类性能的影响

数据集	$N_s = 200$		$N_s = 400$		$N_s = 600$		$N_s = 800$		$N_s = 960$	
	acc/%	time/s	acc/%	time/s	acc/%	time/s	acc/%	time/s	acc/%	time/s
Shoes	31.97	362.03	35.15	379.74	38.04	398.55	**46.21**	405.02	41.82	421.72

数据集	$N_s = 100$		$N_s = 200$		$N_s = 300$		$N_s = 400$		$N_s = 512$	
	acc/%	time/s	acc/%	time/s	acc/%	time/s	acc/%	time/s	acc/%	time/s
OSR	26.26	185.04	33.64	190.71	40.07	199.38	**47.14**	241.28	44.36	249.34

数据集	$N_s = 500$		$N_s = 1000$		$N_s = 1200$		$N_s = 1500$		$N_s = 2000$	
	acc/%	time/s	acc/%	time/s	acc/%	time/s	acc/%	time/s	acc/%	time/s
AWA	32.43	242.73	35.21	268.49	38.27	280.42	**43.31**	295.36	38.03	319.26

数据集	$N_s = 3000$		$N_s = 4096$							
	acc/%	time/s	acc/%	time/s						
AWA	34.54	369.17	30.12	411.25						

7.6.3　零样本图像分类实验

为评估本章所提模型 MDAA＋A-MKAL 在零样本图像分类上的分类性能，分别与以下的 6 种算法进行了对比。

（1）传统的 DAP[15]，分别从属性预测与目标域测试类分类精度等方面进行比较。

（2）零样本图像分类的无监督领域自适应模型[4]，该模型将零样本图像分类看作无监督领域自适应问题，此模型记为 UDA（unsupervised domain adaptation）。

（3）多种正则化跨模式嵌入模型（MCME-DA）[5]，该模型把零样本学习当作一种跨模式学习，进行零样本图像分类。

（4）图像属性自适应（IAA）[3]是一种通过把所有样本映射到同一空间来减小源域与目标域分布差异的算法。

（5）基于相似特征选择的属性自适应模型（Adapt-Simi）[1]，该模型使用了 A-SVM，并将其作为属性自适应模型的分类器。

（6）将自适应多核分类器（A-MKL）作为属性自适应模型的分类器，该分类器与基于核校验的自适应多核分类器（A-MCKL）的对比，可以验证核校验的必要性。

1）属性预测精度

为评估算法 MDAA＋A-MKAL 在属性上的预测性能，分别将其与 DAP[15]、UDA[4]、MCME-DA[5]、IAA[3]、Adapt-Simi[1]和 MDAA＋A-MKL 等模型在三个数据集上进行了属性的预测实验。由表 7.3 所有模型的平均属性预测精度可以看出，DAP[15]等 6 种模型在 3 个数据集上的平均属性预测精度均比 MDAA＋A-MKAL 模型要低，这充分地证明了 MDAA＋A-MKL 模型具有优越的属性预测能力。

表 7.3　平均属性预测精度　　　　　单位：%

模型	数据集		
	AWA	Shoes	OSR
DAP[15]	72.8	76.91	58.73
UDA[4]	79.82	75.55	67.21
MCME-DA[5]	80.76	73.02	70.52
IAA[3]	79.6	74.53	71.2
Adapt-Simi[1]	81.77	80.36	72.65
MDAA＋A-MKL	81.92	82.41	72.40
MDAA＋A-MKAL	**83.21**	**84.06**	**74.83**

2）零样本图像分类

为了消除参与实验的类别数量及随机因素对实验结果的影响，每个数据集的每次实验均选择不同数量的可见类与测试类（不可见类），以及实验均采用 C_{N+O}^O-折交叉验证方法（N 和 O 分别表示训练类别与测试类别的个数），根据实验的设定，Shoes 的 C_{N+O}^O 折交叉验证为 7 次（$C_{10}^8 = 45$ 折，$C_{10}^7 = 120$ 折，$C_{10}^6 = 210$ 折，$C_{10}^5 = 252$ 折，$C_{10}^4 = 210$ 折，$C_{10}^3 = 120$ 折，$C_{10}^2 = 45$ 折），由于 AWA 的类别数较多，所以在 10 个测试集上进行了 6 次 C_{N+O}^O 折交叉验证（$C_{10}^5 = 252$ 折，$C_{10}^6 = 210$ 折，$C_{10}^7 = 120$ 折，$C_{10}^8 = 45$ 折，$C_{10}^9 = 10$ 折，$C_{10}^{10} = 1$ 折）。表 7.4～表 7.6 给出了 7 种模型在 3 个数据集上的零样本图像分类识别率的平均值对比。

由表 7.4～表 7.6 可以看出：①相比于其他属性自适应模型及零样本图像分类模型，MDAA＋A-MKL 及 MDAA＋A-MKAL 具有更高的零样本分类精度；②相比于 Adapt-Simi 与 MDAA＋A-MKL 模型，MDAA＋A-MKAL 模型具有分类性能更好的自适应分类器，其在零样本分类中精度最高；③训练类别的逐渐减少使得测试类别领域含有的属性没有在训练阶段得到相应的训练，所以 DAP、UDA、MCME-DA、IAA、Adapt-Simi、MDAA＋A-MKL、MDAA＋A-MKAL 等模型的零样本分类精度随着训练样本的减少均出现下降的趋势。

表 7.4 零样本图像分类平均识别率比较（Shoes 数据集） 单位：%

N/O	8/2	7/3	6/4	5/5	4/6	3/7	2/8	平均识别率
DAP[15]	41.75	32.55	27.16	19.07	15.87	12.85	11.91	23.02
UDA[4]	45.31	42.54	40.62	35.81	24.26	17.65	10.27	30.92
MCME-DA[5]	48.17	37.92	31.05	22.47	17.58	13.82	12.23	26.18
IAA[3]	50.10	35.43	28.28	19.22	16.77	14.38	12.60	25.25
Adapt-Simi[1]	47.72	44.14	41.36	36.55	31.75	21.05	16.01	34.08
MDAA＋A-MKL	48.10	44.47	42.05	37.46	32.07	21.26	16.24	34.52
MDAA＋A-MKAL	**51.46**	**47.32**	**44.57**	**42.24**	**35.16**	**30.52**	**21.32**	**38.94**

表 7.5 零样本图像分类平均识别率比较（OSR 数据集） 单位：%

N/O	6/2	5/3	4/4	3/5	2/6	平均识别率
DAP[15]	38.04	20.51	19.25	17.78	15.79	22.27
UDA[4]	66.21	52.14	32.50	25.40	19.94	39.24
MCME-DA[5]	60.55	41.76	25.17	18.69	15.21	32.28
IAA[3]	62.81	41.31	26.73	20.29	16.97	33.62
Adapt-Simi[1]	67.87	60.48	33.42	26.30	17.42	41.10
MDAA＋A-MKL	67.95	60.72	33.64	26.47	17.73	41.30
MDAA＋A-MKAL	**71.27**	**61.26**	**35.48**	**27.70**	**19.38**	**43.02**

表 7.6　零样本图像分类平均识别率比较（AWA 数据集）　　单位：%

N/O	45/5	44/6	43/7	42/8	41/9	40/10	平均识别率
DAP[15]	50.05	46.28	45.01	42.44	41.2	32.42	42.90
UDA[4]	54.62	51.91	46.34	41.50	39.53	32.64	44.42
MCME-DA[5]	58.02	53.50	50.16	44.32	41.54	37.85	47.57
IAA[3]	58.71	56.2	53.42	44.37	37.96	31.12	46.96
Adapt-Simi[1]	57.90	54.43	52.74	47.35	44.25	38.04	49.12
MDAA + A-MKL	58.47	54.77	53.05	47.56	44.54	38.72	49.52
MDAA + A-MKAL	**61.05**	**57.81**	**54.79**	**50.22**	**46.36**	**41.01**	**51.87**

　　图 7.3～图 7.5 分别给出了 6 类测试类别（AWA 数据集）和 4 类测试类别（OSR 数据集和 Shoes 数据集）在 DAP、UDA、MCME-DA、IAA、Adapt-Simi、MDAA + A-MKL、MDAA + A-MKAL 等模型上的某次分类结果混淆矩阵对比图。

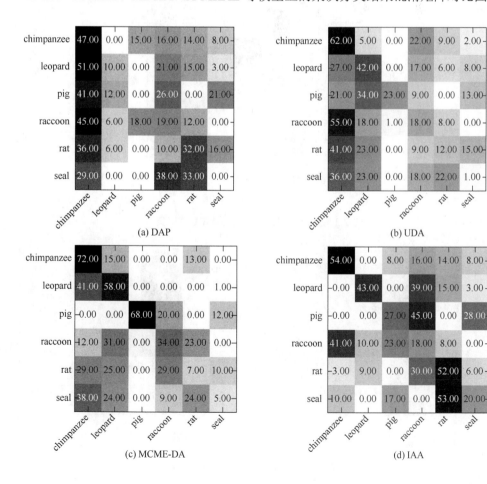

(a) DAP　　　　　　　　　　　　　　(b) UDA

(c) MCME-DA　　　　　　　　　　　(d) IAA

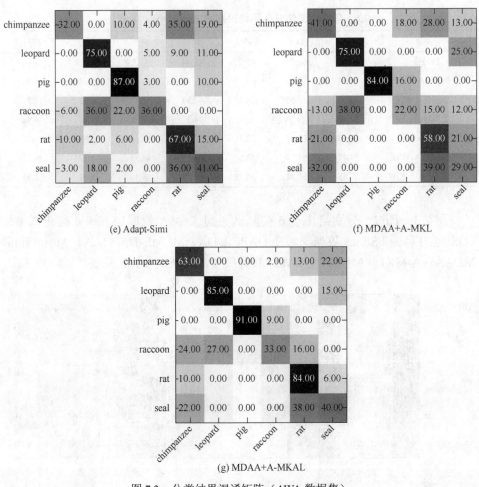

(e) Adapt-Simi　　　　　　　　　　　(f) MDAA+A-MKL

(g) MDAA+A-MKAL

图 7.3　分类结果混淆矩阵（AWA 数据集）

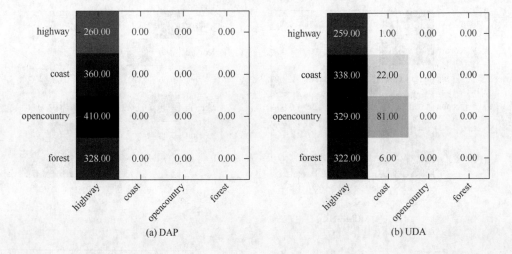

(a) DAP　　　　　　　　　　　　　　(b) UDA

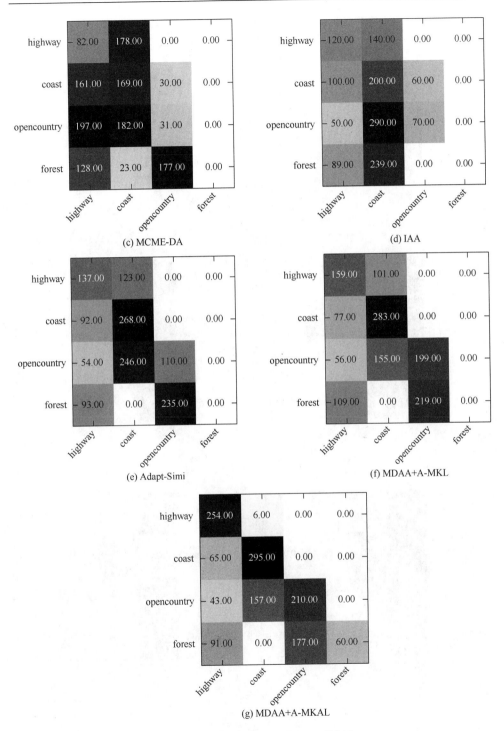

图 7.4　分类结果混淆矩阵（OSR 数据集）

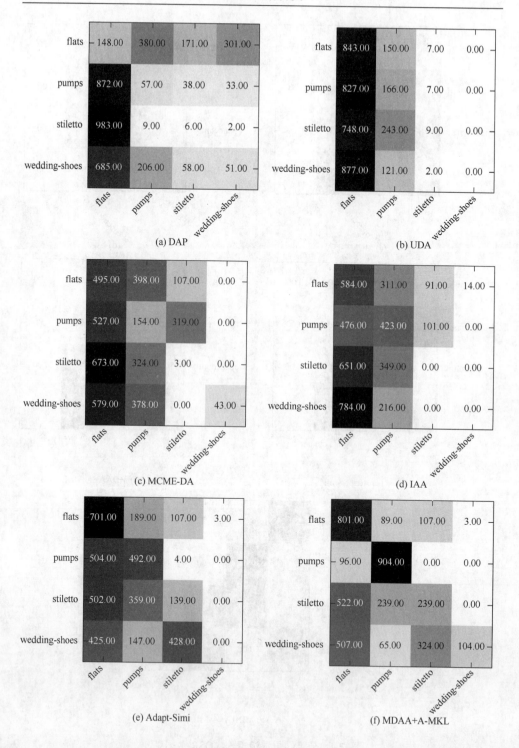

(a) DAP

(b) UDA

(c) MCME-DA

(d) IAA

(e) Adapt-Simi

(f) MDAA+A-MKL

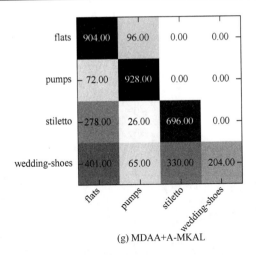

(g) MDAA+A-MKAL

图 7.5　分类结果混淆矩阵（Shoes 数据集）

在图 7.3～图 7.5 中，主对角线方块的黑白程度越深表示该类别被正确分类的样本越多。例如，对于图 7.5 中的测试类别 pumps，DAP 错分了 943 幅该类别的图像样本（分别将 872 幅、38 幅和 33 幅图像错分为 flats、stiletto 和 wedding-shoes），UDA 错分 834 幅（分别将 827 幅和 7 幅图像错分成 flats 和 stiletto），MCME-DA 错分 846 幅（将 527 幅、319 幅图像错分为 flats 和 stiletto），IAA 错分 577 幅（476 幅和 101 幅图像错分为 flats 和 stiletto），Adapt-Simi 错分了 508 幅（504 幅和 4 幅图像被错分为 flats、stiletto），MDAA＋A-MKL 错分了 96 幅，MDAA＋A-MKAL 则错分了 72 幅图像。由图 7.3～图 7.5 可以看出，与其他 6 种模型相比，MDAA＋A-MKAL 模型错误分类的样本数量较低，其分类准确率高于其他 6 种模型。

针对分类精度不能反映误判率与灵敏度之间关系的问题，使用了 ROC 曲线下面积对分类结果进行评估。算法模型的分类结果越好，其在曲线图像上对应的曲线就会越接近左上方，其对应的 AUC 值也就相应的越大。简单随机猜测模型的 AUC 值为 0.5，其曲线靠近左下角至右上角的主对角线。图 7.6～图 7.8 为三个数据集上，7 个模型对于某次分类结果的 ROC 曲线和 AUC 值。由图 7.6～图 7.8 可以看出，①MDAA＋A-MKL 与 MDAA＋A-MKAL 比其他 5 种模型的 ROC 曲线更接近于坐标左上角，其在三个数据集上的 AUC 值在高于 0.5 的同时，也相应地高于其他模型，说明了 MDAA＋A-MKL 模型与 MDAA＋A-MKAL 模型在零样本分类上的有效性。②MDAA＋A-MKAL 在三个数据集上的 ROC 曲线比 Adapt-Simi 和 MDAA＋A-MKL 两个模型的曲线都要靠近左上角，充分地说明了 MDAA＋A-MKAL 相比于其他模型具有更好的分类性能。

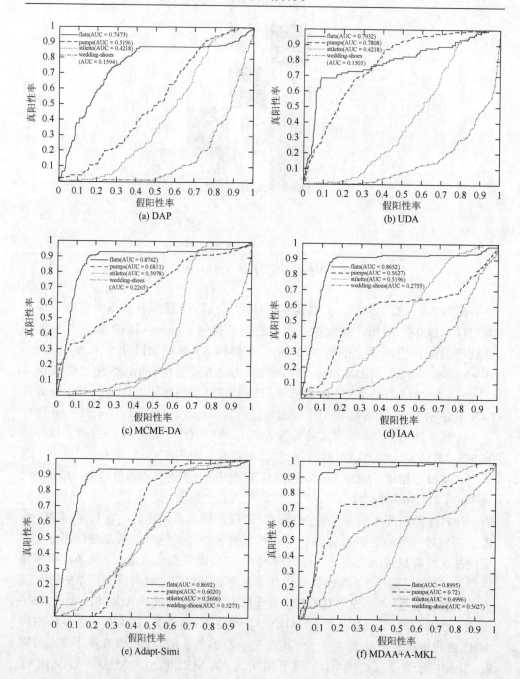

(a) DAP

(b) UDA

(c) MCME-DA

(d) IAA

(e) Adapt-Simi

(f) MDAA+A-MKL

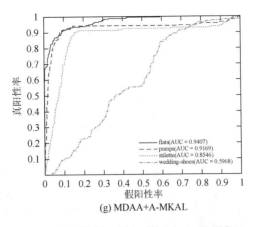

(g) MDAA+A-MKAL

图 7.6　ROC 曲线及 AUC 值（Shoes 数据集）

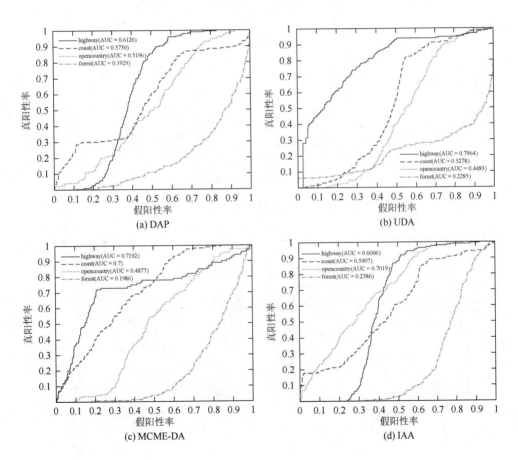

(a) DAP

(b) UDA

(c) MCME-DA

(d) IAA

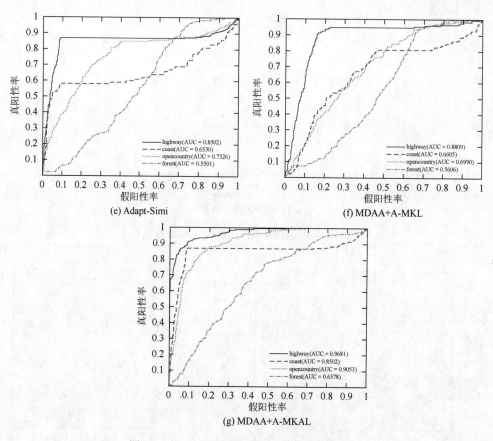

(e) Adapt-Simi

(f) MDAA+A-MKL

(g) MDAA+A-MKAL

图 7.7　ROC 曲线及 AUC 值（OSR 数据集）

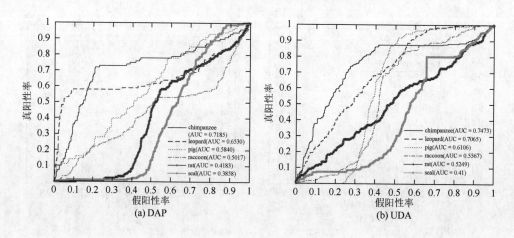

(a) DAP

(b) UDA

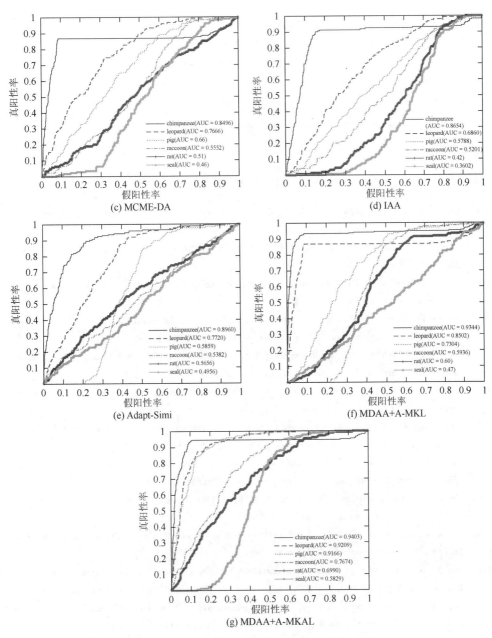

图 7.8　ROC 曲线及 AUC 值（AWA 数据集）

7.7　本　章　小　结

本章针对零样本图像分类的领域偏移问题，从分类器自适应的角度提出了一种新的解决方案。所提出的 MDAA + A-MKAL 具有以下优点：①将训练样本进行多源域的处理，不仅考虑到类别间的相似性和差异性，且与单个源域相比能够有效地避免负迁移问题；②从源域和目标域中选择相似的特征不仅能减少不同领域之间分布差异，还能提高模型的学习效率；③中心核校准通过校准理想属性核矩阵和多核函数，使得 A-MKL 能学习到最优的核函数。因此，构建的 A-MKAL 模型能够更好地将源域上学习的属性分类器适用到目标域，从而提高了测试图像的属性预测能力和零样本识别性能。

参 考 文 献

[1]　Liu S，Kovashka A. Adapting attributes by selecting features similar across domains[C]//Proceedings of Applications of Computer Vision，Lake Placid，2016：1-8.

[2]　臧绍飞，程玉虎，王雪松，等. 基于最大分布加权均值嵌入的领域适应学习[J]. 控制与决策，2016，31（11）：2083-2089.

[3]　Han Y H，Yang Y，Ma Z G，et al. Image attribute adaptation[J]. IEEE Transactions on Multimedia，2014，16（4）：1115-1126.

[4]　Kodirov E，Xiang T，Fu Z Y，et al. Unsupervised domain adaptation for zero-shot learning[C]//Proceedings of IEEE International Conference on Computer Vision，Santiago，2015：2452-2460.

[5]　Ji Z，Yu Y L，Pan Y W，et al. Manifold regularized cross-modal embedding for zero-shot learning[J]. Information Sciences An International Journal，2017，378（C）：48-58.

[6]　Kovashka A，Grauman K. Attribute adaptation for personalized image search[C]//Proceedings of IEEE International Conference on Computer Vision，Sydney，2013：3432-3439.

[7]　Yang J，Yan R，Hauptmann A G. Cross-domain video concept detection using adaptive SVMs[C]//Proceedings of ACM International Conference on Multimedia，Pittsburgh，2007：188-197.

[8]　Duan L X，Xu D，Tsang I W H，et al. Visual event recognition in videos by learning from web data[C]//Proceedings of IEEE Conference Computer Vision and Pattern Recognition，San Francisco，2010：1959-1966.

[9]　Cortes C，Mohri M，Rostamizadeh A. Algorithms for learning kernels based on centered alignment[J]. Journal of Machine Learning Research，2012，13（1）：795-828.

[10]　Sambasivam S，Theodosopoulos N. Advanced data clustering methods of mining web documents[J]. Issues in Informing Science and Information Technology，2006，3（1）：563-579.

[11]　Fred A L N，Leitão J M N. Partitional vs hierarchical clustering using a minimum grammar complexity approach[C]//Proceedings of Joint IAPR International Workshops on Advances in Pattern Recognition，Alicante，2000：193-202.

[12]　Yager R R. Intelligent control of the hierarchical agglomerative clustering process[J]. IEEE Transactions on Systems Man and Cybernetics Part B Cybernetics，2000，30（6）：835-845.

[13]　Cheng Y H，Qiao X，Wang X S. An improved indirect attribute weighted prediction model for zero-shot image classification[J]. IEICE Transactions on Information and Systems，2016，99（2）：435-442.

[14]　Alvarez R，Moser A，Rahmann C A. Novel methodology for selecting representative operating points for the TNEP[J]. IEEE Transactions on Power Systems，2017，32（3）：2234-2242.

[15]　Lampert C H，Nickisch H，Harmeling S. Attribute-based classification for zero-shot visual object categorization[J]. IEEE Transactions on Pattern Analysis and Machine Intelligence，2014，36（3）：453-465.

第8章 基于深度特征迁移的多源域属性自适应

对于属性的自适应模型，已有的方法[1-3]主要从两个方面建立模型：一方面是基于分类器自适应的属性自适应模型，另一方面是基于特征表示的属性自适应模型。第7章通过构建属性自适应分类器来实现属性的自适应，本章从特征表示自适应的角度出发，提出一种基于深度特征迁移的多源域属性自适应模型。首先，根据类别的属性知识，通过白化余弦相似度对类别进行相似度度量，并利用基于白化余弦相似度的层次聚类对可见类进行多个源域的构造，目标域则由不可见类的图像样本所构成，并对源域图像样本和目标域的图像样本进行图像预处理，以消除图像的冗余信息；然后利用深度自适应卷积神经网络为每个源域与目标域提取深度可迁移特征，源域的深度可迁移特征用于学习属性自适应模型，目标域的深度可迁移特征用于零样本图像分类；进一步利用属性类别矩阵的稀疏化实现属性与类别的关系挖掘，最后将稀疏化的属性类别矩阵及属性自适应模型结合到间接属性预测模型，并对多个源域的属性自适应结果进行决策融合，以得到最佳的零样本图像分类性能。

目前属性自适应的研究工作已经有了一定的进展和进步，Han 等[1]及 Kovashka 等[2]建立了基于特征表示的属性自适应模型，Liu 等[3]使用了自适应分类器建立属性自适应模型，其目的在于增强源域与目标域之间的共享特征，但这些模型使用的特征均为浅层特征，浅层特征所包含的信息有限，对于零样本的学习具有一定的限制，而使用深度神经网络学习到的深度特征能够有效地避免这一问题，Zhang 等[4]使用深度嵌入模型来进行零样本图像分类，但这个模型忽略了训练样本与测试样本之间存在的领域偏移问题。受文献[5]深度适配网络的启发，本章针对零样本图像分类，提出一种基于深度特征迁移的属性自适应模型，该模型针对训练样本与测试样本的领域偏移问题，利用多核转化的最大平均差异从可见类与不可见类中提取出深度可迁移特征，可见类图像的深度迁移特征用于学习属性自适应模型，不可见类图像的深度迁移特征用于零样本分类，使得零样本图像分类性能得到很大提高。

将包含不同类别的所有可见类图像视为一个源域来处理的这种方式比较简单，但是忽略了不同类别之间的差异性，仅适用于各可见类之间较为相似的情况，但是，现实生活中还经常面临差异较大的对象类抑或不同数据集之间的迁移学习问题。举例来说，常用的 a-Yahoo 数据集中包含了物品、动物、建筑物等几大对象类。很明显，它们之间存在较大的分布差异性，简单化地强行将其视为一个源域来处理必将导致负迁移，进而影响零样本图像的分类精度，因此对多个可见类进行多个源域的构造是必要的。此外，考虑到属性的独立假设不成立，采用了稀疏表示系数（sparse representation coefficient，SRC）对类别属性矩阵进行了稀疏化，减小了类别中不必要属性对类别分类的影响，进一步提高了零样本分类性能。

具体来说，本章所做的主要创新工作可以概括为以下几方面。

（1）通过将可见类和不可见类的图像集分别视为源域与目标域，构建基于多源深度适配网络（multi-source deep adaptation network，MS-DAN）模型的 ZSL 方法，并通过多源决策融合算法对多个属性自适应模型进行决策融合。

（2）将深度适配网络应用于零样本图像分类，并利用深度适配网络对源域和目标域进行深度可迁移特征提取，其中每个源域的深度可迁移特征用于学习属性自适应模型，目标域的可迁移特征通过加权用于零样本图像分类。

（3）利用稀疏表示系数对类别与属性之间的相关性进行挖掘，减小类别中不必要属性对零样本分类性能的影响。

8.1　系　统　结　构

本章旨在利用深度自适应卷积神经网络对多个源域和目标域进行可迁移性特征提取，源域的深度可迁移特征用于训练分类模型，目标域的可迁移特征用于零样本分类，每个源域的分类模型用于学习对应的属性自适应模型，并使用 SRC 挖掘属性与类别之间的相关性，最后将多个属性自适应模型通过决策融合算法用于零样本图像分类。MS-DAN 模型结构图如图 8.1 所示，由 6 个阶段构成。阶段 I 为多源域的构造。根据属性知识利用白化余弦层次聚类对可见类进行源域的构造。阶段 II 为图像预处理。通过白化降维等操作将多个源域及不可见类图像的冗余信息进行清除。阶段 III 为深度可迁移特征提取。深度适配网络[5]通过在全连接层中加入多核最大平均差异（multi-kernel maximum mean discrepancy，MK-MMD）算法，缩小源域与不可见类构成的目标域之间的距离，从而获得两领域的可迁移特征，每个源域学习到的可迁移特征用于训练模型，目标域的可迁移特征用于零样本分类。阶段 IV 为目标域特征加权，目标域与每个源域均学习一个可迁移特征，可迁移性特征的权值对应于学习该特征的源域与目标域的分布差异在所有源域与目标域分布差异上的权重。阶段 V 为类别-属性相似性挖掘。针对过完备的类别属性字典，使用 SRC 对类别属性关系进行了挖掘。阶段 VI 为零样本学习。使用基于多源决策融合的 IAP 模型，对不可见类图像进行了类别标签预测。

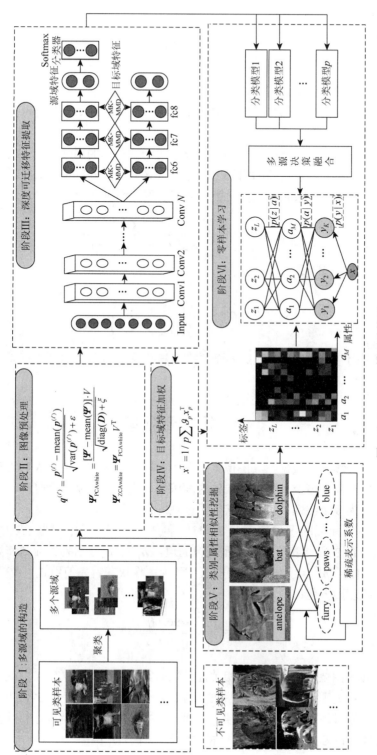

图 8.1　MS-DAN 模型结构图

8.2　多源域构造

白化余弦相似度常被用于解决基于生物特征匹配的模式识别问题，能够很好地反映不同模式向量间的相关性，因此使用了白化余弦层次聚类对可见类进行了多个源域的构造。

给定不同类别 y_i 与 y_j，使用 $\boldsymbol{f}^{y_i}$ 与 $\boldsymbol{f}^{y_j}$ 表示两类别的属性信息，类别之间的相似度计算及根据类别之间的相似度进行层次聚类的具体步骤与 7.2 节相同。

首先，使用白化余弦相似性对类别之间的相似性进行衡量：

$$\delta_{\mathrm{WC}}(\boldsymbol{f}^{y_i}, \boldsymbol{f}^{y_j}) = \frac{(\boldsymbol{G}^{\mathrm{T}}\boldsymbol{f}^{y_i})^{\mathrm{T}}(\boldsymbol{G}^{\mathrm{T}}\boldsymbol{f}^{y_j})}{\| \boldsymbol{G}^{\mathrm{T}}\boldsymbol{f}^{y_i} \| \cdot \| \boldsymbol{G}^{\mathrm{T}}\boldsymbol{f}^{y_j} \|} \tag{8.1}$$

由白化因子 $\boldsymbol{G} = \boldsymbol{\Psi}\boldsymbol{\Lambda}^{-1/2}$，可得

$$\delta_{\mathrm{WC}}(\boldsymbol{f}^{y_i}, \boldsymbol{f}^{y_j}) = \frac{(\boldsymbol{f}^{y_i})^{\mathrm{T}}\boldsymbol{\Sigma}^{-1}(\boldsymbol{f}^{y_j})^{\mathrm{T}}}{\| \boldsymbol{G}^{\mathrm{T}}\boldsymbol{f}^{y_i} \| \cdot \| \boldsymbol{G}^{\mathrm{T}}\boldsymbol{f}^{y_j} \|} \tag{8.2}$$

然后使用基于 average-linkage 算法[6]的层次聚类对多个类别进行聚类，从而得到多个源域。

8.3　图像预处理

对于多个领域的数据，其图像大小各不相同，且尺寸数值较大，给学习过程带来了一定的复杂度及大量不必要的时间浪费。为减小实验运行时间，所有的图像均被划分为多个图像块，并将其用于模型的训练学习。

源域与目标域的图像表示为 $\boldsymbol{I} = \{\boldsymbol{I}^{(1)}, \cdots, \boldsymbol{I}^{(i)}, \cdots, \boldsymbol{I}^{(n_T+n_A)}\}$，$\boldsymbol{I}^{(i)} \in \mathbb{R}^{I_W \times I_H \times c}$ 表示大小为 $I_W \times I_H$ 的图像集合，c 表示图像通道，n_T 与 n_A 分别为目标域和源域的样本数。$\boldsymbol{P} = \{\boldsymbol{p}^{(1)}, \boldsymbol{p}^{(2)}, \cdots, \boldsymbol{p}^{(i)}\}$，$\boldsymbol{p}^{(i)} \in \mathbb{R}^{w \times w \times c}$ 为图像块。首先使用式（8.3）对图像块进行对比度归一化：

$$\boldsymbol{q}^{(i')} = \frac{\boldsymbol{p}^{(i')} - \mathrm{mean}(\boldsymbol{p}^{(i')})}{\sqrt{\mathrm{var}(\boldsymbol{p}^{(i')}) + \varepsilon}} \tag{8.3}$$

为了减小图像特征点之间的相关性带来的冗余信息，使用 ZCA 白化对输入的图像数据进行处理。首先将所有图像块的像素点组合成一个矩阵 $\boldsymbol{\Psi}$，矩阵中的列向量为一个图像块中的所有像素值。对协方差矩阵 $\boldsymbol{C} = \mathrm{cov}(\boldsymbol{\Psi})$ 进行特征值分解，可得 $[\boldsymbol{V}, \boldsymbol{D}] = \mathrm{eig}(\boldsymbol{C})$，则图像输入数据的缩放可计算如下：

$$\Psi_{\mathrm{PCAwhite}} = \frac{[\Psi - \mathrm{mean}(\Psi)] \cdot V}{\sqrt{\mathrm{diag}(D) + \xi}} \qquad (8.4)$$

式中，ξ 为白化因子，为避免计算过程出现溢出的情况，将 ξ 设置为一个非零值。则式（8.4）可转化为

$$\Psi_{\mathrm{ZCAwhite}} = \Psi_{\mathrm{PCAwhite}} \cdot V^{\mathrm{T}} \qquad (8.5)$$

8.4　深度可迁移特征提取

深度卷积神经网络相较于浅层网络能够更充分地学习样本的可迁移性特征，并根据特征与不变性因素的相关性，对特征进行分层分组，从而对噪声有较强的鲁棒性。但深度网络的较高层特征依赖于特定的数据集和任务，提取出的深度特征不具有可迁移性，因此在源域与目标域的全连接层之间加入了基于多核转化的 MK-MMD 模型[5]，将所有特定任务层的源域与目标域特征均嵌入到再生核希尔伯特空间中进行匹配，从而得到可迁移性特征。

深度适配网络[5]主要由卷积、池化和多个全连接层组成。由文献[5]可知，前三层卷积层提取的特征为浅层特征，其提取到的特征具有可迁移性，后面两层卷积层提取的特征为深度特征，深度特征可迁移性较差。在网络学习过程中，前三层为参数固定层，后面的较高层卷积层的参数需要通过学习训练得到，为了更好地学习可迁移性特征，在两领域的全连接层之间使用了基于多核转化的 MK-MMD 来衡量两领域数据分布的不匹配，源域 D^S 与目标域 D^T 的 MK-MMD 值计算如下：

$$d_k^2(D^S, D^T) \triangleq \left\| E_p[\varphi(x^s) - \varphi(x^t)] \right\|_{H_k}^2 \qquad (8.6)$$

式中，H_k 表示核函数 k 在再生核希尔伯特空间中的映射表示；$\varphi(\cdot)$ 为非线性映射函数；x^s 和 x^t 分别是源域与目标域中的样本，核函数满足 $k(x_i, x_j) = \langle \phi(x_i), \phi(x_j) \rangle$，多核函数则定义为

$$k = \sum_{\mu} \beta_{\mu} k_{\mu} \qquad (8.7)$$

将多核函数代入式（8.6），可得

$$d_k^2(D^S, D^T) = E_{x^s x'^s} k(x^s, x'^s) + E_{x^t x'^t} k(x^t, x'^t) - 2 E_{x^s x^t} k(x^s, x^t) \qquad (8.8)$$

为了降低算法的复杂度，引入四维系数 $z_i = (x_{2i-1}^s, x_{2i}^s, x_{2i-1}^t, x_{2i}^t)$，则源域与目标域间 MK-MMD 值为

$$d_k^2(D^S, D^T) = \frac{2}{n_a} \sum_{i=1}^{n/2} g_k(\boldsymbol{z}_i) \tag{8.9}$$

式中

$$g_k(\boldsymbol{z}_i) = k(\boldsymbol{x}_{2i-1}^s, \boldsymbol{x}_{2i}^s) + k(\boldsymbol{x}_{2i-1}^t, \boldsymbol{x}_{2i}^t) - k(\boldsymbol{x}_{2i-1}^s, \boldsymbol{x}_{2i}^t) - k(\boldsymbol{x}_{2i}^s, \boldsymbol{x}_{2i-1}^t) \tag{8.10}$$

深度适配网络使用的分类器为 Softmax 分类器，Softmax 分类器不同于 SVM 直接给类别打分并输出，Softmax 分类器从新的角度做了不一样的处理，其不仅对类别进行了打分，还将得分映射到概率域。在多个类别的分类问题上，Softmax 分类器不仅计算过程简单，而且分类效果显著，因此 Softmax 分类器是目前使用最广泛的多类分类器。对于输入的每个源域进行分类器训练，则源域分类器的损失函数为

$$L = \text{Loss}(f_p \mid D_p^s) = \frac{1}{n_p^a} J[f_p(\boldsymbol{x}_i), y_i] \tag{8.11}$$

式中，J 为交叉熵损失函数；n_p^a 为第 p 个源域的样本数；$f_p(\boldsymbol{x}_i)$ 为第 p 个源域的 Softmax 分类器对样本 $\boldsymbol{x}_i$ 的概率；y_i 为 $\boldsymbol{x}_i$ 对应的类别标签。

8.5　目标域特征加权

每个源域与目标域经过深度适配网络[5]，均得到对应的可迁移特征，源域的可迁移特征用于学习模型，目标域的特征则用于零样本分类。目标域分别与 p 个源域学习，则得到 p 个目标域可迁移特征，为了获得最终用于零样本分类的目标域特征，对多个目标域可迁移特征进行了加权。对于目标域与第 p 个源域学习到的可迁移特征，其权值可由源域 p 与目标域的分布均值差异计算得到。

由于多个源域和目标域间均存在分布差异，而最大均值差异在某可再生希尔伯特空间中可通过分布均值差对分布距离进行度量，定义为

$$\text{MMD}(\boldsymbol{x}_s^a, \boldsymbol{x}_t) = \left\| \frac{1}{n_a} \sum_{i=1}^{n_a} \phi(\boldsymbol{x}_{si}^a) - \frac{1}{n_t} \sum_{j=1}^{n_t} \phi(\boldsymbol{x}_{tj}) \right\|_{\mathcal{H}} \tag{8.12}$$

式中，ϕ 为非线性映射函数，正定核满足 $k(\boldsymbol{x}_i, \boldsymbol{x}_j) = \langle \phi(\boldsymbol{x}_i), \phi(\boldsymbol{x}_j) \rangle$，可选用高斯核函数 $k(\boldsymbol{x}_i, \boldsymbol{x}_j) = \exp(-\|\boldsymbol{x}_i - \boldsymbol{x}_j\|^2)$；$\text{MMD}(\boldsymbol{x}_s^a, \boldsymbol{x}_t)$ 表示第 a 个源域和目标域间的分布距离，均方的 MMD 可表示为

$$\varGamma_s^a = \text{MMD}^2(\boldsymbol{x}_s^a, \boldsymbol{x}_t) = \left\| \frac{1}{n_a} \sum_{i=1}^{n_a} \phi(\boldsymbol{x}_{si}^a) - \frac{1}{n_t} \sum_{j=1}^{n_t} \phi(\boldsymbol{x}_{tj}) \right\|^2 \tag{8.13}$$

可以进一步将式（8.13）表示为

$$\Gamma_s^a = \mathrm{MMD}^2(\boldsymbol{x}_s^a, \boldsymbol{x}_t) = \sum_{i,i'} \frac{\phi(\boldsymbol{x}_{si}^a)^{\mathrm{T}} \phi(\boldsymbol{x}_{si'}^a)}{(n_a)^2} + \sum_{j,j'} \frac{\phi(\boldsymbol{x}_{tj})^{\mathrm{T}} \phi(\boldsymbol{x}_{tj'})}{(n_t)^2} - 2\sum_{i,j} \frac{\phi(\boldsymbol{x}_{si}^a)^{\mathrm{T}} \phi(\boldsymbol{x}_{tj})}{n_a n_t}$$

$$= \sum_{i,i'} \frac{k(\boldsymbol{x}_{si}^a, \boldsymbol{x}_{si'}^a)}{(n_a)^2} + \sum_{j,j'} \frac{k(\boldsymbol{x}_{tj}, \boldsymbol{x}_{tj'})}{(n_t)^2} - 2\sum_{i,j} \frac{k(\boldsymbol{x}_{si}^a, \boldsymbol{x}_{tj})}{n_a n_t} \quad (8.14)$$

因此，第 a 个源域对应的目标域深度特征的权值 ϑ_s^a 可根据式（8.15）计算：

$$\vartheta_s^a = \frac{\exp(-\Gamma_s^a)}{\sum_{a=1}^{p} \exp(-\Gamma_s^a)} \quad (8.15)$$

根据各源域对应的权值及目标域与各源域学习到的目标域可迁移特征，最终的目标域可迁移特征计算如下：

$$x^{\mathrm{T}} = \frac{1}{p} \sum_{i=1}^{p} \vartheta_s^i x_i^{\mathrm{T}} \quad (8.16)$$

8.6 基于稀疏表示的属性-类别关系挖掘

在零样本图像分类过程中，若类别的个数小于属性的个数，如 AWA 数据集中的类别的个数（50 个）小于属性的个数（85 个），那么类别与属性矩阵可被看作过完备字典，为了使用有效的属性来表示类别信息，使用了 SRC 对类别-属性字典进行稀疏化处理。

SRC 算法的目的是用尽可能少的非零系数来表示目标的主要信息，并去除不必要的冗余信息。零样本图像分类中，过完备类别-属性矩阵 $\boldsymbol{B} = [\boldsymbol{f}^1; \cdots; \boldsymbol{f}^m; \cdots; \boldsymbol{f}^M]$ 可视为字典 $\boldsymbol{\Phi}$，属性 $\boldsymbol{f}^m$ 为字典中的原子，$\boldsymbol{\beta} = [\beta_1; \beta_2; \cdots; \beta_M]$ 为稀疏化的系数向量，即 $\boldsymbol{\beta}$ 中非 0 元素尽可能少，s 表示属性目标信息。

由于 $\boldsymbol{\beta}$ 的最稀疏解是一个 NP 难问题，所以可采用次优的逼近算法进行求解。为了稀疏 $\boldsymbol{\beta}$ 的同时，并得到全局的最优解，采用了凸松弛法的基追踪方法，其具体方法描述如式（8.17）所示。

$$\min \|\boldsymbol{\beta}\|_0$$
$$\mathrm{s.t.} \ \boldsymbol{\Phi\beta} = s \quad (8.17)$$

式中，$\|\boldsymbol{\beta}\|_0$ 为 $\boldsymbol{\beta}$ 的稀疏度，针对式（8.17）中的 l_0 范数极小化问题，使用了 l_1 范数进行替代，即

$$\min \|\boldsymbol{\beta}\|_1$$
$$\mathrm{s.t.} \ \boldsymbol{\Phi\beta} = s \quad (8.18)$$

令 $\boldsymbol{A} = [\boldsymbol{\Phi}, -\boldsymbol{\Phi}]$，$\boldsymbol{b} = s$，$\boldsymbol{c} = [1,1]^{\mathrm{T}}$，$\boldsymbol{x} = [\boldsymbol{u}, \boldsymbol{v}]^{\mathrm{T}}$，$\boldsymbol{\beta} = \boldsymbol{u} - \boldsymbol{v}$，则式（8.18）可变为标准线性规划问题：

$$\min \ \boldsymbol{c}^{\mathrm{T}} \boldsymbol{x}$$
$$\mathrm{s.t.} \ \boldsymbol{Ax} = \boldsymbol{b}, \quad \boldsymbol{x} \geq 0 \quad (8.19)$$

　　由式（8.18）和式（8.19）的转换可知，当基追踪算法使用尽可能少的属性逼近目标信号 s 时，也对属性之间的相互影响做了判断，从而得到了最优的属性组合。因此 β 向量中的元素大小体现了在其他属性的影响下，属性对于目标信号 s 的重要程度，这种重要程度也就是属性与类别之间的相关性大小。

　　属性 a_m 与类别之间的相关性则可根据稀疏系数 β_m 表示为

$$SRC(a_m, z) = |\beta_m| \qquad (8.20)$$

8.7　基于多源决策融合的 IAP 模型

　　MS-DAN 模型通过 IAP 模型实现零样本图像的分类。在 IAP 模型中，其底层特征 x 为 DAN[5] 提取的深度可迁移特征，$p_p(y_q|x)$ 为源域 p 的分类模型，则源域 p 的属性-类别模型和特征-属性模型为

$$p_p(a|y_q) = \prod_{m=1}^{M} p_p(a_m|y_q) \qquad (8.21)$$

$$p_p(a|x) = p_p(a|y_q)p_p(y_q|x) \qquad (8.22)$$

式中，$p_p(a|x)$ 为源域 p 的属性自适应模型，其可对目标域样本进行属性预测。根据贝叶斯定理，目标域属性 a^z 到类标签 z 的映射为

$$p(z|a^z) = \frac{p(z)}{p(a^z)} p(a^z|z) \qquad (8.23)$$

　　由于属性对不同类别的描述能力不同，因此使用了 $SRC(a_m, z)$ 对类别和属性的关系进行了描述，并利用 $SRC(a_m, z)$ 为类别的预测属性加上相应的权值。

　　根据源域 p 的属性自适应模型及目标域的类别-属性模型，目标域样本 x 到标签 z 的计算如下：

$$p_p(z|x) = \sum_{a \in \{0,1\}^M} p(z|a^z)p_p(a^z|x) = \frac{p(a|z)^{SRC}}{p(a^z)} \prod_{m=1}^{M} p_p(a_m^z|x) \qquad (8.24)$$

　　多个源域对应多个属性自适应模型，为了让多个属性自适应模型的预测能力得到互补[7]，以达到提高目标域识别性能的目的，使用了多源决策融合算法对多个源域的决策结果进行了融合。多源决策融合算法首先选出某源域模型的最大概率值作为基模型的阈值，然后将所有源域模型的预测概率值与其进行比较，所有模型中分类概率值最大的模型即为分类性能最佳的模型。

　　利用多源决策的融合算法，可得目标域样本的最终标签分配：

$$f(\bm{x}) = \arg\max_{p} \left(\arg\max_{l=1,\cdots,L} p(z \mid \bm{x}) \right) \tag{8.25}$$

8.8 实验结果与分析

8.8.1 实验数据集

本章使用 a-Yahoo 数据集和 Shoes 数据集来评估所提算法 MS-DAN 的分类性能。a-Yahoo 数据集含有 12 类物体、64 种属性及 2644 张图像。为方便 MS-DAN 的网络学习，在 Shoes 数据集中，所有类别的样本均选取前 1000 张图像用于模型的学习与测试，即这些图像分别用于构成源域的训练样本和目标域的测试样本。对于 a-Yahoo 数据集，由于零样本图像分类使用的图像均只有一个标签，因此对该数据集有多个类别标签的样本进行了删除，最终得到 1960 幅合适的图像用于零样本图像分类。

8.8.2 参数分析

实验过程中使用了 Caffe[8]框架来加快训练，Caffe 是一个高效的深度学习框架，它提供了一些基本的网络操作，同时可调用 GPU，加快了模型的训练。实验平台基本配置为英特尔至强 E5-2660 V3，主频为 2.6GHz，内存为 48GB，GPU 为 NVIDIA Tesla K40c。在参数设置过程中，a-Yahoo 数据集的测试类别为 mug、donkey、statue、bag，用于训练的类别为其他 8 个类别，实验在训练模型过程中从 8 类图像中随机选择训练图像及验证图像；Shoes 数据集的测试类别是 clogs、pumps、sneakers、high-heels 4 类，其余的 6 个类别用于训练，深度网络学习过程中的训练样本和验证样本均为这 6 个类别中随机挑选的图像。

模型的基本参数设置：①图像预处理过程中归一化参数 υ 设置为 10，ZCA 白化因子 ξ 设置为 0.1；②采用最小批训练网络，Shoes 数据集的 batch 为 100，激活函数均使用 Relu；③采用"gaussian"初始化方法，初始学习率为 0.1，采用随机梯度下降附加动量的方式训练，其动量系数为 0.9，正则项系数设置为 0.0005，MK-MMD 层的多个核函数的个数均设置为 5。具体参数设置如表 8.1 所示，S_{Fil}、N_{Fil} 分别为卷积核大小和数量，Pad 表示边境填充。

表 8.1　MS-DAN 模型的参数设置

类型	输入			N_{Fil}	S_{Fil}	Pad	步长	输出			
	宽度	高度	通道					宽度	高度	通道	尺寸
Input	/	/	/	/	/	/	/	227	227	3	154587
Conv1	227	227	3	96	11	0	4	55	55	96	290400
Pool1	55	55	96	/	3	/	2	27	27	96	69984
Conv2	27	27	96	256	5	2	1	27	27	256	186624
Pool2	27	27	256	/	3	/	2	13	13	256	43264
Conv3	13	13	256	384	3	1	1	13	13	384	64896
Conv4	13	13	384	384	3	1	1	13	13	384	64896
Conv5	13	13	384	256	3	1	1	13	13	256	43264
Pool5	13	13	256	/	3	/	2	6	6	256	9216
fc6	6	6	256	/	/	/	/	/	/	/	4096
fc7	/	/	/	/	/	/	/	/	/	/	4096
fc8	/	/	/	/	/	/	/	/	/	/	4096
Softmax	/	/	/	/	/	/	/	/	/	/	4

　　Shoes 数据集与 a-Yahoo 数据集的聚类结果如图 8.2 所示，根据图 8.2 中的聚类结果，可得不同阈值设置下的源域个数 p。MS-DAN 模型根据不同的源域个数在 Shoes 数据集和 a-Yahoo 数据集上的分类准确率如表 8.2 所示。由表 8.2 可以看出：①当 ε 取值较小时，源域个数 p 较大，由于样本特征相似度的精细划分，测试图像的分类准确率较低；②随着 ε 的增大，样本之间的相似性得到充分描述，测试类图像的分类准确率也随之提高，但当 ε 的值过大时，样本之间的相似性出现描述不足的问题，测试类的图像分类精度逐渐降低；③Shoes 数据集在 $\varepsilon = 0.9$ 时，其分类精度最高，a-Yahoo 数据集则在 $\varepsilon = 0.8$ 时精度达到最高。

表 8.2　参数 ε 对分类性能的影响

数据集	$\varepsilon = 0$		$\varepsilon = 0.5$		$\varepsilon = 0.6$		$\varepsilon = 0.7$	
	p	acc/%	p	acc/%	p	acc/%	p	acc/%
Shoes	6	15.87	5	24.07	4	30.01	3	36.31
a-Yahoo	8	11.19	6	25.86	5	34.17	4	40.57
数据集	$\varepsilon = 0.8$		$\varepsilon = 0.9$		$\varepsilon = 1$		$\varepsilon = 2$	
	p	acc/%	p	acc/%	p	acc/%	p	acc/%
Shoes	3	36.31	**2**	**41.51**	1	35.10	1	35.10
a-Yahoo	**4**	**40.57**	2	38.24	2	38.24	1	31.62

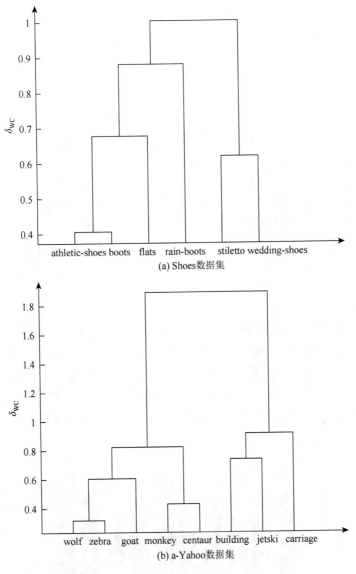

(a) Shoes数据集

(b) a-Yahoo数据集

图 8.2　聚类二叉树

8.8.3　零样本图像分类实验

为了评估 MS-DAN 模型在零样本图像分类上的分类性能，分别与间接属性预测模型[9]、图像属性自适应模型[1]、深度嵌入零样本学习模型[4]（deep embedding model for zero-shot learning，DE_ZSL）、无自适应操作的多源深度卷积神经网络模型（MS-CNN）和第 7 章所提出的属性自适应模型（MDAA＋A-MKAL）等在属性预测和零样本图像分类两方面进行了对比，其中 MS-CNN 与 MS-DAN 进行的对比实验，可以验证自适应操作的有效性和深度特征迁移的必要性，MDAA+A-MKAL 与 MS-DAN 的对比实验可以比较两种属性自适应模型在零样本图像分类上的分类性能。

1）属性预测精度

为评估本章提出算法 MS-DAN 的属性预测能力，分别将其与 IAP、IAA、DE_ZSL、MS-CNN 和 MDAA+A-MKAL 等模型在 Shoes 和 a-Yahoo 两个数据集上进行了属性预测实验，其实验结果如图 8.3 所示。由图 8.3 所有模型的属性预测精度结果可以看出：①MS-DAN 与 MDAA+A-MKAL 大部分属性预测精度均高于其他 4 种模型，说明了两种属性自适应模型具有良好的属性预测性能，充分地验证了属性进行自适应的必要性；②MS-DAN 模型相较于 MS-CNN 模型具有更高的属性预测精度，验证了深度特征迁移的有效性，以及属性自适应的必要性；③MS-DAN 的属性精度略高于 MDAA+A-MKAL 的属性预测精度，证明了 MS-DAN 模型在属性预测方面的优越性。

2）零样本图像分类

实验过程中，a-Yahoo 数据集和 Shoes 数据集的每次实验都选取了不同数量的可见训练类和不可见测试类，并进行了 C_{N+O}^{O} 折交叉验证（O 表示测试类别数，N 为参与训练的可见类别数），即在实验过程中，a-Yahoo 数据集进行了 9 次交叉验证（即 $C_{12}^{10}=66$ 折、$C_{12}^{9}=220$ 折、$C_{12}^{8}=495$ 折、$C_{12}^{7}=792$ 折、$C_{12}^{6}=924$ 折、$C_{12}^{5}=792$ 折、$C_{12}^{4}=495$ 折、$C_{12}^{3}=220$ 折、$C_{12}^{2}=66$ 折）；Shoes 数据集进行了 7 次交

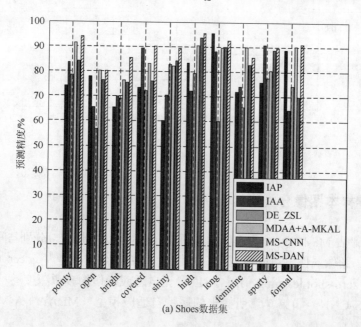

(a) Shoes数据集

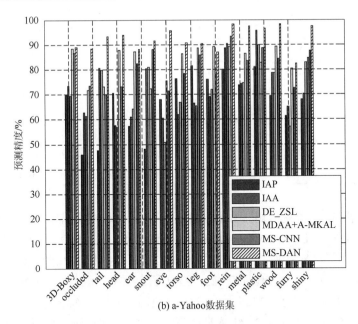

(b) a-Yahoo数据集

图 8.3 属性预测结果

叉验证实验（即 $C_{10}^8 = 45$ 折、$C_{10}^7 = 120$ 折、$C_{10}^6 = 210$ 折、$C_{10}^5 = 252$ 折、$C_{10}^4 = 210$ 折、$C_{10}^3 = 120$ 折、$C_{10}^2 = 45$ 折）。

　　表 8.3 和表 8.4 分别给出了 IAP、IAA、DE_ZSL、MDAA + A-MKAL、MS-CNN 和 MS-DAN 模型在两个数据集上的零样本图像分类识别率的平均值对比。从表 8.3 和表 8.4 中可以看出：①MS-CNN、MS-DAN 和 MDAA + A-MKAL 模型由于将训练样本视为多个源域进行处理，有效地避免了负迁移问题，在 Shoes 数据集和 a-Yahoo 数据集上的零样本图像分类平均识别率均高于其他模型；②由于深度特征的可迁移性，MS-DAN 模型相比于 MS-CNN 模型在零样本分类上的平均识别率最高；③训练的样本的减少导致训练的属性不能覆盖所有测试类别样本，因此 6 种模型的零样本分类平均识别率均随着训练别数的减小而有所降低。

表 8.3　零样本图像分类平均识别率比较（a-Yahoo 数据集）

N/O	10/2	9/3	8/4	7/5	6/6	5/7	4/8	3/9	2/10	平均识别率
IAP[9]	42.79	37.46	33.67	27.81	24.79	21.01	16.89	12.52	10.04	25.11
IAA[1]	56.36	46.97	41.06	35.44	30.84	24.96	19.08	13.24	10.56	30.94
DE_ZSL[4]	69.71	57.60	53.55	41.61	37.08	28.17	19.50	14.06	12.06	37.04
MDAA + A-MKAL	68.73	64.31	58.84	49.94	42.04	36.61	25.38	17.34	13.19	41.82
MS-CNN	71.34	66.36	57.25	51.43	40.91	26.74	19.16	13.61	11.20	39.78
MS-DAN	**75.42**	**69.59**	**61.44**	**52.62**	**43.87**	**27.96**	**22.06**	**17.29**	**12.89**	**42.57**

表 8.4　零样本图像分类平均识别率比较（Shoes 数据集）

N/O	8/2	7/3	6/4	5/5	4/6	3/7	2/8	平均识别率
IAP[9]	42.39	31.18	26.59	20.67	16.76	12.95	10.08	22.95
IAA[1]	50.10	35.43	28.28	19.22	16.77	14.38	12.60	25.25
DE_ZSL[4]	56.37	45.93	31.43	27.26	21.72	15.38	12.91	30.14
MDAA + A-MKAL	51.46	47.32	44.57	42.24	35.16	30.52	21.32	38.94
MS-CNN	68.34	58.18	51.30	35.07	19.64	13.79	10.57	36.70
MS-DAN	**76.32**	**64.96**	**52.14**	**39.05**	**21.26**	**15.01**	**10.65**	**39.91**

　　图 8.4 和图 8.5 分别给出了 Shoes 数据集和 a-Yahoo 数据集在测试类别为 4 时，IAP、IAA、DE_ZSL、MDAA + A-MKAL、MS-CNN 和 MS-DAN 等模型的某次分类结果的混淆矩阵对比图。以图 8.4 中测试类 mug 为例，IAP 错分了 123 幅图像，同样的 IAA 错分了 104 幅，DE_ZSL 错分了 99 幅，MDAA + A-MKAL 错分了 58 幅，MS-CNN 错分了 62 幅图像，MS-DAN 错分了 45 幅图像。可明显看出，MDAA + A-MKAL 和 MS-DAN 模型错误分类的样本数量较少，分类准确率高于其余几种模型。

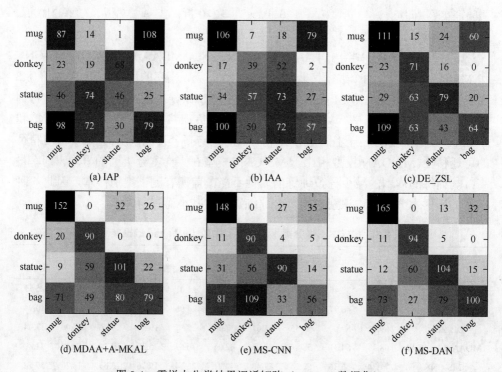

图 8.4　零样本分类结果混淆矩阵（a-Yahoo 数据集）

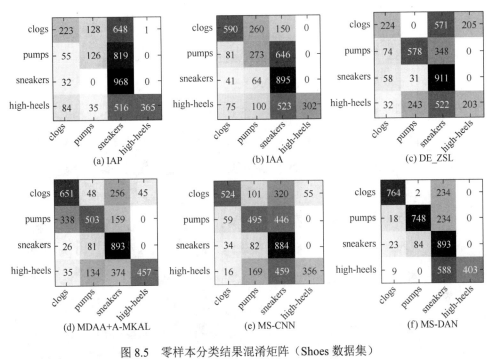

图 8.5　零样本分类结果混淆矩阵（Shoes 数据集）

图 8.6 给出了 IAP、IAA、DE_ZSL、MS-CNN、MS-DNA 和 MDAA+A-MKAL 模型在 a-Yahoo 数据集与 Shoes 数据集上的某次零样本图像分类结果比较。由图 8.6 可知 MDAA+A-MKAL 模型和 MS-DAN 模型相较于其他模型，其错分的样本数量较少，两者相比较而言，MS-DAN 模型的错误率略小，其零样本图像分类准确率最高。

8.9　本 章 小 结

本章针对类别之间的分布差异性与零样本图像分类的领域偏移问题，提出了基于深度特征迁移的多源域属性自适模型。首先根据属性知识对可见类进行多个源域的构造，以避免由于类别间分布差异较大而引起负迁移问题，并利用 ZCA 白化算法对图像进行预处理，消除图像的冗余信息的同时，提高了模型的运行效率；然后利用深度自适应网络对每个源域和目标域进行深度可迁移性特征提取，并为源域训练相应的分类器，在一定程度上拉近了领域间的距离，从而减小了领域间的偏移；除此之外，还利用了稀疏表示系数对类别属性关系进行了挖掘；最后将多个属性自适应模型进行了决策融合，使得多个模型的零样本分类性能得到互补，从而提高了零样本图像识别率。a-Yahoo 数据集和 Shoes 数据集的实验结果充分地证明了 MS-DAN 模型具有良好的零样本图像分类性能。

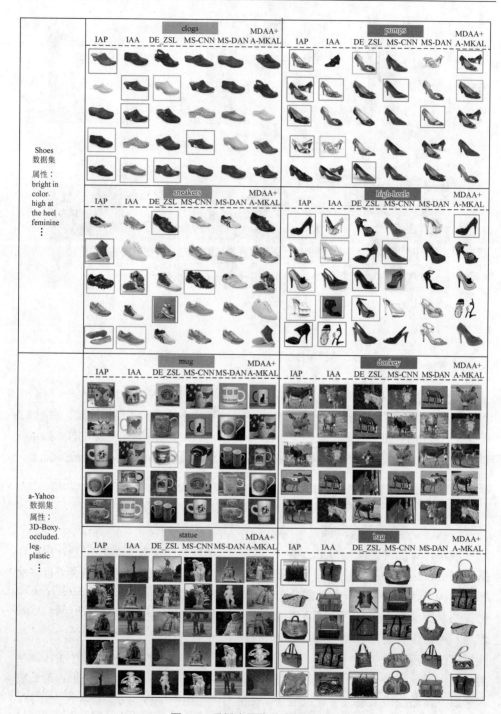

图 8.6 零样本图像分类结果图

参 考 文 献

[1]　Han Y，Yang Y，Ma Z，et al. Image attribute adaptation[J]. IEEE Transactions on Multimedia，2014，16（4）：1115-1126.

[2]　Kovashka A，Grauman K. Attribute adaptation for personalized image search[C]//Proceedings of the IEEE International Conference on Computer Vision，Sydney，2013：3432-3439.

[3]　Liu S，Kovashka A. Adapting attributes by selecting features similar across domains[C]//Proceedings of the IEEE Winter Conference on Applications of Computer Vision，Lake Placid，2016：1-8.

[4]　Zhang L，Xiang T，Gong S. Learning a deep embedding model for zero-shot learning[C]//Proceedings of the IEEE Conference on Computer Vision and Pattern Recognition，Honolulu，2017：2021-2030.

[5]　Long M，Cao Y，Wang J，et al. Learning transferable features with deep adaptation networks[C]//Proceedings of the IEEE International Conference on Machine Learning，Lille，2015：97-105.

[6]　Yager R R. Intelligent control of the hierarchical agglomerative clustering process[J]. IEEE Transactions on Systems，Man，and Cybernetics，Part B（Cybernetics），2000，30（6）：835-845.

[7]　Kuncheva L I. Combining Pattern Classifiers: Methods and Algorithms[M]. Hoboken: John Wiley and Sons，2014.

[8]　Jia Y，Shelhamer E，Donahue J，et al. Caffe: Convolutional architecture for fast feature embedding[C]//Proceedings of the 22nd ACM International Conference on Multimedia，Orlando，2014：675-678.

[9]　Lampert C H，Nickisch H，Harmeling S. Attribute-based classification for zero-shot visual object categorization[J]. IEEE Transactions on Pattern Analysis and Machine Intelligence，2014，36（3）：453-465.

第 9 章　基于混合属性的直接属性预测模型

　　本书的前两部分均是在已有属性基础上实现零样本图像分类的。由于属性的获取过程较为困难，因此对每一类别进行语义描述的属性个数是十分有限的。对于具有相似属性的类别而言，在有限维度的语义属性下，基于属性的零样本图像分类器难以对它们进行正确区分。本书第三部分的第 9～11 章利用不同方法对已有语义属性进行扩展。

　　考虑到语义属性描述类别的有限性，在直接属性预测模型的基础上，本章提出一种基于混合属性的直接属性预测模型（hybrid attribute-based direct attribute prediction model，HA-DAP）。首先，对样本的底层特征进行稀疏编码并利用编码后非语义属性来辅助现有的语义属性；其次，将非语义属性与语义属性构成混合属性并将其作为 DAP 模型的属性中间层，利用属性预测模型的思想进行混合属性分类器的训练；最后，根据预测的混合属性及属性与类别之间的关系进行测试样本类别标签的预测。在 OSR、Pub Fig 和 Shoes 数据集上的实验结果表明，HA-DAP 模型的分类性能优于 DAP 模型，不仅能够取得较高的零样本图像分类精度，而且还获得了较高的 AUC 值。

9.1　研　究　动　机

　　在零样本图像分类问题中，为了实现从可见类别到不可见类别的知识迁移，分类模型就需要通过语义属性来搭建一座从底层特征到类别标签的桥梁。最近的研究工作中提出了很多基于语义属性学习的图像分类方法，具有代表性的是文献[1]中提出的直接属性预测模型和间接属性预测模型。在基于语义属性的零样本图像分类器模型中，语义属性考虑了样本是否具有某一种属性，根据属性的"有""无"可以确定样本在属性空间的位置，进而确定样本的类别标签。但是，对那些属性很相似的类别而言（属性空间位置临近），语义属性就很难对它们进行区分。为此，拟利用稀疏编码[2]对图像的底层特征进行重构，可以得到图像的另一种低维、紧凑的表示方式。由于这种重构后的特征没有语义信息，因此可命名为非语义属性。通过这种额外维度的非语义属性对原有的语义属性进行补充和辅助，将属性空间加以扩展并构成混合属性。非语义属性可以增加语义属性的差异性，从而能够使语义属性很相似的类别更加容易区分[3]。

进一步，将构造的混合属性应用于 DAP，提出 HA-DAP 模型，并将模型应用于零样本图像分类中。

9.2　系 统 结 构

基于 HA-DAP 模型的零样本图像分类结构图如图 9.1 所示。算法的基本思想：对所有类别样本的特征进行稀疏编码，得到非语义属性与类别标签的对应关系，将语义属性和非语义属性构成的混合属性作为 DAP 模型的属性中间层，利用属性预测模型的思想进行混合属性分类器的训练，然后根据预测到的混合属性及混合属性与类别之间的关系进行样本类别标签的预测。在训练阶段，利用训练样本学习语义属性分类器和非语义属性分类器。在测试阶段，利用混合属性分类器对测试样本的语义属性和非语义属性进行预测，根据混合属性中间层与各类别标签之间的关系，获得样本的类别标签。

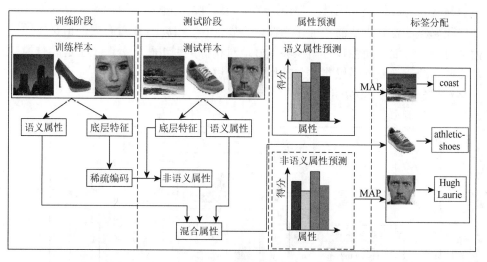

图 9.1　基于 HA-DAP 模型的零样本图像分类结构图

9.3　基于 HA-DAP 的零样本图像分类

9.3.1　混合属性的构造

在基于语义属性的分类器模型中，语义属性 $a_m \in A$ 考虑了样本是否具有某一种属性，根据属性的有无关系可以确定样本在属性空间的位置，进而确定样本的类别标签。但是，对那些属性很相似的类别而言，语义属性很难对它们进行区分。考虑到对不同类别图像的特征进行稀疏自动编码能够寻找到一种图像的中间表示 $\{b_1,b_2,\cdots,b_n\}\in B$，通过这种额外维度的非语义属性对原有的语义属性进行补充和辅助，将属性空间变为 $A\cdot B$ 并组成混合属性层 $[a,b]\in\mathbb{R}^{m+n}$ 以增加类别属性的差异性，能够使语义属性相似的类别更加容易区分。在本章提出的基于混合属性的零样本图像分类模型中，语义属性和特征编码后的非语义属性均采用二值属性，即语义属性空间 $A=\{0,1\}^M$，非语义属性空间 $B=\{0,1\}^N$。

　　下面以零样本图像分类数据集 Shoes 为例阐述混合属性构造的基本思想，如图 9.2 所示。假设给定 5 个语义属性 $(a_1,a_2,a_3,a_4,a_5)\in A$ 用以描述三种类别：高跟鞋、婚鞋和运动鞋。由图 9.2 可知，高跟鞋和婚鞋仅在最后一个属性 Shiny 上有所区别，其余属性则均相同。也就是说，我们利用 DAP 或者 IAP 预测得到的高跟鞋和婚鞋的属性是非常相似的。因此，当在进行零样本图像分类时，基于属性的零样本分类器就很容易混淆这两类鞋子。然而，用以描述运动鞋的属性与高跟鞋和婚鞋的属性之间存在着较大的差别，因此，在进行属性预测后，零样本分类器不容易将其与其他类别的鞋子混淆。考虑到属性的有限性，提出对样本的特征进行稀疏编码，将编码后的特征作为非语义属性 $(b_1,b_2,b_3)\in B$ 对有限的语义属性进行补充并组成混合属性，进而能够更好地对相似类别进行区分。至于运动鞋的样本，原有的语义属性足以将它与其他的类别进行区分，因此辅助的非语义属性并不会对其分类产生过多的影响。

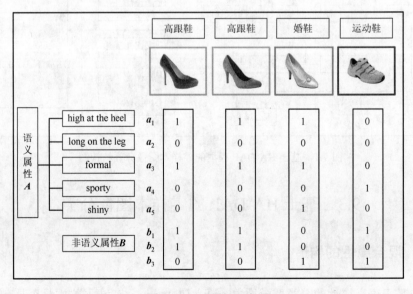

图 9.2　混合属性示意图

9.3.2　基于稀疏编码的非语义属性学习

假设共有 H 类图像，将其中 K 类作为可见的训练类别参与混合属性分类器的训练，剩下的 $L = H - K$ 类作为测试类别，L 不参与混合属性分类器的训练，即不可见类别。利用稀疏编码学习图像非语义属性的主要思路：用一组无标签的训练样本的特征学习一组基向量，所有训练样本的特征均可以用这组基向量线性表示，同时测试样本的特征也可以用这些基向量进行稀疏编码。假设 $\boldsymbol{x} = (\boldsymbol{x}_1, \boldsymbol{x}_2, \cdots, \boldsymbol{x}_K) \in \mathbb{R}^{d \times K}$ 表示 K 类训练图像集的底层特征，使用稀疏编码算法来学习得到一组基向量集合 $\boldsymbol{\Phi} = \{\varphi_1, \varphi_2, \cdots, \varphi_N\}$，然后用这些基向量来对原始的输入特征进行重构 $\tilde{\boldsymbol{x}}_i \approx \sum_{j=1}^{N} \boldsymbol{b}_j \boldsymbol{\varphi}_j$，其中 $\boldsymbol{b}_j$ 称为激活量，也就是本章提出的非语义属性。

稀疏编码主要由训练过程和编码过程共同完成，具体过程如下所示。

（1）训练过程：稀疏编码通过训练数据生成基向量集，再利用基向量集的线性组合来表示输入向量。因此，稀疏编码的优化问题可表示为[4]

$$\min_{\varphi, b} \sum_{i=1}^{K} \left\| \boldsymbol{x}_i - \sum_{j=1}^{N} b_{i,j} \boldsymbol{\varphi}_j \right\|^2 + \lambda \sum_{i=1}^{K} \sum_{j=1}^{N} \| b_{i,j} \|_{L_1} \tag{9.1}$$
$$\text{s.t.} \quad \| \boldsymbol{\varphi}_j \|^2 \leqslant c, \quad \forall j = 1, 2, \cdots, N$$

式中，$b_{i,j}$ 为第 i 类训练样本特征 $\boldsymbol{x}_i$ 的第 j 个稀疏编码表示；λ 表示权重衰减系数；$\| b_{i,j} \|_{L_1}$ 是稀疏正则项，该稀疏项潜在地迫使约束函数具有唯一解，并且保证了输入 $\boldsymbol{x}_i$ 只由比较显著的特征模式来表示。输入特征向量 $\boldsymbol{x}_i$ 的稀疏编码激活量 $b_{i,j}$ 和基向量 $\boldsymbol{\varphi}_j$ 可以通过求解式（9.1）的优化问题来得到。当激活量 $b_{i,j}$ 和基向量 $\boldsymbol{\varphi}_j$ 同时变化时，不能单纯地用凸优化的方法来解决目标函数（9.1）的优化问题。然而，若固定基向量 $\boldsymbol{\varphi}_j$，目标函数是一个关于激活量 $b_{i,j}$ 的凸优化问题；若固定激活量 $b_{i,j}$，目标函数是一个关于基向量 $\boldsymbol{\varphi}_j$ 的凸优化问题。因此，采用交替迭代的优化求解方法[5, 6]就可以解决稀疏编码问题，即固定一个变量求解另一个变量，每个迭代过程分为两步：①首先固定基向量 $\boldsymbol{\varphi}$，调整激活量 $\boldsymbol{b}$ 使得式（9.1）最小；②然后固定激活量 $\boldsymbol{b}$，调整基向量 $\boldsymbol{\varphi}$ 使得目标约束函数最小。不断迭代，直至收敛，这样就可以找到一组能够良好表示样本特征的基向量了。

（2）编码过程：若给定新的样本特征 $\boldsymbol{x}_i$，由于训练阶段已求得基向量 $\boldsymbol{\varphi}$，则此时的稀疏编码约束函数可表示为

$$\min_{b} \sum_{i=1}^{K} \left\| \boldsymbol{x}_i - \sum_{j=1}^{N} b_{i,j} \boldsymbol{\varphi}_j \right\|^2 + \lambda \sum_{i=1}^{K} \sum_{j=1}^{N} \| b_{i,j} \|_{L_1} \tag{9.2}$$
$$\text{s.t.} \quad \| \boldsymbol{\varphi}_j \|^2 \leqslant c, \quad \forall j = 1, 2, \cdots, N$$

只需调整激活量 $b_{i,j}$ 使得式（9.2）最小，则此时的激活向量 $\boldsymbol{b}=(b_1,b_2,\cdots,b_n)\in\{0,1\}$ 就是这个输入特征的稀疏编码表示，即图像样本的非语义属性。基于稀疏编码的非语义属性学习算法流程如表 9.1 所示。

表 9.1　基于稀疏编码的非语义属性学习算法流程

基于稀疏编码的非语义属性学习算法
输入：训练样本和测试样本的底层特征 $\boldsymbol{x}$；权重衰减系数 λ。
步骤 1：将训练样本的底层特征 $\boldsymbol{x}$ 代入式（9.1）中，并随机初始化基向量 $\boldsymbol{\varphi}$；
循环
固定上一步的基向量 $\boldsymbol{\varphi}$，求解能够使式（9.1）最小化的激活量 $\boldsymbol{b}$；
固定上一步的激活量 $\boldsymbol{b}$，求解能够使式（9.1）最小化的基向量 $\boldsymbol{\varphi}$；
不断重复以上步骤直至收敛，求得一组能够良好表示样本特征的基向量 $\boldsymbol{\varphi}$；
步骤 2：将上一步求得的基向量 $\boldsymbol{\varphi}$ 及测试样本的底层特征 $\boldsymbol{x}$ 代入式（9.2）中；
步骤 3：调整激活量 $\boldsymbol{b}$ 使式（9.2）最小，此时的激活量即为测试样本的非语义属性；
输出：训练样本及测试样本的非语义属性。

9.3.3　基于混合属性的直接属性预测模型

将构造的混合属性应用于 DAP 模型，提出一种基于混合属性的 DAP（hybrid attribute-based DAP，HA-DAP）模型，并将其用于解决零样本图像分类问题。图 9.3 给出了 HA-DAP 的示意图，其中 $\boldsymbol{x}=(x^1,x^2,\cdots,x^d)$ 表示样本的 d 维底层特征，$\boldsymbol{a}$ 和 $\boldsymbol{b}$ 分别表示样本的语义属性与非语义属性，$\boldsymbol{y}=(y_1,y_2,\cdots,y_K)$ 表示训练样本类（可见类）的标签集合，$\boldsymbol{z}=(z_1,z_2,\cdots,z_L)$ 表示测试样本类（不可见类）的标签集合。用于训练的类别 $y_1,y_2,\cdots,y_K$ 和不可见的测试类别 $z_1,z_2,\cdots,z_L$ 与混合属性 $(a_1,a_2,\cdots,a_M;b_1,b_2,\cdots,b_N)$ 之间的关系通过一个二值矩阵给出，矩阵中的值表示对于一个给定的类别 y 或者 z，混合属性对于分类是有效的还是无效的（1 为有效，

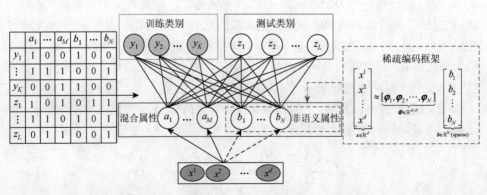

图 9.3　HA-DAP 示意图

0 为无效)。语义属性 $a_m \in \{0,1\}$ 是通过人工有监督给出的, 非语义属性 $b_n \in \{0,1\}$ 是在人工监督下通过稀疏编码学习得到的。混合属性预测模型主要分为两个部分: 语义属性预测部分和非语义属性预测部分。

在语义属性预测部分, 采用直接属性预测模型的思想, 将所有可见的 K 类样本的底层特征 $\boldsymbol{x} = (x^1, x^2, \cdots, x^d)$ 和语义属性标签 $\boldsymbol{a} = (a_1, a_2, \cdots, a_M) \in \{0,1\}$ 作为训练样本, 为每一个语义属性训练一个属性分类器。在测试阶段, 测试样本的底层特征 $\boldsymbol{x}$ 的有效语义属性 $\boldsymbol{a}$ 可以通过已训练好的属性分类器进行预测, 并用后验概率 $p(\boldsymbol{a}|\boldsymbol{x})$ 表征[7]:

$$p(\boldsymbol{a}|\boldsymbol{x}) = \prod_{m=1}^{M} p(a_m|\boldsymbol{x}) \tag{9.3}$$

根据贝叶斯定理, 可以得到从预测属性 $\boldsymbol{a}$ 到测试类标签 z 的表示:

$$p(z|\boldsymbol{a}) = \frac{p(z)}{p(\boldsymbol{a})} p(\boldsymbol{a}|z) \tag{9.4}$$

以判别式的方式确定测试类别 z 的属性分布:

$$p(\boldsymbol{a}|z) = \begin{cases} 1, & \boldsymbol{a} = \boldsymbol{a}^z \\ 0, & \text{其他} \end{cases} \tag{9.5}$$

那么, 从测试样本的底层特征 $\boldsymbol{x}$ 到测试样本类标签 z 的预测可以表示为

$$p(z|\boldsymbol{x}) = \sum_{\boldsymbol{a} \in \{0,1\}^M} p(z|\boldsymbol{a}) p(\boldsymbol{a}|\boldsymbol{x}) = \frac{p(z)}{p(\boldsymbol{a}^z)} \prod_{m=1}^{M} p(a_m^z|\boldsymbol{x}) \tag{9.6}$$

在式 (9.6) 中, 由于缺乏先验知识, 那么假设测试类别被分为任何类的概率值都是相等的, 则在进行测试类别标签预测时就可以忽略 $p(z)$ 的影响。至于 $p(\boldsymbol{a}) = \prod_{m=1}^{M} p(a_m)$, 其中 $p(a_m) = \frac{1}{K} \sum_{k=1}^{K} a_m^{y_k}$ 采用训练样本的属性概率作为先验属性。事实上, 先验属性对于分类的影响不大, 并且当 $p(a_m) = \frac{1}{2}$ 时的分类效果较好[1]。那么, $p(z|\boldsymbol{x})$ 可表示为

$$p(z|\boldsymbol{x}) = \sum_{\boldsymbol{a} \in \{0,1\}^M} p(z|\boldsymbol{a}) p(\boldsymbol{a}|\boldsymbol{x}) = \prod_{m=1}^{M} \frac{p(a_m^z|\boldsymbol{x})}{p(a_m^z)} \tag{9.7}$$

在非语义属性预测部分, 利用训练阶段学习的稀疏编码器对测试样本的非语义属性进行预测, 获得测试样本的非语义属性的后验概率 $p_b(\boldsymbol{b}|\boldsymbol{x})$:

$$p_b(\boldsymbol{b}|\boldsymbol{x}) = \prod_{n=1}^{N} p(b_n|\boldsymbol{x}) \tag{9.8}$$

获得非语义属性的后验概率后, 可由非语义属性与类别标签之间的关系获得从测试样本的底层特征到类别的预测, 过程与语义属性预测过程相同, 则可得到

$$p_b(\boldsymbol{z} \mid \boldsymbol{x}) = \sum_{\boldsymbol{b} \in \{0,1\}^N} p(\boldsymbol{z} \mid \boldsymbol{b}) p(\boldsymbol{b} \mid \boldsymbol{x}) = \prod_{n=1}^{N} \frac{p(b_n^z \mid \boldsymbol{x})}{p(b_n^z)} \tag{9.9}$$

在标签分配阶段，通过 MAP[8] 的方法来估计测试样本的类别标签：

$$f(\boldsymbol{x}) = \arg\max_{l=1,\cdots,L} \left\{ \prod_{m=1}^{M} \frac{p(a_m^{z_l} \mid \boldsymbol{x})}{p(a_m^{z_l})} + \prod_{n=1}^{N} \frac{p(b_n^{z_l} \mid \boldsymbol{x})}{p(b_n^{z_l})} \right\} \tag{9.10}$$

综上所述，基于 HA-DAP 模型的零样本图像分类算法如表 9.2 所示。

表 9.2　基于 HA-DAP 模型的零样本图像分类算法

基于混合属性的零样本图像分类算法
输入： 训练类 K 和测试类 L 的底层特征 $\boldsymbol{x}$ 与语义属性 $\boldsymbol{a}$。
步骤 1： 利用训练类的底层特征学习稀疏编码器，并利用稀疏编码器获得训练类和测试类的非语义属性 $\boldsymbol{b}$，由此便可以人工有监督地给出类别-非语义属性的二值矩阵；
步骤 2： 利用训练样本为每一个语义属性 $\boldsymbol{a}$ 学习一个分类器，并对测试样本的语义属性进行预测 $p(\boldsymbol{a} \mid \boldsymbol{x})$，然后根据式（9.7）获得从测试样本底层特征到标签的预测 $p(\boldsymbol{z} \mid \boldsymbol{x})$；
步骤 3： 利用步骤 1 学习的稀疏编码器对测试样本的非语义属性进行预测 $p_b(\boldsymbol{b} \mid \boldsymbol{x})$，根据式（9.9）获得从测试样本底层特征到标签的预测 $p_b(\boldsymbol{z} \mid \boldsymbol{x})$；
步骤 4： 对于测试样本，根据式（9.10）计算该样本属于不同类别的后验概率，将测试类别中使得后验概率最大的类别标签分配给测试样本；
输出： 测试样本的属性和类别标签。

9.4　实验结果与分析

9.4.1　实验设置

实验选取 OSR、Pub Fig 和 Shoes 数据集进行测试，关于数据集的详细介绍见 3.6.1 节。本实验重点讨论 HA-DAP 在零样本学习上的图像分类效果，对比方法为 DAP 模型。在每一个数据集上均进行多次零样本图像分类实验，每次实验选取不同的训练类和测试类进行分类实验。另外，为了消除随机因素对实验结果的影响，实验采取了 C_F^f 折交叉验证的方法（F 为数据集类别总数，f 为参与训练的类别数），交叉验证使得每次实验中几乎所有样本均参与模型训练，所得评估结果更加可靠。也就是说，在实验过程中，在 OSR 数据集和 Pub Fig 数据集上分别进行了 5 次 C_F^f 折交叉验证实验，即 $C_8^6 = 28$ 折、$C_8^5 = 56$ 折、$C_8^4 = 70$ 折、$C_8^3 = 56$ 折、$C_8^2 = 28$ 折；在 Shoes 数据集上进行 6 次 C_F^f 折交叉验证实验，即 $C_{10}^8 = 45$ 折、$C_{10}^7 = 120$ 折、$C_{10}^6 = 210$ 折、$C_{10}^5 = 252$ 折、$C_{10}^4 = 210$ 折、$C_{10}^3 = 120$ 折。

9.4.2　零样本图像分类实验

图 9.4 给出了在不同训练类别数的情况下，零样本图像分类精度与非语义属性维数 N 之间的关系曲线，其中 N 在 0～10 取值。值得指出的是，当 $N=0$ 时，HA-DAP 就退化为 DAP。由图 9.4 可以看出：随着训练类别数 f 的减少，DAP 和 HA-DAP 的零样本分类精度均有所降低。这是由于当训练类别数 f 减少时，参与训练的属性会减少，导致对于测试样本中出现而训练样本中没有出现的一些

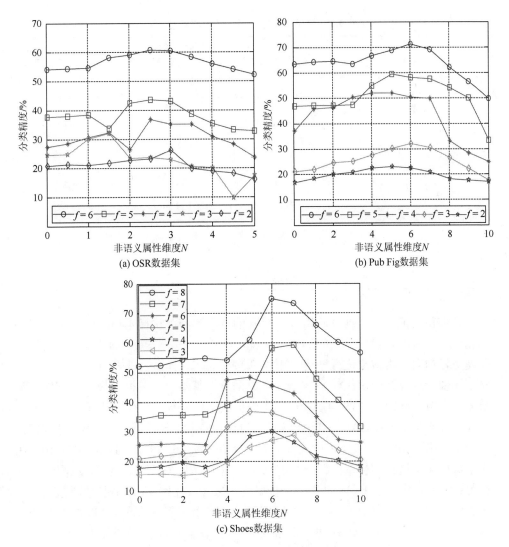

图 9.4　分类精度与非语义属性空间维数间关系曲线

属性（训练样本的属性空间无法涵盖测试样本的属性）的预测精度会偏低，进而导致在未见测试样本上的分类精度下降。

表 9.3 分别给出了 DAP 和 HA-DAP 在三个数据集上的零样本图像平均分类精度比较。由图 9.4 和表 9.3 可以看出：随着非语义属性维数 N 的增加，零样本图像的分类精度有先升高后下降的趋势。这是由于少量的非语义属性的参与可以有效地增加属性空间的差异性，进而提高分类精度。然而，随着非语义属性维数 N 的不断增加，过多的非语义属性反而会造成属性的冗余，进而造成分类精度的下降。

表 9.3　零样本图像分类平均分类精度比较　　　　　　　单位：%

模型		数据集		
		OSR	Pub Fig	Shoes
DAP		33.08	37.06	27.74
HA-DAP	$N=1$	33.38	39.45	28.37
	$N=2$	35.01	40.52	29.03
	$N=3$	35.60	41.35	28.91
	$N=4$	34.81	44.68	35.35
	$N=5$	37.60	46.67	40.33
	$N=6$	37.51	46.80	45.29
	$N=7$	33.63	45.57	43.97
	$N=8$	31.75	38.77	36.49
	$N=9$	30.20	34.89	31.95
	$N=10$	28.45	28.50	28.36

分类精度能够真实地反映出分类正确的样本数与测试样本总数的关系，但是不能反映误判率与灵敏度之间的关系。因此，实验中引入 ROC 曲线[9]下面积[10, 11]以便更好地对分类效果进行评价。由表 9.3 可知：①当 $N=6$ 时，在所有 11 个零样本图像分类算法中，HA-DAP 在三个数据集上基本上能够得到最高的平均分类精度；②当 $N=10$ 时，HA-DAP 在三个数据集上的零样本图像分类平均精度低于其他 9 种类型的 HA-DAP，甚至部分低于 DAP 的平均分类精度。考虑到代表性，此处仅给出 DAP、HA-DAP（$N=3$）、HA-DAP（$N=6$）和 HA-DAP（$N=10$）在三个数据集上进行零样本图像分类的 AUC 值柱状图，如图 9.5 所示，从图中可以看出：①3 种类型的 HA-DAP 在三个数据集上的 AUC 值均高于随机实验的 AUC 值（0.5）；②当 $N=3$ 和 $N=6$ 时，HA-DAP 的 AUC 值大多数高于 DAP 的 AUC 值，这是由于少量的非语义属性增加了属性空间的差异性和提高了分类精度；③当 $N=10$ 时，AUC 值有所减小，这是由于冗余的非语义属性降低了分类器的性能。

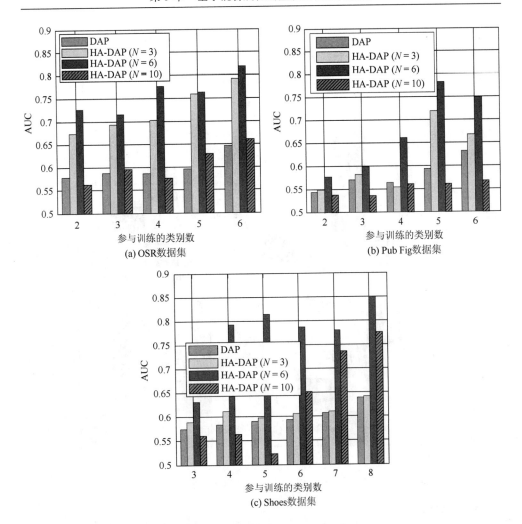

图 9.5　零样本图像分类 AUC 值

图 9.6～图 9.8 分别给出了当训练类别为 4 类（OSR 数据集和 Pub Fig 数据集）和 5 类（Shoes 数据集）时，DAP 模型和 HA-DAP 模型在三个数据集上的某次分类结果混淆矩阵[12]对比图。在混淆矩阵中，方块上的数字表示被分类的样本数量，并且方块的颜色越深，表示该类别样本分类正确数量越多。由图 9.2 可以看出：①由于高跟鞋和婚鞋的语义属性较为相似，DAP 模型难以正确区分这两类样本，如将所有 1138 幅 wedding-shoes 图像均错分为 high-heels；②由于额外引入了非语义属性，HA-DAP 模型能准确地识别部分 high-heels 和 wedding-shoes，对相似度较高的 high-heels 和 wedding-shoes 的分类正确率较 DAP 均有所提高。由图 9.6～图 9.8 可以得出与前面一样的结论：①当 $N=3$ 和 $N=6$ 时，在三个数据集混

淆矩阵的主对角线上，HA-DAP 正确分类的样本数多于 DAP，这是由于少量的非语义属性提高了分类器的性能；②当 $N = 10$ 时，HA-DAP 正确分类的样本数有所减少，甚至低于 DAP，这是由于冗余的非语义属性降低了分类器的性能。

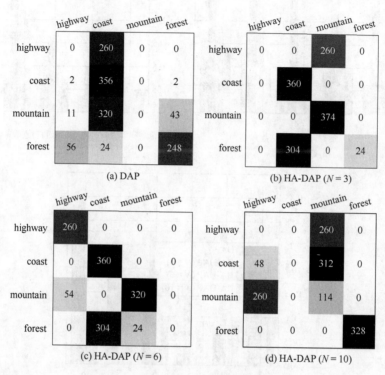

图 9.6　分类结果混淆矩阵（OSR 数据集）

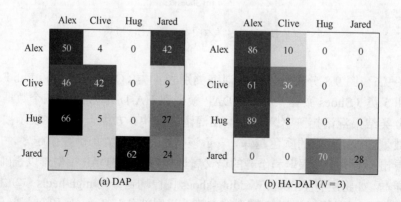

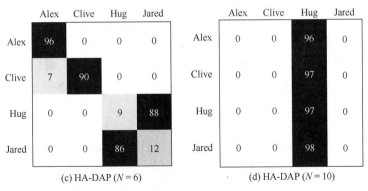

(c) HA-DAP ($N = 6$)　　　　　(d) HA-DAP ($N = 10$)

图 9.7　分类结果混淆矩阵（Pub Fig 数据集）

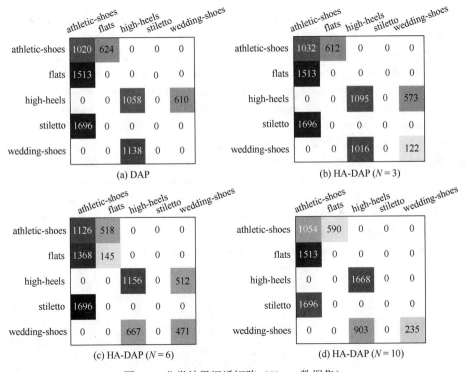

图 9.8　分类结果混淆矩阵（Shoes 数据集）

9.5　本章小结

现有的基于属性的零样本图像分类器模型均忽略了样本的底层特征，也就是说，仅根据样本的语义属性来确定测试类样本的类别标签。但是，对那些属性很相似的类别而言，语义属性就很难对它们进行区分。为此，考虑到属性的有限性，提出对样本的底层特征进行稀疏编码，将编码后的特征作为非语义属性并对有限的语义属性进行补充以组成混合属性。进一步，将构造的混合属性应用于 DAP，提出一种基于混合属性的零样本图像分类方法。将 HA-DAP 与 DAP 在三个数据集上进行了零样本图像分类实验，分类结果表明：由于非语义属性增加了语义属性的差异性，HA-DAP 在零样本图像分类中的分类性能优于 DAP。

参 考 文 献

[1]　Lampert C H，Nickisch H，Harmeling S. Learning to detect unseen object classes by between-class attribute transfer[C]//2009 IEEE Conference on Computer Vision and Pattern Recognition，Miami，2009：951-958.

[2]　石光明，刘丹华，高大化，等. 压缩感知理论及其研究进展[J]. 电子学报，2009，37（5）：1071-1078.

[3]　Sharmanska V，Quadrianto N，Lampert C H. Augmented attribute representations[C]//European Conference on Computer Vision，Berlin，2012：242-255.

[4]　亓晓振，王庆. 一种基于稀疏编码的多核学习图像分类算法[J]. 电子学报，2012，40（4）：773-779.

[5]　黄丽丽，肖亮，韦至辉. 彩色图像去马赛克的非局部稀疏表示方法[J]. 电子学报，2014，42（2）：272-279.

[6]　孙玉宝，韦志辉，肖亮，等. 多形态稀疏性正则化的图像超分辨率算法[J]. 电子学报，2010（12）：2898-2903.

[7]　Lampert C H，Nickisch H，Harmeling S. Attribute-based classification for zero-shot visual object categorization[J]. IEEE Transactions on Pattern Analysis and Machine Intelligence，2014，36（3）：453-465.

[8]　Zhang L，Zhang H，Shen H，et al. A super-resolution reconstruction algorithm for surveillance images[J]. Signal Processing，2010，90（3）：848-859.

[9]　Fawcett T. An introduction to ROC analysis[J]. Pattern Recognition Letters，2006，27（8）：861-874.

[10]　Lee W H，Gader P D，Wilson J N. Optimizing the area under a receiver operating characteristic curve with application to landmine detection[J]. IEEE Transactions on Geoscience and Remote Sensing，2007，45（2）：389-397.

[11]　Castro C L，Braga A P. Novel cost-sensitive approach to improve the multilayer perceptron performance on imbalanced data[J]. IEEE Transactions on Neural Networks and Learning Systems，2013，24（6）：888-899.

[12]　Marom N D，Rokach L，Shmilovici A. Using the confusion matrix for improving ensemble classifiers[C]//2010 IEEE 26th Convention of Electrical and Electronics Engineers in Israel，Eilat，2010：555-559.

第 10 章　基于关系非语义属性扩展的自适应零样本图像分类

在零样本学习场景下，基于语义属性学习的分类模型其分类效果很大程度上受限于属性的描述能力和涵盖能力。不同类别共享相同的属性，但相同的属性在不同的类别上其对应的特征空间往往不同，因此会导致域间差异问题。第 9 章利用稀疏编码方法获得非语义属性，进而构造混合属性。为解决属性表达能力与涵盖能力的不足和训练域与测试域的域间差异问题，本章提出基于关系非语义属性扩展的自适应零样本图像分类模型，采用弹性网约束的二阶字典优化方法对对象类的特征进行重构，生成对象类的关系非语义属性描述，提高属性表示的空间描述能力。结合领域自适应思想与字典学习映射关系，通过对映射函数的不断调整，解决领域间的差异问题的同时获得测试类别属性表示。进一步地利用属性与类别间的映射关系，实现零样本图像分类。

语义属性因其具有良好的语义性和可解释性能够被人类接受与理解，目前语义属性主要应用在图像分类领域，作为对象类的高层语言描述实现已知模式到未知模式间的知识传递及在图像的自动文本标注领域为对象类匹配提供更加详细的描述。在模式识别领域基于语义属性学习算法的效果在很大程度上受限于属性的描述能力和涵盖能力，因此为提高图像分类的效果，大量的研究集中在属性表达能力增强与属性扩展这两个方面，例如，Parikh 等[1]提出用人机交互的方式构建属性词典实现对象类的属性挖掘。Parkash 等[2]利用相对属性结合人机交互的反馈机制构建分类模型实现动作识别。Duan 等[3]提出利用条件随机场和推荐系统结合人机交互的方式生成对象类更细粒度的语义属性表示，使得分类模型能够识别更精细的子类识别。Felix 等[4]提出利用无监督方式生成高层特征表示，将该种高维信息定义为弱属性，利用弱属性解决语义属性涵盖信息不足的问题。Sharmanska 等[5]利用稀疏自动编码网络对底层特征进行重构生成属性的增强表示。以上针对属性表达能力改进的方法大都需要人工参与，虽然运用人机交互的方式在一定程度上节约人工属性标注的成本，但仍然需要人工的干预。利用机器自动挖掘的方式生成的属性增强表示方法中没有考虑语义属性与非语义属性的相关关系，生成的高维度的非语义属性信息存在一定的冗余，随着非语义属性维数的增多，分类模型的构建将更复杂，语义属性的作用将被覆盖，分类性能将呈现下降趋势。

作为对象类的共享语义表达空间，语义属性能够实现不同类别间的知识传递。但是对于不同的类别，同一属性的描述可能映射至不同的特征空间，例如，"猫"和"鱼"都具有"有尾巴"的这一属性，但其所对应的特征空间存在巨大的差别。零样本学习问题作为特殊的迁移学习场景，其目标域样本不具有类别标记。主流的直接属性预测模型和间接属性预测模型将特征与类别标签直接映射到共享语义空间，直接利用训练类别训练得到的属性分类模型应用到测试类。由于训练类别和测试类别是不相交的，源域与目标域具有不同的分布。因此，利用直接迁移的方法必然导致域间差异问题。这种领域间的差异性导致传统的基于属性学习的零样本图像分类算法在分类上的次优性。

　　针对上述问题，本章提出一种基于关系非语义属性扩展的自适应零样本图像分类方法。首先，采用弹性网约束的二阶字典优化方法对对象类的特征进行重构，生成对象类的关系非语义属性描述，将关系非语义属性与语义属性相结合，构建增强属性表示空间，实现属性涵盖能力的增强，提高属性表示的空间描述能力。其次，利用领域自适应的思想，将该增强属性表示空间作为测试域与训练域的共享空间，结合字典学习映射关系，对映射函数进行不断调整，使测试域与训练域在共享增强属性空间上的分布差异最小。最后，结合属性与类别的映射关系，利用间接属性预测模型实现测试域中的测试样本的标签预测。

10.1　系　统　结　构

　　基于关系非语义属性扩展的自适应零样本图像分类系统结构图如图 10.1 所示，阶段 I 为关系非语义属性生成阶段，旨在利用弹性网约束的二阶优化字典模型重构所有对象类特征，不仅生成对象类的非语义属性表示，而且进一步生成非语义属性与对象类间的对应关系，关系非语义属性表示能够在保证增强属性表示

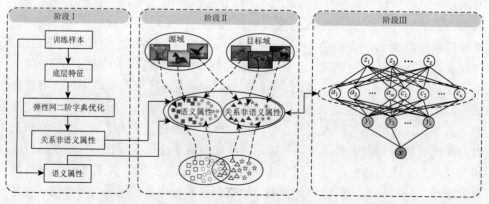

图 10.1　基于关系非语义属性扩展的自适应零样本图像分类系统结构图

的同时挖掘非语义属性间的相关关系，同时在二阶优化字典的过程中去除语义属性与非语义属性间的冗余信息，从而获得稀疏的更具表达能力的关系非语义属性。阶段 II 为解决领域差异问题阶段，结合字典学习映射关系，将所有对象类的特征映射到属性空间，通过对映射函数的不断调整，解决领域间的差异问题。阶段 III 为零样本分类阶段，利用阶段 III 获取的增强属性表示和阶段 II 构建的领域自适应模型，根据在增强属性空间得到的映射函数值，实现图像属性预测，再根据属性与类别间的映射关系实现测试域中的测试样本的标签预测。

10.2　关系非语义属性获取

通过弹性网约束的二阶优化字典模型重构所有对象类特征，通过交替优化的方式生成相应的字典表示和稀疏系数。首先将语义属性与字典学习得到的非语义属性相组合，结合二阶优化过程生成字典表示，同时结合弹性网正则化约束挖掘特征间相关性得到稀疏系数，该稀疏系数即为关系非语义属性。

假设数据集包含 N 个样本，其底层特征可以由 $X = (x_1, \cdots, x_n, \cdots, x_N) \in \mathbb{R}^{N \times D}$ 表示，特征字典为 $\boldsymbol{\Phi}_b = \{\boldsymbol{\varphi}_{b1}, \boldsymbol{\varphi}_{b2}, \cdots, \boldsymbol{\varphi}_{bU}\}$，相应的稀疏系数为 $\boldsymbol{b} = \{\boldsymbol{b}_1, \boldsymbol{b}_2, \cdots, \boldsymbol{b}_U\} \in \{0, 1\}$，$\tilde{x}_i \approx \sum_{i=1}^{U} \boldsymbol{b}_i \boldsymbol{\varphi}_{bi}$ 表示重构底层特征，基于弹性网约束的目标函数可以表示为

$$\min_{\Phi_b, b_i} \sum_{i=1}^{N} \{\| x_i - \boldsymbol{\Phi}_b \boldsymbol{b}_i \|^2 + \lambda_1 \| \boldsymbol{b}_i \|_1 + \lambda_2 \| \boldsymbol{b}_i \|_2^2\} \tag{10.1}$$

式中，λ_1 和 λ_2 为非负正则化约束系数；$\| \boldsymbol{b}_i \|_1$ 和 $\| \boldsymbol{b}_i \|_2$ 分别为稀疏系数 $\boldsymbol{b}_i$ 的 Lasso 正则化约束和岭回归正则化约束。当 $\lambda_1 = 0$ 时式（10.1）仅具有岭回归约束使得稀疏系数 $\boldsymbol{b}_i$ 能够选择出相似性较高的特征，当 $\lambda_2 = 0$ 时式（10.1）仅具有 Lasso 约束使得稀疏系数 $\boldsymbol{b}_i$ 能够保持良好的稀疏性，λ_1 的取值越大 $\boldsymbol{b}_i$ 越稀疏。由于 l_1 和 l_2 范数的共同作用约束，保证输入特征能够由具有相关性的字典表示和稀疏系数来重构。

显然，基于弹性网约束的目标函数包含两个需要优化的量，因此通过二阶优化字典模型交替优化求解目标函数。优化过程分三个步骤。

（1）固定稀疏系数 $\boldsymbol{b}_i$，目标函数转化为

$$\min_{\Phi_b} \sum_{i=1}^{N} \| x_i - \boldsymbol{\Phi}_b \boldsymbol{b}_i \|^2 \tag{10.2}$$

调节特征字典 $\boldsymbol{\Phi}_b$ 使得目标函数最小。

（2）固定特征字典 $\boldsymbol{\Phi}_b$，目标函数转化为

$$\min_{b_i} \sum_{i=1}^{N} \{\| \boldsymbol{x}_i - \boldsymbol{\Phi}_b \boldsymbol{b}_i \|^2 + \lambda_1 \| \boldsymbol{b}_i \|_1 + \lambda_2 \| \boldsymbol{b}_i \|_2^2 \} \qquad （10.3）$$

调节稀疏系数 $\boldsymbol{b}_i$ 使得目标函数最小。

（3）将语义属性矩阵 $\boldsymbol{a}_i$ 和稀疏系数 $\boldsymbol{b}_i$ 重构为稀疏矩阵 $\boldsymbol{c}_i = [\boldsymbol{a}_i \ \boldsymbol{b}_i]$，相应的特征字典为 $\boldsymbol{\Phi}_c = \{\boldsymbol{\varphi}_{c1}, \boldsymbol{\varphi}_{c2}, \cdots, \boldsymbol{\varphi}_{cU}\}$，因此目标函数转化为

$$\min_{\boldsymbol{\Phi}_c} \sum_{i=1}^{N} \| \boldsymbol{x}_i - \boldsymbol{\Phi}_c \boldsymbol{c}_i \|^2 \qquad （10.4）$$

调节特征字典 $\boldsymbol{\Phi}_c$ 使得目标函数最小，不断迭代至收敛，获得二阶优化后的特征字典 $\boldsymbol{\Phi}_c$。因此对于任何新输入的样本，结合基于弹性网约束的二阶优化字典模型训练得到特征字典 $\boldsymbol{\Phi}_c$，利用重构误差最小化的思想，进一步地，可以得到相应的稀疏表示 $\boldsymbol{c}_i$，其目标函数定义为

$$\min_{c_i} \sum_{i=1}^{N} \{\| \boldsymbol{x}_i - \boldsymbol{\Phi}_c \boldsymbol{c}_i \|^2 + \lambda_1 \| \boldsymbol{c}_i \|_1 + \lambda_2 \| \boldsymbol{c}_i \|_2^2 \} \qquad （10.5）$$

式中，稀疏表示 $\boldsymbol{c} = \{\boldsymbol{c}_1, \boldsymbol{c}_2, \cdots, \boldsymbol{c}_U\} \in \{0,1\}$ 为输入样本的关系非语义属性，具体学习算法流程如表 10.1 所示。

表 10.1　关系非语义属性学习算法流程

关系非语义属性获取算法
输入：所有对象类的底层特征 $\boldsymbol{x}$；非负正则化约束系数 λ_1 和 λ_2。
步骤 1：将所有对象类的底层特征 $\boldsymbol{x}$ 输入目标函数（10.1）中，随机初始稀疏系数 $\boldsymbol{b}_i$。
步骤 2：
循环
固定稀疏系数 $\boldsymbol{b}_i$，调节特征字典 $\boldsymbol{\Phi}_b$ 使得目标函数最小，获得特征字典 $\boldsymbol{\Phi}_b$；
固定上一步获得的特征字典 $\boldsymbol{\Phi}_b$，调节稀疏系数 $\boldsymbol{b}_i$ 使目标函数最小，获得稀疏系数 $\boldsymbol{b}_i$；
将稀疏表示系数重构为 $\boldsymbol{c}_i$，调节特征字典 $\boldsymbol{\Phi}_c$ 使目标函数最小，获得二阶优化后的特征字典 $\boldsymbol{\Phi}_c$；
步骤 3：将二阶优化后的特征字典 $\boldsymbol{\Phi}_c$ 及新样本的底层特征 $\boldsymbol{x}$ 代入目标函数（10.5）中。
步骤 4：调节稀疏系数 $\boldsymbol{c}_i$ 获得特征重构稀疏表示。
输出：对象类的关系非语义属性 $\boldsymbol{c}_i$。

10.3　域间自适应关系映射

在零样本学习场景下，数据集被分为 K 类训练类别和 G 类测试类别，训练类别表示为 $\boldsymbol{Y} = \{y_1, y_2, \cdots, y_k\}$，测试类别表示为 $\boldsymbol{Z} = \{z_1, z_2, \cdots, z_g\}$，并且有 $\boldsymbol{Y} \bigcap \boldsymbol{Z} = \varnothing$。

数据集语义属性空间表示为 $A = \{a_1, a_2, \cdots, a_m\} \in \{0,1\}$，关系非语义属性空间表示为 $C = \{c_1, c_2, \cdots, c_u\} \in \{0,1\}$，因此增强属性空间表示定义为 $A \bigcup C = \{a_1, a_2, \cdots, a_m, c_1, c_2, \cdots, c_u\} \in \{0,1\}$，$M + U = O$ 表示增强属性空间维度，训练域表示为 $\boldsymbol{D}_{tr} = \{\boldsymbol{x}_{tr}, y_{tr}\}_1^{|D_{tr}|}$，其中每个样本相应的类别标签已知，测试域表示为 $\boldsymbol{D}_{te} = \{\boldsymbol{x}_{te}, z_{te}\}_1^{|D_{te}|}$，其中每个样本的类别标签未知，为保证算法的可靠性，一般令 $|\boldsymbol{D}_{tr}| \gg |\boldsymbol{D}_{te}|$，训练和测试样本的特征与其相应的类别标签的联合分布可分别表示为 $P(\boldsymbol{x}, y)$ 和 $P(\boldsymbol{x}, z)$，领域差异问题可以定义 $P(\boldsymbol{x}, y) \neq P(\boldsymbol{x}, z)$，因此不能将训练得到的模型直接应用到测试样本上，为解决这种领域间的差异问题，将训练域和测试域的特征向量根据字典学习映射模型映射到类别间共享的增强属性空间，使得训练域与测试域在共享增强属性上的分布差异最小，从而实现特征空间的变换，使得 $P(\boldsymbol{x}', y) \approx P(\boldsymbol{x}', z)$。域间自适应关系映射主要分以下两个过程。

1）构建训练域的字典学习映射模型

将已知标签样本的底层特征映射到增强属性空间，此时字典学习中的稀疏表示系数为训练样本对应的属性向量 $\boldsymbol{\beta}_{tr} = P[(\boldsymbol{a} \bigcup \boldsymbol{c}) | \boldsymbol{x}_{tr}]$，训练域的特征字典表示为 $\boldsymbol{\Phi}_{tr}$，因此目标函数为

$$\boldsymbol{\Phi}_{tr} = \min_{\boldsymbol{\Phi}_{tr}} \| \boldsymbol{X}_{tr} - \boldsymbol{\Phi}_{tr} \boldsymbol{\beta}_{tr} \|_F^2 + \lambda_3 \| \boldsymbol{\Phi}_{tr} \|_F^2 \qquad (10.6)$$

式中，λ_3 为正则化系数，用于调节约束项的强弱。

2）构建测试域的字典学习映射模型

将未知标签样本的底层特征映射到增强属性空间，此时字典学习中的稀疏表示系数为测试样本对应的属性向量 $\boldsymbol{\beta}_{te}$，测试域的特征字典表示为 $\boldsymbol{\Phi}_{te}$，因未知标签的样本其具有的属性表示是未知的，为了解决领域差异问题需要引入自适应正则化项，目标函数为

$$\{\boldsymbol{\Phi}_{te}, \boldsymbol{\beta}_{te}\} = \min_{\boldsymbol{\Phi}_{te}, \boldsymbol{\beta}_{te}} \| \boldsymbol{X}_{te} - \boldsymbol{\Phi}_{te} \boldsymbol{\beta}_{te} \|_F^2 + \lambda_4 \| \boldsymbol{\Phi}_{te} - \boldsymbol{\Phi}_{tr} \|_F^2 \qquad (10.7)$$

同样对于该目标函数需要利用交替优化的方式进行求解，优化过程如下所示。

（1）固定稀疏系数 $\boldsymbol{\beta}_{te}$，目标函数转化为

$$\boldsymbol{\Phi}_{te}^* = \arg\min_{\boldsymbol{\Phi}_{te}} \| \boldsymbol{X}_{te} - \boldsymbol{\Phi}_{te} \boldsymbol{\beta}_{te} \|_F^2 + \lambda_4 \| \boldsymbol{\Phi}_{te} - \boldsymbol{\Phi}_{tr} \|_F^2 \qquad (10.8)$$

（2）固定特征字典 $\boldsymbol{\Phi}_{te}$，目标函数转化为

$$\boldsymbol{\beta}_{te}^* = \min_{\boldsymbol{\beta}_{te}} \| \boldsymbol{X}_{te} - \boldsymbol{\Phi}_{te} \boldsymbol{\beta}_{te} \|_F^2 \qquad (10.9)$$

综上所述，域间自适应关系映射算法流程如表 10.2 所示。

表 10.2　域间自适应关系映射算法流程

域间自适应关系映射算法

输入：训练类的底层特征 $X_{tr} = \{x_1, x_2, \cdots, x_k\}$，测试类的底层特征 $X_{te} = \{x_1, x_2, \cdots, x_g\}$，类间共享增强属性空间 $A \cup C = \{a_1, a_2, \cdots, a_m, c_1, c_2, \cdots, c_u\} \in \{0,1\}$，非负正则化约束系数 λ_3 和 λ_4。

步骤 1：将训练类的底层特征 X_{tr} 输入传统的 IAP 模型生成对应的属性表示 $P[(a \cup c) | x_{tr}]$，初始化 $\beta_{tr} = P[(a \cup c) | x_{tr}]$，由式（10.6）求得相应的特征字典 Φ_{tr}。

步骤 2：

循环

　　固定稀疏系数 β_{te}，调节特征字典 Φ_{te} 使得目标函数最小，获得特征字典 Φ_{te}^*；

　　固定上一步获得的特征字典 Φ_{te}^*，调节稀疏系数 β_{te} 使得目标函数最小，获得稀疏系数 β_{te}^*；

输出：测试类对应的属性预测值 $\beta_{te}^* = P[(a \cup c) | x_{te}]$。

10.4　关系非语义属性扩展的自适应零样本图像分类

　　基于关系非语义属性扩展的自适应零样本图像分类模型如图 10.2 所示，利用传统的 IAP 模型框架解决零样本分类问题，该模型分别由底层特征层、可见类别标签层、共享属性空间层和不可见类别标签层表示。共享属性空间层利用 10.2 节学习的关系非语义属性和语义属性共同集合而成，训练阶段可见标签的底层特征层与共享属性空间的映射关系由传统的 IAP 模型训练得到，测试阶段利用 10.2 节构建的域间自适应关系映射模型得到测试类对应的属性预测值。

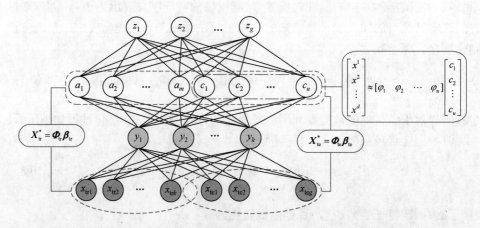

图 10.2　基于关系非语义属性扩展的自适应零样本图像分类模型

　　根据域间自适应关系映射模型已经得到测试类对应的属性预测值 $P[(a \cup c) | x_{te}]$，零样本学习场景下的标签预测过程如下所示。

由属性与类别间的关系矩阵实现由可见类别的后验分布推算不可见类别的概率分布:

$$p(z \mid \boldsymbol{x}_{\text{te}}) = \sum_{\boldsymbol{a} \bigcup \boldsymbol{c} \in \{0,1\}} p[z \mid (\boldsymbol{a} \bigcup \boldsymbol{c})^z] p[(\boldsymbol{a} \bigcup \boldsymbol{c})^z \mid \boldsymbol{x}_{\text{te}}]$$

$$= \frac{p(z)}{p[(\boldsymbol{a} \bigcup \boldsymbol{c})^z]} \prod_{o=1}^{O} p[(\boldsymbol{a} \bigcup \boldsymbol{c})_o^z \mid \boldsymbol{x}_{\text{te}}] \qquad (10.10)$$

在标签分配阶段,通过最大后验分布,预测测试类标签:

$$f(\boldsymbol{x}_{\text{te}}) = \underset{g=1,\cdots,G}{\arg\max}\, p(z \mid \boldsymbol{x}_{\text{te}}) = \underset{g=1,\cdots,G}{\arg\max} \prod_{o=1}^{O} \frac{p[(\boldsymbol{a} \bigcup \boldsymbol{c})_o^{z_g} \mid \boldsymbol{x}_{\text{te}}]}{p[(\boldsymbol{a} \bigcup \boldsymbol{c})_o^{z_g}]} \qquad (10.11)$$

10.5　实验结果与分析

10.5.1　实验设置

为验证基于关系非语义属性扩展的自适应零样本图像分类算法的有效性,在 Shoes 数据集和 OSR 数据集上进行相关验证实验。为验证算法的鲁棒性,消除随机因素对实验结果的影响,采用 $C_{G+K}^{\tilde{K}} = \eta$ 折交叉验证,其中 $G + K$ 为测试类别和训练类别的总数, $\tilde{K}$ 为参与训练的类别数。为方便计算,从 Shoes 数据集中选取所有类别前 1000 个样本构成新的样本集合,从 OSR 数据集中选取所有类别前 200 个样本构成新的样本集合。在零样本分类实验过程中在 OSR 数据集上进行了 5 次交叉验证实验,分别是 $C_8^6 = 28$ 折、 $C_8^5 = 56$ 折、 $C_8^4 = 70$ 折、 $C_8^3 = 56$ 折、 $C_8^2 = 28$ 折;在 Shoes 数据集上进行 7 次交叉验证实验,即 $C_{10}^8 = 45$ 折、 $C_{10}^7 = 120$ 折、 $C_{10}^6 = 210$ 折、 $C_{10}^5 = 252$ 折、 $C_{10}^4 = 210$ 折、 $C_{10}^3 = 120$ 折、 $C_{10}^2 = 45$ 折。

10.5.2　参数分析

基于关系非语义属性扩展的自适应零样本图像分类共涉及四个正则化参数,分别为 λ_1 、 λ_2 、 λ_3 和 λ_4 。通过经验取值验证得到模型对正则化参数 λ_3 和 λ_4 不敏感。因此需集中讨论参数 λ_1 和 λ_2 对模型的影响。为确定最优参数 λ_1 和 λ_2 ,采用网格搜索法估计最优参数,将正则化参数 λ_1 和 λ_2 的取值范围分别设置为 {0.05, 0.1, 0.15, 0.2, 0.3} 和 {0.01, 0.1, 0.5, 1, 1.5},选择 Shoes 数据集中的 10000 幅图像和 OSR 数据集中的 1600 幅图像进行实验,顺序给出对应参数变量组合 $\{\lambda_1, \lambda_2\}$,对于每一个参数组合 $\{\lambda_1, \lambda_2\}$,分别进行分类实验,判断不同的 $\{\lambda_1, \lambda_2\}$ 参数取值下获得的识别精度,逐一比较择优,获得最优的正则化参数。由于选取学习维度不同,所以对应的最优正则化参数组合是不同的,图 10.3 分别给出在 Shoes 数据集上、学习维度为 5 维的关系非语义属性和在 OSR 数据集上、学习维度为 6 维的关系非语义属性时的平均识别率。

图 10.3（a）和（b）分别是在 Shoes 数据集和 OSR 数据集上平均识别率随两个正则化参数变化的柱状图，固定 λ_1 的取值，两个数据集多数存在平均识别率随着 λ_2 的变大呈先增大后减小的趋势；同样固定 λ_2 的取值，两个数据集多数存在平均识别率随着 λ_1 的变大呈先增大后减小的趋势。因此在 Shoes 数据集上，获取 5 维的关系非语义属性时，正则化参数 λ_1 和 λ_2 的取值分别是 0.1 与 0.1；在 OSR 数据集上，获取 6 维的关系非语义属性时，正则化参数 λ_1 和 λ_2 的取值分别是 0.15 与 0.5。

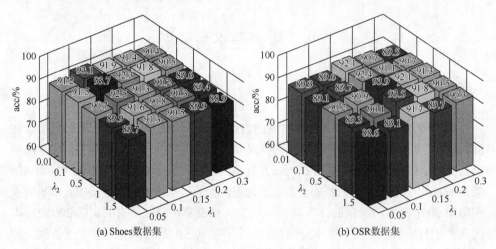

(a) Shoes数据集　　　　　　　　　　(b) OSR数据集

图 10.3　不同 λ_1、λ_2 取值下的平均识别率

10.5.3　关系非语义属性字典分析

关系非语义属性字典的维度会影响生成的关系非语义属性的维度，关系非语义属性的维度在一定程度上会影响最终的分类效果。如图 10.4 所示，分别给出在 OSR 数据集和 Shoes 数据集上获取不同维度的关系非语义属性在训练类别数目变化时的零样本图像分类精度曲线图，其中 Shoes 数据集和 OSR 数据集分别采用 7 次 η 折和 5 次 η 折交叉验证。因所使用的两个数据集包含的语义属性维数分别是 6 维和 10 维，故关系非语义属性维度最大设为 $U=10$。当 $U=0$ 时，模型退化为间接属性预测模型。

如图 10.4 所示，在 OSR 数据集和 Shoes 数据集上当关系非语义属性维度分别为 $U=4$ 和 $U=5$ 时在不同训练类别数目情况下均获得最高零样本分类精度。

由图 10.4 可知：①在关系非语义属性维度固定时，随着训练类别数目的减少，零样本分类精度呈现下降趋势，由于训练类别数较少时，未知模式从已知模式获取的有效知识将会减少,从而导致零样本图像分类精度的降低;②在训练类别数目固定时,随着关系非语义属性维度的增加,零样本分类精度总体上呈现先增长后下降的趋势,关系非语义属性维度增加同时增强了属性空间表示,为不可见模式提供更多的先验知识,增强了不同类别属性空间的差异性和涵盖能力,但当关系非语义属性维度增加到一定程度时,关系非语义属性将会覆盖语义属性空间,冗余的信息会干扰分类器的分类从而导致分类精度下降。

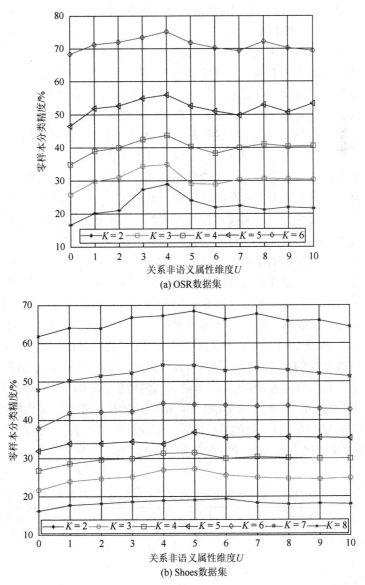

(a) OSR数据集

(b) Shoes数据集

图 10.4 不同训练类别数下的关系非语义属性维度与零样本分类精度关系

10.5.4 零样本图像分类实验

基于关系非语义属性扩展的自适应零样本图像分类（ARN-IAP）模型不仅利用弹性网约束的二阶字典优化模型获取关系非语义属性，而且结合领域自适应的思想，将关系非语义属性与数据集的语义属性组合构成训练域与测试域的共享增强属性表示空间，解决领域间的差异问题。为验证模型在零样本图像分类上的有效性，同时为验证弹性网约束的二阶字典优化模型能够提取更具有判别力的关系非语义属性，以及验证自适应模型能够解决领域差异问题从而提高模型分类精度，因此在 Shoes 数据集和 OSR 数据集上设置以下几种对比实验。

（1）传统的间接属性预测模型，利用多类支持向量机训练得到多类分类器，再经由语义属性与类别间的相关关系实现零样本图像分类，记作 IAP[6]。

（2）基于无监督领域自适应的零样本图像分类模型，利用正则化稀疏编码解决零样本图像分类的领域差异问题，实现零样本图像分类，记作 UDA[7]。

（3）基于领域自适应的间接属性预测模型，将领域自适应思想与间接属性模型直接结合，实现零样本图像分类，记作 DA-IAP。

（4）非语义属性扩展的间接属性预测模型，利用稀疏编码训练得到不同维度的非语义属性，将非语义属性与语义属性相结合构成增强属性空间，通过间接属性预测模型实现零样本图像分类，记作 N-IAP。

（5）关系非语义属性的间接属性预测模型，利用弹性网约束的二阶字典优化模型获取不同维度的关系非语义属性，将关系非语义属性与语义属性相结合构成增强属性空间，通过间接属性预测模型实现零样本图像分类，记作 RN-IAP。

如表 10.3 和表 10.4 所示，分别在 Shoes 数据集和 OSR 数据集上给出 6 种模型零样本图像分类的平均分类识别率（acc，%）。其中 IAP、DA-IAP 和 UDA 模型没有非语义属性的加入，因此只在非语义属性维度 $U=0$ 时存在零样本图像平均分类识别率，同样，N-IAP、RN-IAP 和 ARN-IAP 存在非语义属性维度变化，因此给出不同非语义属性维度下的零样本图像平均分类识别率。N-IAP 和 RN-IAP 在 $U=0$ 时模型将退化为 IAP，ARN-IAP 在 $U=0$ 时将退化为 DA-IAP。

表 10.3 零样本图像平均分类识别率（Shoes 数据集）

U	0	1	2	3	4	5	6	7	8	9	10
IAP	34.90	—	—	—	—	—	—	—	—	—	—
DA-IAP	35.64	—	—	—	—	—	—	—	—	—	—
UDA	37.09	—	—	—	—	—	—	—	—	—	—

续表

U	0	1	2	3	4	5	6	7	8	9	10
N-IAP	—	30.74	32.24	33.69	33.47	34.82	35.25	35.94	35.93	33.78	30.47
RN-IAP	—	36.25	36.80	38.69	37.74	39.15	37.68	37.72	37.30	37.29	36.89
ARN-IAP	—	37.20	37.71	39.59	38.49	39.61	39.06	39.19	38.73	38.48	38.05

表 10.4　零样本图像平均分类识别率（OSR 数据集）

U	0	1	2	3	4	5	6	7	8	9	10
IAP	38.39	—	—	—	—	—	—	—	—	—	—
DA-IAP	39.92	—	—	—	—	—	—	—	—	—	—
UDA	41.65	—	—	—	—	—	—	—	—	—	—
N-IAP	—	39.72	40.11	42.05	42.78	41.15	41.71	39.58	40.53	37.95	36.69
RN-IAP	—	40.47	40.99	44.59	45.71	41.52	39.54	42.44	39.71	40.77	41.23
ARN-IAP	—	42.42	43.33	46.50	47.74	43.58	42.12	44.22	42.39	42.69	42.96

　　由表 10.3 和表 10.4 可知：①随着关系非语义属性维数 U 的增加，零样本图像的分类精度总体呈先升高后下降的趋势。这是由于关系非语义属性的参与有效地增加了属性空间的差异性，随着关系非语义属性维数的增加，过多的非语义属性反而会造成属性的冗余，导致分类精度的下降；②本章提出的 ARN-IAP 在零样本图像分类上的平均分类精度优于对比的四类实验；③相较于 N-IAP，RN-IAP 利用弹性网约束及二阶字典优化训练得到的关系非语义属性在零样本图像分类上取得更好的分类精度，验证了关系非语义属性具有更加优越的判别性；④ARN-IAP相较于 DA-IAP 和 UDA 在零样本图像分类上取得更好的分类结果，验证了关系非语义属性的加入使得属性空间的涵盖能力及判别能力得到了增强。

　　利用混淆矩阵这一可视化工具对 IAP、DA-IAP、N-IAP、RN-IAP、UDA 和ARN-IAP 进行零样本分类性能评价。在零样本图像分类实验中，为方便统计和对比，4 类测试类均选取其前 1000 个样本进行实验。在混淆矩阵中，测试类的真实类别和分类模型预测的类别利用矩阵的形式进行汇总，其对角线元素值表示真实类别与预测类别相同的情况，即测试类别样本被分类模型实际分对的个数。如图 10.5所示，分别给出 Shoes 数据集上，当测试类别为 4 类时在 6 种模型上的混淆矩阵对比图。由图 10.5 可知，ARN-IAP 测试样本分类准确率虽然在个别类别上略逊于RN-IAP，但在总体上仍取得较高的测试样本分类准确率。

　　随着机器学习技术的发展，实际问题对分类模型的性能评价标准提出新的需求，特别地，当不同类别的样本数存在巨大偏差时，仅依靠分类精确度这一标准已无法正确评估分类模型性能的优劣。因此实验引入受试者工作特征曲线（receiver operating characteristic curve，ROC 曲线）和曲线下面积（area under curve，AUC）作为模型性能的评价标准。ROC 曲线其横坐标为假阳性率（false positive rate，FPR），纵坐标为真阳性率（true positive rate，TPR）。根据分类模型在测试样本上的分类效果可以得到相应的 FPR 和 TPR，从而画出该分类模型的 ROC 曲线。曲线越靠近图形的左上方说明模型的分类性能越好，此时 AUC 的取值为 0.5～1，FPR = TPR 的直线表示简单随机猜测模型，其相应 AUC 值为 0.5。如图 10.6 和图 10.7 所示，在 Shoes 数据集和 OSR 数据集上使用 ROC 曲线和对应的 AUC 值对 IAP、DA-IAP、N-IAP、RN-IAP、UDA 和 ARN-IAP 模型的某次零样本图像分类性能进行评价。

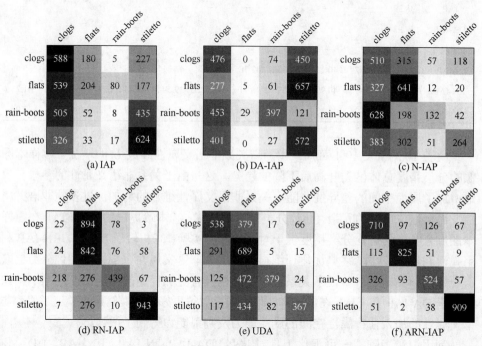

图 10.5　零样本分类结果混淆矩阵

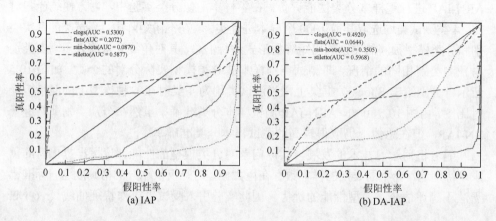

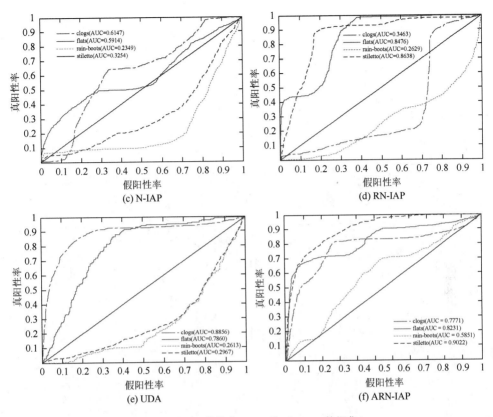

图 10.6　ROC 曲线与 AUC 值（Shoes 数据集）

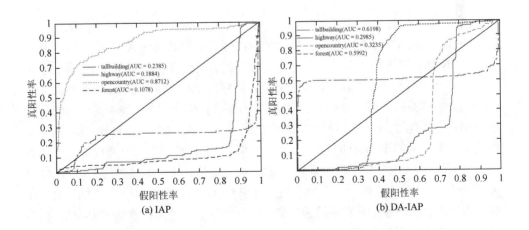

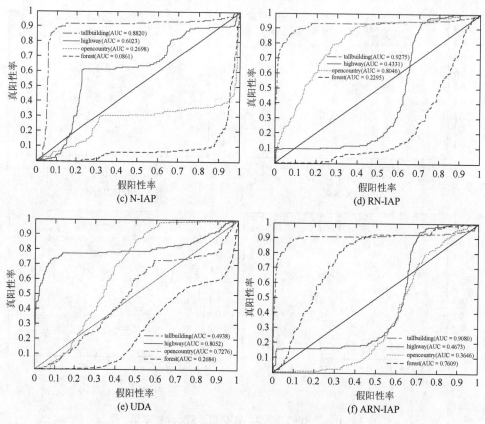

图 10.7　ROC 曲线与 AUC 值（OSR 数据集）

由图 10.6 和图 10.7 可以看出：①ARN-IAP 在 Shoes 数据集 4 个测试类别上获得的 ROC 曲线均靠近图片左上角，对应在每一个测试类的 AUC 值均大于 0.5，说明 ARN-IAP 在零样本图像分类上具有良好的分类性能；在 OSR 数据集上 4 个测试类别上有两类 ROC 曲线靠近左上角，其对应 AUC 值大于 0.5，虽然在其他两类的分类效果有所降低，但在同等条件下相较于其他几个模型，其总体的分类性能仍具有优越性。②对于经典的 IAP 模型，在 Shoes 数据集和 OSR 数据集上获得的 4 类测试类的平均 AUC 值大多小于 0.5，说明 IAP 模型的分类性能逊于简单随机猜测模型。ARN-IAP 模型在两个数据集上获得的 4 类测试类的平均 AUC 值大多大于 0.5。在验证模型了有效性的同时说明 ARN-IAP 模型相较于 IAP 模型在零样本图像分类问题上具有明显的优势，同时相较于其他几种模型 ARN-IAP 模型总体上在零样本图像分类问题上获得较好的分类效果。

为验证每类训练样本数量的变化对零样本图像分类结果的影响，图 10.8（a）和（b）分别给出在 Shoes 数据集和 OSR 数据集上在不同的关系非语义属性维度下每类训练类别选取不同样本个数情况下得到的零样本图像分类的平均分类识别率（acc，%），其中 Shoes 数据集每个训练类分别选取 1000 个、750 个、500 个和 250 个样本，OSR 数据集每个训练类分别选取 250 个、200 个、150 个和 100 个样本。

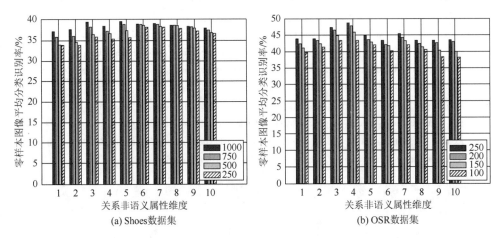

图 10.8　训练类样本数对零样本图像平均分类识别率的影响

由图 10.8 中可以看出，虽然在个别情况下零样本图像平均分类识别率出现波动，但在大部分情况下，随着训练类样本个数的减少，在不同的关系非语义属性维度上，模型的零样本图像平均分类识别率总体呈下降趋势。

10.6　本　章　小　结

针对零样本学习场景下的属性标签数量不足问题及测试域与训练域的分布差异问题，提出一种基于关系非语义属性扩展的自适应零样本图像分类模型。该模型首先采用弹性网约束的二阶字典优化方法对对象类的特征进行重构，学习对象类的关系非语义属性，将该关系非语义属性与数据集标定的语义属性相结合构成增强属性表示空间，解决属性标签数量不足的问题，然后利用字典学习映射关系，通过不断地调整映射函数，实现测试域与训练域在属性空间上分布差异最小化，缓解领域差异问题，最后结合间接属性预测模型映射关系有效地提高了零样本图像分类精度。

参 考 文 献

[1]　Parikh D，Grauman K. Interactively building a discriminative vocabulary of nameable attributes[C]//Proceedings of the IEEE Computer Society Conference on Computer Vision and Pattern Recognition，Colorado，2011：1681-1688.

[2]　Parkash A，Parikh D. Attributes for classifier feedback[C]//European Conference on Computer Vision，Berlin，

2012：354-368.

[3]　　Duan K，Parikh D，Crandall D，et al. Discovering localized attributes for fine-grained recognition[C]//Proceedings of the IEEE Computer Society Conference on Computer Vision and Pattern Recognition，Providence，2012：3474-3481.

[4]　　Felix X Y，Ji R，Tsai M H，et al. Weak attributes for large-scale image retrieval[C]//Proceedings of the IEEE Computer Society Conference on Computer Vision and Pattern Recognition，Providence，2012：2949-2956.

[5]　　Sharmanska V，Quadrianto N，Lampert C H. Augmented attribute representations[C]//European Conference on Computer Vision，Berlin，2012：242-255.

[6]　　Lampert C，Nickisch H，Harmeling S. Attribute-based classification for zero-shot visual object categorization[J]. IEEE Transactions on Pattern Analysis and Machine Intelligence，2014：36（3）：453-465.

[7]　　Kodirov E，Xiang T，Fu Z，et al. Unsupervised domain adaptation for zero-shot learning[C]//Proceedings of the IEEE International Conference on Computer Vision，Santiago，2015：2452-2460.

第 11 章　基于多任务扩展属性组的零样本图像分类

　　在零样本图像分类过程中，分类器的精度很大程度上受限于属性标签的数量。在已有的利用属性相关性提高属性分类器精度的方法中，属性的相关性会导致分类器在相关属性上出现误分现象。第 9 章和第 10 章分别通过稀疏编码和二阶字典优化方法对语义属性进行了扩展。为解决属性标签数量不足及相关属性对分类干扰的问题，本章提出基于多任务扩展属性组的方法将类别标签作为扩展属性，联合学习属性和类别标签，解决属性标签标注不足问题。将相似性较大的属性和类别分别分组，构建基于组的多任务学习模型，结合结构化稀疏方法，使得组内信息共享，约束特征在组间的共享。挖掘类别-类别相关关系，构建类别关系矩阵，将该矩阵作为先验知识，使不可见类别利用常见类别知识进行学习，提高分类器的泛化性能和分类效果。

　　在日常生活中某些对象是频繁出现的，如小汽车、金鱼等。相应的有些对象鲜有出现，如厢式车、蝾螈等。在分类问题中，对于常见对象往往有大量标记数据，但是对于稀有对象标记样本并不充分，这种偏差分布频繁出现于生活中的各个领域。

　　在人类学习中，对于未曾见过的对象，人类可以从对象的描述性特征辨识出对象的类别，这种描述性特征就是指属性。在计算机视觉领域，关于属性的应用已经非常广泛，利用属性所含有的丰富语义信息作为对象的高层语义描述可弥补对象类信息不足。属性将作为一个中间量，起到已知模式和未知模式之间知识传递的作用，在一定程度上解决了零样本学习问题。

　　在已有的属性学习的方法中，关于相关知识先验刻画的研究成为主流的方向。Wang 等[1]提出利用互信息和树结构图的方法对属性-属性关系与属性-类别标签关系进行先验知识挖掘。Rohrbach 等[2]借助于外在的语义知识库来挖掘对象类和属性之间的语义关系。Song 等[3]利用属性相关性扩展属性表示，进而提高分类器泛化性。以上方法均利用预先统计获得先验知识，并且属性分类器的设计往往是独立的，这在一定程度上限制了对属性相关的先验知识的利用。于是，Liu 等[4]利用多任务学习框架，挖掘属性相关关系，但是在利用属性相关性时，属性分类器有可能学习到其相关属性而非属性本身。例如，"有条纹的""黄色"是一组相关属性，当分类器学习"黄色"这一属性时，有可能学习到"有条纹的"这一属性。Mahajan 等[5]假设所有属性和类别在特征空间共享一定的特征结构，并利用基于 $l_{2,1}$

范数正则化的多任务学习方法选择属性和类别共享特征，由于属性间的关系是不同的，其共享的底层特征空间应该是不同的，这种直接提取共享特征的方法存在缺陷。Jayaraman 等[6]利用多任务学习框架和属性分组的思想，潜在挖掘属性相关关系消除歧义属性，但在零样本学习过程中，其结果受到属性标签数量影响。

在基于属性学习的分类模型中，往往依赖人工标注好的属性，通过判断样本与属性的关系对样本进行分类。因而分类效果及应用范围很大程度上取决于属性标签的准确性和涵盖范围，目前已有的数据库可用属性标签极其有限。Felix 等[7]提出弱属性概念进而扩展属性表示，弱属性由机器自动生成，很少或者无须人工参与，但是从语义上游方向看，弱属性与检索者之间交互存在着限制，不具有很好的人机交互能力。样本类别与属性在某种意义上说是两个相似的概念，例如，当一个目标类具有"有腿的，有头的，有皮毛的"这些属性时，该类属于"狗"这一类别的概率大于属于"鱼"这一类别的概率。同样，已知一个目标类的类别，可以推断出该类别具有的属性。

属性相关性作为一种知识先验，广泛地应用于传统的属性分类器训练模型中。由于在训练过程中独立训练每个属性分类器，并且相关属性往往对应相似的特征空间，在很大程度上会造成相关属性误分现象。基于属性学习的零样本图像分类模型，其分类效果很大程度上取决于属性标签的准确性和涵盖范围。

针对上述问题，本章提出基于多任务扩展属性组的零样本图像分类方法，首先联合学习属性和类别标签，将类别标签嵌入属性空间，用以解决属性标签标注不足问题。其次，将相似性较大的属性和类别分别成组，构建基于组的多任务学习模型，并结合结构化稀疏方法，对学习到的参数矩阵进行稀疏化，挖掘不同任务之间隐藏的共同数据特征，构建组内信息共享模型，约束特征在组间的共享性，对样本特征进行选择和重构。然后，挖掘类别-类别相关关系，构建类别关系矩阵，将该矩阵当作一种先验知识，用于不可见样本的学习。最后，结合属性与类别关系，实现不可见样本的预测。

11.1　系　统　结　构

基于多任务属性组的零样本学习模型主要思路是利用共同学习取代原有的为每个属性独立训练分类器的独立学习，联合属性和类别标签，将类别标签看作属性标签的扩展，结合分组的思想，挖掘潜在的属性和类别相关关系，消除歧义属性，进而提高分类器的泛化性能和分类效果。基于多任务属性组扩展的零样本图像分类结构图如图 11.1 所示。主要包括 3 个步骤。

（1）多任务扩展属性组分类器训练。在模型训练过程中对于训练数据集，人工将语义相似的属性和类别分组，为简单起见假设每个属性和类别只在一组中出现，避免重叠现象。利用多任务学习思想，构建分类器模型，并结合结构化稀疏方法，对参数矩阵进行稀疏，使得同一组内共享信息，挖掘潜在属性和类别相关关系，减少不同组之间信息共享性，消除歧义属性和类别。

（2）类别-类别矩阵构建。通过计算类别向量间的相似度，构建类别-类别关系矩阵，并将其作为零样本测试时的先验知识，实现类别间知识迁移。

（3）零样本图像分类。根据训练得到的多任务扩展属性组模型，结合类别-类别关系矩阵和类别-属性关系矩阵，基于最大似然估计实现零样本图像分类。

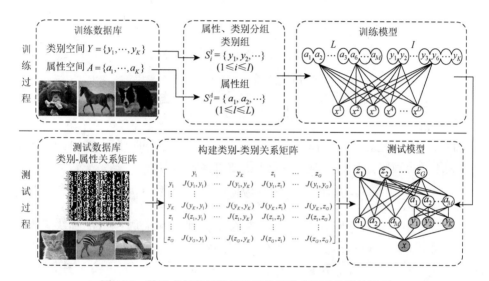

图 11.1　基于多任务属性组扩展的零样本图像分类结构图

11.2　多任务扩展属性组训练模型

多任务扩展属性组训练模型是将类别标签看作属性标签的扩展，并将语义相似的属性标签和类别标签分别成组，利用多任务学习和结构化稀疏方法构建的一个组内特征共享与组间约束共享的分类模型，其模型框架如图 11.2 所示。

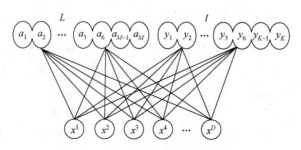

图 11.2　多任务扩展属性组训练模型

假定 $X = (x_1, \cdots, x_n, \cdots, x_N) \in \mathbb{R}^{N \times D}$ 为训练样本集，$x_n \in \mathbb{R}^{1 \times D}$，$Y = \{y_1, \cdots, y_k, \cdots, y_K\}$ 为包含 K 类的训练类别空间，y_k 表示样本的类别标签，属性集为 $A = \{a_1, \cdots, a_m, \cdots, a_M\}$。将类别标签看作属性扩展标签，属性标签与类别标签同等看待，于是训练样本将被重组为 $\{(x, a), y\}$。具体建模过程分析如下。

设属性标签和类别标签分为 L 组与 I 组，有 $H = L + I$，$\{S_l^A\}_{l=1}^L$ 表示属性标签的 L 个分组，为避免重叠现象假设每个属性标签只在组中出现一次，即

$$S_l^A \bigcap S_{l'}^A = \varnothing, \quad l \neq l'$$
$$\text{s.t.} \bigcup_{l=1}^L S_l^A = \{a_1, a_2, \cdots, a_M\} \tag{11.1}$$

类似地，$\{S_i^Y\}_{i=1}^I$ 表示类别标签的 I 个分组，有

$$S_i^Y \bigcap S_{i'}^Y = \varnothing, \quad i \neq i'$$
$$\text{s.t.} \bigcup_{i=1}^I S_i^Y = \{y_1, y_2, \cdots, y_K\} \tag{11.2}$$

将每一个属性和类别看作一个任务，因此该模型需同时学习 $Q = M + K$ 个任务。利用逻辑回归分类器，模型的损失函数可以表示为

$$L(X, A, Y; W) = \sum_{q,n} (1 + \exp([1 - 2(A \bigcup Y)_{nq}] x_n w_{\cdot q}) \tag{11.3}$$

式中，$(A \bigcup Y)_{nq}$ 表示分别针对样本的属性和类别标签求取模型的损失函数，$W = (w_{\cdot 1}, \cdots, w_{\cdot q}, \cdots, w_{\cdot Q}) \in \mathbb{R}^{D \times Q}$ 表示输入图像特征层与属性及扩展属性标签层之间的权重，矩阵 W 的第 q 列 $w_{\cdot q} = (w_{1q}, \cdots, w_{dq}, \cdots, w_{Dq})^T \in \mathbb{R}^D$ 表示输入图像特征层与第 q 个任务间的连接权重，$w_{dq} = 0$ 表示特征 d 对相应的属性或者类别是无效的。因此，目标函数表示为

$$W^* = \underset{W}{\arg \min}\, L(X, A, Y; W) = \underset{W}{\arg \min} \sum_n \sum_q \| (A \bigcup Y)_{nq} - x_n w_{\cdot q} \|_2 \tag{11.4}$$

式中，W^* 是模型的最优参数矩阵。利用结构化稀疏方法对矩阵 W 加以约束，在挖掘同组任务内部共享特征的同时约束特征在组间的共享性，对样本特征进行选择和重构。因此，在式（11.4）中引入 $l_{2,1}$ 范数来约束矩阵 W。

$$W^* = \underset{W}{\arg \min} \sum_n \sum_h \| (A \bigcup Y)_{nh} - x_n w_{\cdot, S_h} \|_2 + \lambda \sum_d \sum_h \| w_{d, S_h} \|_2 \tag{11.5}$$

式中，惩罚因子 λ 用于平衡损失项和模型复杂度；$w_{d\cdot}$ 表示矩阵 W 的第 d 行；$\{S_h\}_{h=1}^{L+I} = \{S_i^Y\}_{i=1}^I \bigcup \{S_l^A\}_{l=1}^L$ 表示类别组和属性组集合；w_{d, S_h} 表示特征 d 与第 h 个组 S_h 之间的连接权重向量。

首先计算矩阵每一行的 l_2 范数，再将每一列堆叠计算其 l_1 范数，从而使矩阵元素稀疏的同时行稀疏，所有任务共享特征。由于分组的存在，需对每一个分组进行叠加，因此再次利用 l_1 范数，约束特征在组间的共享。混合范数正则化得到

的目标函数是一个凸非平滑非平凡函数，首先利用文献[8]中的方法，将式（11.5）等价为

$$W^* = \arg\min_W \sum_n \sum_h \|(A\cup Y)_{nh} - x_n w_{\cdot,s_h}\|_2 + \lambda\left(\sum_d \sum_h \|w_{d,s_h}\|_2\right)^2 \quad (11.6)$$

正则化矩阵是正的，开方代表平滑单调映射，使得优化更加简单。然后利用文献[9]中的方法，引入变量 $\sigma_{d,h}$ 将式（11.6）混合范数正则化等价为加权 l_2 范数正则化：

$$\left(\sum_d \sum_h \|w_{d,s_h}\|_2\right)^2 \leqslant \sum_d \sum_h \frac{(\|w_{d,s_h}\|_2)^2}{\sigma_{d,h}} \quad (11.7)$$

式中，虚拟变量 $\sigma_{d,h}$ 满足：

$$\sigma_{d,h} = \frac{\|w_{d,s_h}\|_2}{\sum_d \sum_h \|w_{d,s_h}\|_2}, \quad \sigma_{d,h} \geqslant 0, \quad \sum_d \sum_h \sigma_{d,h} = 1 \quad (11.8)$$

最终的目标函数表示为

$$W^*, \sigma^* = \arg\min_W \sum_n \sum_h \|(A\cup Y)_{nh} - x_n w_{\cdot,s_h}\|_2 + \lambda \sum_d \sum_h \frac{\left(\|w_{d,s_h}\|_2\right)^2}{\sigma_{d,h}} \quad (11.9)$$

$$\text{s.t.} \quad \sigma_{d,h} \geqslant 0, \sum_d \sum_h \sigma_{d,h} = 1$$

与文献[10]的方法相同，通过交替优化 $\sigma_{d,h}$ 和 W 来最小化目标函数。首先将 W 固定，根据 $\sigma_{d,h} = \dfrac{\|w_{d,s_h}\|_2}{\sum_d \sum_h \|w_{d,s_h}\|_2}$ 更新 $\sigma_{d,h}$；然后保持 $\sigma_{d,h}$ 不变，引入 D 维对角矩阵 Λ 进行变量代换，矩阵 Λ 的第 d 个对角元素为 $\sum_h w_{d,s_h}/\sigma_{d,h}$，则根据 $w_{\cdot q} = (X^\mathrm{T}X + \lambda\Lambda)X^\mathrm{T}(A\cup Y)_{nq}$ 更新 W 直至函数收敛。

11.3　类别-类别关系矩阵构建

在传统的属性预测模型中，由训练样本学得属性分类器后，测试样本经由属性分类器被赋予一定的属性值，最后经过属性-类别标签映射被分配到类别标签。在这一过程中属性-类别关系矩阵是当作先验知识给出的。因此利用类别相关性，挖掘类别标签之间的相关信息，构建类别-类别关系矩阵，将类间相关信息作为先验知识，实现可见样本知识到不可见样本的迁移。由于相似的类别共享相似的属性空间，因此可以利用属性空间表征对应的类别。采用杰卡德相关系数衡量类别-类别间关联程度，构建类别-类别关系矩阵。

设矩阵 $\boldsymbol{Y} = \{y_1, \cdots, y_k, \cdots, y_K\}$ 与 $\boldsymbol{Z} = \{z_1, \cdots, z_g, \cdots, z_G\}$ 分别表示可见样本类别矩阵和不可见样本类别矩阵,其中 K 和 G 分别代表可见样本和不可见样本类别个数。属性-类别关系矩阵为 $\boldsymbol{F} = [\boldsymbol{f}^1; \boldsymbol{f}^2; \cdots; \boldsymbol{f}^P]$ 的二值矩阵,其中 $\boldsymbol{f}^p = [a_1^p, a_2^p, \cdots, a_m^p]$,$P = K + G$。利用属性-类别关系矩阵对类别进行表征,则有 $\boldsymbol{Y}_k = \{\boldsymbol{f}^k\} = [a_1^k, a_2^k, \cdots, a_m^k]$,$\boldsymbol{Z}_g = \{\boldsymbol{f}^g\} = [a_1^g, a_2^g, \cdots, a_m^g]$。两个类别间的杰卡德相关性系数记作 $J(\boldsymbol{Y}_k, \boldsymbol{Z}_g)$,定义如下:

$$J(\boldsymbol{Y}_k, \boldsymbol{Z}_g) = \frac{|\boldsymbol{Y}_k \cap \boldsymbol{Z}_g|}{|\boldsymbol{Y}_k \cup \boldsymbol{Z}_g|} = \frac{|\boldsymbol{f}^k \cap \boldsymbol{f}^g|}{|\boldsymbol{f}^k \cup \boldsymbol{f}^g|} \tag{11.10}$$

当矩阵 $\boldsymbol{f}^k, \boldsymbol{f}^g$ 中的值均为 0 时,定义 $J(\boldsymbol{Y}_k, \boldsymbol{Z}_g) = 1$。显然有 $0 \leqslant J(\boldsymbol{Y}_k, \boldsymbol{Z}_g) \leqslant 1$,$J(\boldsymbol{Y}_k, \boldsymbol{Z}_g)$ 的值越大表示两个类别的相似程度越大。定义 A_{11} 表示类别 $\boldsymbol{Y}_k, \boldsymbol{Z}_g$ 中相应位置属性值均为 1 的个数;A_{10} 表示类别 $\boldsymbol{Y}_k$ 的属性值为 1,类别 $\boldsymbol{Z}_g$ 的属性值为 0 的个数;A_{01} 表示类别 $\boldsymbol{Y}_k$ 的属性值为 0,类别 $\boldsymbol{Z}_g$ 的属性值为 1 的个数;A_{00} 表示类别 $\boldsymbol{Y}_k, \boldsymbol{Z}_g$ 中相应位置属性值均为 0 的个数。则有

$$J(\boldsymbol{Y}_k, \boldsymbol{Z}_g) = \frac{A_{11}}{A_{11} + A_{10} + A_{01}} \tag{11.11}$$

从而得到类别-类别关系矩阵:

$$\begin{bmatrix} & y_1 & \cdots & y_K & z_1 & \cdots & z_G \\ y_1 & J(y_1, y_1) & \cdots & J(y_1, y_K) & J(y_1, z_1) & \cdots & J(y_1, z_G) \\ \vdots & \vdots & & \vdots & \vdots & & \vdots \\ y_K & J(y_K, y_1) & \cdots & J(y_K, y_K) & J(y_K, z_1) & \cdots & J(y_K, z_G) \\ z_1 & J(z_1, y_1) & \cdots & J(z_1, y_K) & J(z_1, z_1) & \cdots & J(z_1, z_G) \\ \vdots & \vdots & & \vdots & \vdots & & \vdots \\ z_G & J(z_G, y_1) & \cdots & J(z_G, y_K) & J(z_G, z_1) & \cdots & J(z_G, z_G) \end{bmatrix} \tag{11.12}$$

11.4　基于多任务扩展属性组的零样本分类

利用多任务学习共同学习了属性分类器和多类分类器模型,结合两种经典的属性预测模型的特点,多任务扩展属性组零样本分类模型如图 11.3 所示,具体学习过程如下所示。

在训练阶段:利用多任务扩展属性组模型训练分类器,一方面对图像特征 $\boldsymbol{x}$ 及属性 a_m^y 进行训练,得到属性 $\boldsymbol{a}_m$ 的后验概率为 $P(\boldsymbol{a}_m | \boldsymbol{x})$,另一方面获得训练样本与可见类别 $\boldsymbol{Y} = \{y_1, \cdots, y_k, \cdots, y_K\}$ 之间的关系 $p(y_k | \boldsymbol{x})$,假定后验概率服从阶乘分布,因此可以得出图像特征与属性间的关系及图像特征与可见类别的关系:

$$P(\boldsymbol{a}\,|\,x)=\prod_{m=1}^{M}P(\boldsymbol{a}_m\,|\,x)$$

$$P(y\,|\,x)=\prod_{k=1}^{k}P(y_k\,|\,x) \tag{11.13}$$

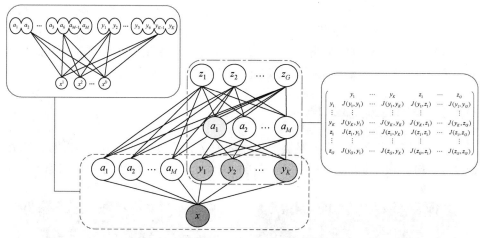

图 11.3　多任务扩展属性组零样本分类模型

在测试阶段，通过类别-属性关系及类别-类别关系来实现从训练类别标签的后验分布来推知未见样本类标签的概率分布，即

$$p(z\,|\,\boldsymbol{x})=\sum_{a\in\{0,1\}^{M}}\sum_{k}p(z\,|\,\boldsymbol{a}\bigcup y)p(\boldsymbol{a}\bigcup y\,|\,\boldsymbol{x})$$

$$=\frac{p(z)}{\prod_{k=1}^{K}\prod_{m=1}^{M}p(\boldsymbol{a}_m\bigcup y_k)}\prod_{k=1}^{K}\prod_{m=1}^{M}p(\boldsymbol{a}_m\bigcup y_k\,|\,\boldsymbol{x}) \tag{11.14}$$

式中，$(\boldsymbol{a}\bigcup y\,|\,\boldsymbol{x})$ 表示分别求取图像特征与属性间的关系及图像特征与可见类别的关系，同样 $(z\,|\,\boldsymbol{a}\bigcup y)$ 表示分别得到属性与不可见类别间的先验知识与可见类别与不可见类别间的先验知识。

最后利用最大后验概率，把测试样本分类到 $\boldsymbol{Z}=\{z_1,z_2,\cdots,z_g\}$ 中：

$$f(\boldsymbol{x})=\arg\max_{g=1,\cdots,G}\prod_{k=1}^{K}\prod_{m=1}^{M}\left(\frac{p(\boldsymbol{a}_m^{z_g}\bigcup y_k^{z_g}\,|\,\boldsymbol{x})}{p(\boldsymbol{a}_m^{z_g}\bigcup y_k^{z_g})}\right) \tag{11.15}$$

11.5　实验结果与分析

11.5.1　实验设置

为验证基于多任务扩展属性组（multi-task extended attribute group，MG-IAP）

的零样本图像分类模型的有效性,在 Shoes 数据集和 AWA 数据集上进行验证实验。在实验过程中,为方便计算和比较,从 Shoes 数据集中选取所有 10 个类别相应的前 1000 个样本构成新的样本集合,使用数据集提供的 Gist 特征和颜色特征构成 990 维的特征空间,并使用数据集提供的 10 种属性构成样本属性空间。在 AWA 数据集上,因第 12 个类别 mole 只有 92 个样本,故除该类外的其余 49 个类别均选取相应的前 100 个样本和 mole 这一类别的 92 个样本构成新的样本集合,使用数据集提供的由 19 层深度卷积神经网络得到的 4096 维的 VGG19 特征构成样本的特征空间,并使用数据集提供的 85 种属性构成样本属性空间。

11.5.2 类别关系矩阵构建

利用杰卡德相关性系数衡量类别-类别间关联程度,分别在 AWA 数据集和 Shoes 数据集上构建相应的类别关系矩阵,其类别关系矩阵如图 11.4 所示。如图 11.4(a)

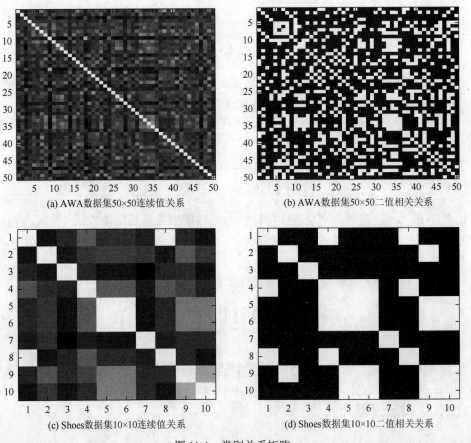

(a) AWA数据集50×50连续值关系

(b) AWA数据集50×50二值相关关系

(c) Shoes数据集10×10连续值关系

(d) Shoes数据集10×10二值相关关系

图 11.4 类别关系矩阵

和（c）分别给出 AWA 数据集 50 个对象类间和 Shoes 数据集 10 个对象类间的连续值相关关系矩阵，越白表示两者相关程度越高，越黑表示两者相关程度越低。图 11.4（b）和（d）分别给出 AWA 数据集 50 个对象类间和 Shoes 数据集 10 个对象类间的二值相关关系，黑色表示二者不相关，白色表示二者相关，其二值化程度与类间相关性阈值的选取有关。

由图 11.4 可知，共享相似属性空间的类别间具有相关性，通过杰卡德相关性系数衡量类别间的相关关系可获得类间关系矩阵。将该关系矩阵作为先验知识实现了可见样本到不可见样本的知识迁移。在接下来的实验中将利用类间相关性阈值取 0.5 时生成的二值类别关系矩阵实现类间关系映射。

11.5.3　类别与属性分组构建

对于 AWA 数据集，属性的分组已经由数据集给出，如图 11.5 所示，其中 81 个属性被分为 9 个属性组，另外 4 个属性 "smelly" "newworld" "oldworld" "arctic" 将每个属性单独视为一组。对于 AWA 数据集的 50 个对象类别和 Shoes 数据集的 10 个对象类及 10 个属性，利用 K 均值无监督聚类算法实现类别的分组和属性的分组，K 均值的初始值由经验取值得到。如图 11.6 所示，将 Shoes 数据集的 10 个对象类分为 3 个类别组。如图 11.7 所示，将 Shoes 数据集对象类所对应的 10 个属性分为 3 个类别组。如图 11.8 所示，将 AWA 数据集的 50 个对象类分为 8 个类别组。

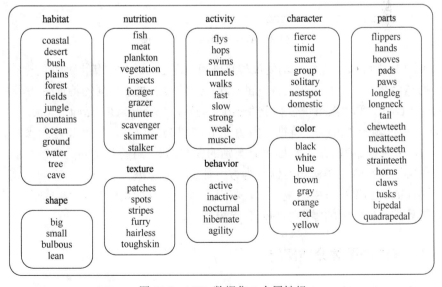

图 11.5　AWA 数据集 9 个属性组

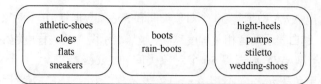

图 11.6　Shoes 数据集 3 个类别组（10 个对象类）

图 11.7　Shoes 数据集 3 个类别组（10 个属性）

图 11.8　AWA 数据集 8 个类别组

由图 11.7 可知，利用 K 均值聚类算法可实现 Shoes 数据集上属性的聚类，同一组的属性在语义上存在相关性，属于同一组的属性共享相同的特征空间，例如，"bright in color" 和 "shiny" 依赖于 "color" 特征，"pointy at the front" "open" "high at hell" 等依赖于 "shape" 特征。由图 11.6 和图 11.8 可知，利用 K 均值聚类算法实现 Shoes 数据集和 AWA 数据集上类别的聚类，同一组的类别间具有较强的相关性，聚类结果符合人类认知习惯。为方便计算，避免属性和类别标签的重叠，每一个属性或类别仅在组中出现一次，将以上预处理好的属性分组和类别分组应用到多任务扩展属性组的零样本图像分类模型中。

11.5.4　零样本图像分类实验

在 Shoes 数据集和 AWA 数据集上进行零样本图像分类实验。采用 $C_{G+K}^{\tilde{K}} = \eta$ 折交叉验证，其中 $G+K$ 为测试类别和训练类别的总数，$\tilde{K}$ 为参与训练的类别数。实验过程中，针对 Shoes 数据集进行 6 次交叉验证实验，即 $C_{10}^8 = 45$ 折、$C_{10}^7 = 120$ 折、$C_{10}^6 = 210$ 折、$C_{10}^5 = 252$ 折、$C_{10}^4 = 210$ 折、$C_{10}^3 = 120$ 折。为简化运算，针对 AWA 数据集，选择黑猩猩（chimpanzee）、大熊猫（giant + panda）、豹子（leopard）、波斯猫（persian + cat）、猪（pig）、河马（hippopotamus）、座头鲸（humpback + whale）、浣熊（raccoon）、鼠（rat）和海豹（seal）作为备选测试类别，在数据集提供的 50 个类别中，每次随机从备选测试类中选取相应数目的类别作为测试类，其余类别构成训练类别，进行 6 次交叉验证，即 $C_{10}^0 = 1$ 折、$C_{10}^1 = 10$ 折、$C_{10}^2 = 45$ 折、$C_{10}^3 = 120$ 折、$C_{10}^4 = 210$ 折、$C_{10}^5 = 252$ 折。

为验证 MG-DAP 模型在零样本图像分类问题上的有效性，同时验证类别标签作为扩展属性能够有效地解决属性标签标注不足问题，以及验证利用结构化稀疏方法构建的基于组的多任务学习模型能够获得更具判别力的重构特征，在 Shoes 数据集和 AWA 数据集上进行零样本图像分类实验，并设置以下几种对比实验。

（1）传统的直接属性预测模型，为每一种属性构建独立属性分类器，经由属性与类别间的相关关系结合最大后验概率实现零样本图像分类，记作 DAP[11]。

（2）基于多任务属性组的直接属性预测模型，使用多任务学习框架与属性分组结合逻辑回归损失函数和 $l_{2,1}$ 正则化约束构建多任务属性组模型，结合属性与类别间相关关系实现零样本图像分类，记作 DE-DAP[6]。

（3）基于自动属性关系学习的零样本图像分类模型，利用协方差矩阵对属性关系进行建模，在属性分类器学习的同时自动挖掘属性间的相关关系，记作 ARL[4]。

（4）基于多任务共享特征选择的直接属性预测模型，使用多任务学习框架结合逻辑回归损失函数和 $l_{2,1}$ 正则化约束构建多任务共享特征选择模型，结合属性与类别间相关关系实现零样本图像分类，记作 RE-DAP。

如图 11.9 所示，分别在 Shoes 数据集和 AWA 数据集上给出四种模型在不同训练类别数情况下的零样本图像分类的平均分类精度。由图 11.9 可知：①在两个数据集上不同的模型随着训练类别数的增多其零样本图像分类的平均精度总体呈上升趋势，这是由于训练类别的增多带来更多有利于测试类别分类的知识。在 Shoes 数据集上这种上升趋势较为明显，因其样本类别数较少，且类间相关性较强，每增加一类训练类能够提供有效信息帮助测试类别的分类。在 AWA 数据集上这种上升趋势较为平缓，因样本类别数较多，新增训练样本并不一定对测试样本的分类起到正面作用；②相较属性关系自学习的 ARL 模型，RE-DAP 在零样本图像分类上取得较差的分类效果。这是因为多任务共享特征选择方法在挖掘属性正相关性的同时破坏了属性间的差异性，使得属性预测出现误分现象，从而降低了零样本图像分类的平均精度。ARL 模型从数据中自动学习属性间的正相关和负

相关关系，有助于提高零样本图像分类精度；③相较于 DAP、DE-DAP，MG-DAP
总体取得较好的分类效果。这是由于两种模型均采用多任务学习和属性分组的共同
学习方式，取代了原有的为每个属性独立训练分类器的独立学习，这说明两种分类
模型在挖掘属性间的相关关系和消除歧义属性上具有一定的优越性；④MG-DAP
在零样本图像分类效果上大多优于 DE-DAP 和 ARL 模型。这是由于 MG-DAP 联
合学习属性和类别标签，将类别标签看作属性标签的扩展结合类别与类别间相关
关系，在一定程度上弥补了属性标签信息不足的缺点。

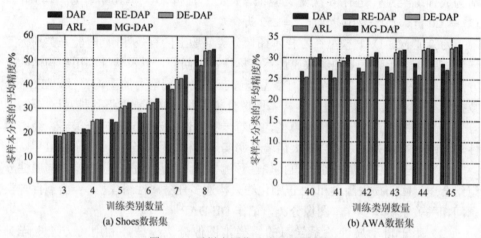

图 11.9　零样本图像分类的平均精度

利用混淆矩阵这一可视化工具对 DAP、RE-DAP、DE-DAP、MG-DAP 和 ARL
在 Shoes 数据集上进行零样本分类性能评价。在混淆矩阵中，其对角线元素值表
示真实类别与预测类别相同的情况，即测试类别样本被分类模型实际分对的个数。
如图 11.10 所示，给出 Shoes 数据集上，当测试类别为 4 类时在四种模型上的混
淆矩阵对比图（4 类测试类别分别为 boots、flats、sneakers、wedding-shoes，相应
的训练类别为 clogs、high-heels、rain-boots、stiletto、athletic-shoes、pumps）。

由图 11.10 可知：①DAP 模型仅在 "flats" 这一测试类上取得较好的分类效
果，该类的 1000 个样本正确分类个数为 893，被分错的样本中有 5 个样本被分为
"sneakers"，102 个样本被错分为 "wedding-shoes"；②RE-DAP 模型与 DAP 模型
分类效果基本相似；③从混淆矩阵中可看出 DE-DAP 模型的分类效果明显优于
DAP 模型和 RE-DAP 模型，其对角线的元素值大多大于以上两个模型，并且在
"boots" 和 "flats" 这两个测试类上取得较好的分类效果；④MG-DAP 模型相较于
RE-DAP 模型在分类性能上取得了提升，在 4 类测试类别上总体取得良好的分类效
果，尽管在个别类别上的样本图像正确分类个数有所降低，但在整体上 MG-DAP 模型
明显优于对比的四个模型。

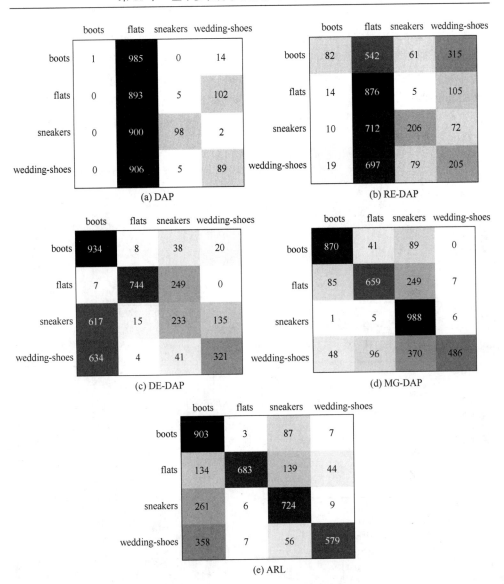

图 11.10　零样本分类结果混淆矩阵

　　实验引入 ROC 曲线与其相应的 AUC 值评价模型的分类性能，AUC 取值为 0.5～1，曲线靠近左上角时说明模型在该类测试类上取得较好的分类效果。如图 11.10 所示，从 Shoes 数据集上选取与混淆矩阵实验中相同的测试类和训练类在 DAP、RE-DAP、DE-DAP、ARL 和 MG-DAP 模型上进行零样本分类实验，给出每一测试类相应的 ROC 曲线和对应的 AUC 值。由图 11.11 可知：①经典的 DAP 模型除了在"flats"上取得较好的分类效果，其余几个类别的 AUC 值均小于 0.5，在 4 类训练类上的平均 AUC 值小于 0.5，其分类性能劣于简单随机猜测模型；②ARL 模型相较于 DAP、DE-DAP 和 RE-DAP 模型，其 ROC 曲线更接近左上角，说明 ARL 在测试类别上取的较好的分类效果；③MG-DAP 模型的 ROC 曲线除了"wedding-shoes"类别，其余几类的 ROC 曲线均靠近左上角，在 4 类训练类上的平均 AUC 值大于 0.5，验证了模型有效性的同时说明 MG-DAP 模型的分类性能优于其他几类模型。

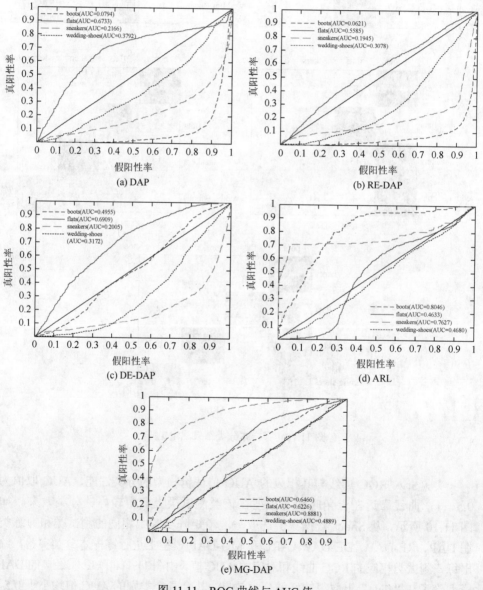

图 11.11　ROC 曲线与 AUC 值

　　为验证每类训练样本数量的变化对零样本图像分类结果的影响，图 11.12（a）和（b）分别给出在 Shoes 数据集和 AWA 数据集上在不同的训练类别数量下每类训练类别选取不同样本个数情况得到的零样本图像分类的平均识别率（acc，%），其中 Shoes 数据集每个训练类分别选取 1000 个、750 个、500 个和 250 个样本，AWA 数据集中因"ox"这一类别只有 168 个样本图像，因此，每类的最大样本量设为 168，每个训练类分别选取 168 个、140 个、120 个、100 个样本。

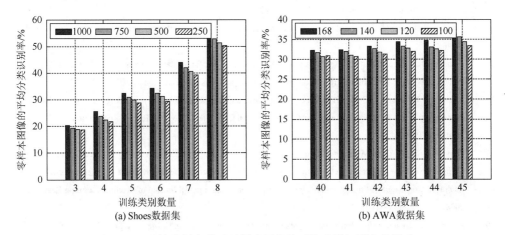

图 11.12　训练类样本数对零样本图像的平均分类识别率的影响

　　由图 11.12 中可以看出，虽然在个别情况下零样本图像的平均分类识别率出现波动，但在大部分情况下，在选取不同的训练类别时，随着训练类样本个数的减少，模型的零样本图像的平均分类识别率总体呈下降趋势。

11.6　本　章　小　结

　　零样本图像分类过程中，属性标签的数量在很大程度上影响模型的分类性能。针对属性标签数量不足及相关属性在分类时出现的误分现象，本章提出一种基于多任务扩展属性组的零样本图像分类模型。该模型首先将类别标签作为扩展属性，解决属性标签数量不足的问题，然后利用 K 均值聚类算法实现属性和类别的无监督分组，结合结构化稀疏方法，构建基于组的多任务学习模型，对样本特征进行选择和重构，使得组内信息共享的同时约束组间信息共享，缓解相关属性被误分的现象，再利用杰卡德系数挖掘类间关系，实现类别-属性-特征全连接模型，有效地提高零样本图像分类识别率。

参 考 文 献

[1] Wang Y, Mori G. A discriminative latent model of object classes and attributes[C]//European Conference on Computer Vision, Berlin, 2010: 155-168.

[2] Rohrbach M, Stark M, Szarvas G, et al. Combining language sources and robust semantic relatedness for attribute-based knowledge transfer[C]//European Conference on Computer Vision, Berlin, 2010: 15-28.

[3] Song F, Tan X, Chen S. Exploiting relationship between attributes for improved face verification[J]. Computer Vision and Image Understanding, 2014, 122: 143-154.

[4] Liu M, Zhang D, Chen S. Attribute relation learning for zero-shot classification[J]. Neurocomputing, 2014, 139: 34-46.

[5] Mahajan D, Sellamanickam S, Nair V. A joint learning framework for attribute models and object descriptions[C]//Proceedings of the IEEE International Conference on Computer Vision, Barcelona, 2011: 1227-1234.

[6] Jayaraman D, Sha F, Grauman K. Decorrelating semantic visual attributes by resisting the urge to share[C]//Proceedings of the IEEE Computer Society Conference on Computer Vision and Pattern Recognition, Columbus, 2014: 1629-1636.

[7] Felix X Y, Ji R, Tsai M H, et al. Weak attributes for large-scale image retrieval[C]//Proceedings of the IEEE Computer Society Conference on Computer Vision and Pattern Recognition, Providence, 2012: 2949-2956.

[8] Bach F R. Consistency of the group lasso and multiple kernel learning[J]. Journal of Machine Learning Research, 2008, 9 (2): 1179-1225.

[9] Argyriou A, Evgeniou T, Pontil M. Convex multi-task feature learning[J]. Machine Learning, 2008, 73 (3): 243-272.

[10] Kim S, Xing E P. Tree-guided group lasso for multi-task regression with structured sparsity[C]//Proceedings of 27th International Conference on Machine Learning, Haifa, 2010: 543-550.

[11] Lampert C, Nickisch H, Harmeling S. Attribute-based classification for zero-shot learning of object categories[J]. IEEE Transactions on Pattern Analysis and Machine Intelligence, 2013, 36 (3): 453-465.

第12章 基于共享特征相对属性的零样本图像分类

本书的前三部分在通过属性实现零样本图像分类的过程中，均采用了二值属性。与二值属性相比较，相对属性更加准确地表达了图像的语义信息。因而本书第四部分的第 12 章和第 13 章采用相对属性对零样本图像分类展开研究。

在利用相对属性学习进行零样本学习的过程中，相对属性作为中层特征连接起底层特征与类别标签，目前针对相对属性学习的工作中并没有考虑相对属性和类别之间的关系，因此在通过相对属性实现对象识别的过程中会引入噪声，从而降低识别的精度。考虑到合理利用属性与类别之前的关系将更有利于属性排序函数学习，因此本章采用多任务学习的方式来集成相对属性学习模型和类别预测模型，进而学习二者共享的低维特征子空间。这种共享特征[1, 2]可以联系对象的类别及其相对属性，因此，学习得到的属性排序函数将更加可靠，同时也能够有效地减少噪声对于后续识别任务的影响。零样本学习实验结果表明，本章提出的方法在零样本学习上的性能优于传统的相对属性学习。

12.1 研 究 动 机

当前的相对属性学习方法为每个属性单独训练一个属性排序函数，却并没有考虑属性与类别之间的关系[3]。然而在实际情况中，属性与类别通常是存在一定联系的，例如，对于一幅 "inside-city" 的图像而言，"nature" 和 "open" 这两种属性的强度通常很低，而 "large-objects" 属性的强度较高。另外，即使某种类别和属性在高层语义上看似没有什么联系，例如，类别 "highway" 和属性 "diagonal-plane"，但是二者分别在类别分类器和属性排序函数的学习过程中都依赖一些共同的底层特征，因此，从某种意义上来说二者是存在关联的。文献[4]将每一个属性排序函数的学习看成一个任务，并采用多任务学习的策略同时学习所有的属性排序函数，利用相对属性之间的关联性提高属性排序函数的精度，然而文献[4]并没有考虑属性与类别之间的关联性，仍然会受到噪声的影响。文献[5]虽然采用多任务学习的策略挖掘属性和类别之间的关联性，并利用属性和类别共享的特征提高属性分类器和类别分类器的性能，但是文献[5]没有进一步将共享特征的思想应用于相对属性学习。考虑到多任务学习[6, 7]的优势，即可以通过同时学习多个相关任务来挖掘不同任务之间的相关性以提升每一个任务的训练效果，提出了基于共享特征相对属性（relative attributes based on shared features，RA-SF）学习的模型，以便挖掘类别与属性之间的共享特征来提高属性排序函数的精度。模型首先利用多任务学习的思想共同学习类别分类器和属性分类器，得到被类别和属性所共享的特征，再利用这些共享特征学习属性排序方程。由于基于共享特征相对属性学习的模型充分地考虑了类别与属性之间的联系，因此比传统的相对属性学习模型性能更佳。

12.2　系统结构

图 12.1 是基于 RA-SF 的零样本图像分类结构图。由图 12.1 可知，基于共享特征相对属性的零样本图像分类共分为 4 个阶段进行：①首先，通过训练样本进行共享特征的学习；②其次，利用共享特征进行属性排序函数的学习；③然后，对训练类别及测试类别进行高斯模型的建立；④最后，利用阶段Ⅱ学习的属性排序

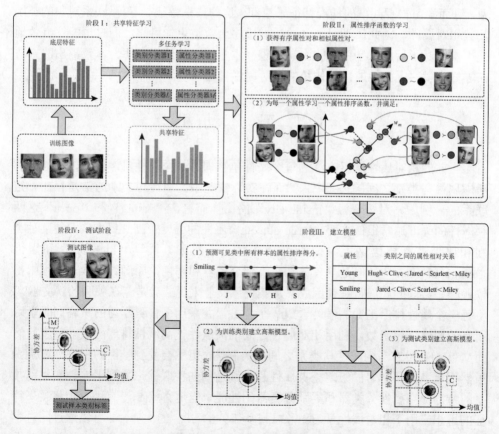

图 12.1　基于 RA-SF 的零样本图像分类结构图

函数计算测试样本属性排序得分，利用最大似然估计方法来预测测试样本的类别
标签。

12.3　基于 RA-SF 的零样本图像分类

若给定训练样本集 $\{\boldsymbol{x}_1,\boldsymbol{x}_2,\cdots,\boldsymbol{x}_L;\boldsymbol{y}_1,\boldsymbol{y}_2,\cdots,\boldsymbol{y}_L\}$，其中 $\boldsymbol{x}_i \in \mathbb{R}^D$ 表示第 i 个样本
的底层特征；$\boldsymbol{a}=\{a_1,a_2,\cdots,a_M\}$ 为具有 M 个属性的属性集。基于共享特征相对属
性的模型利用多任务学习的思想共同完成两个分类器的学习：类别分类器和属性
分类器。在类别分类器的学习中，采用 Multi-class SVM[8] 来学习 L 个参数，其中
每个参数都对应一个类别。而在属性分类器的学习中，分别为每一个属性学习一
个二分类器 {0,1}，即学习 M 个参数，其中每个参数都对应一个属性。因此，基于
共享特征相对属性的模型需要同时学习 $T=L+M$ 个任务，最终目标是通过任务之
间共享的特征获得性能优异的属性排序函数与类别分类器。

与传统的属性学习模型将属性作为中间层来连接特征与类别的做法不同，本
章提出的模型将类别与属性放在同一层，通过共享的低维特征层同时学习两种
模型，并用交替迭代的方式来优化两种模型的参数以挖掘类别与属性之间潜在
的关系。图 12.2 是共享特征的模型示意图，其中 $(x^1,x^2,\cdots,x^D)$ 表示样本的 D 维
底层特征；$(u^1,u^2,\cdots,u^E)$ 表示类别 $y_1,y_2,\cdots,y_L$ 与属性 $a_1,a_2,\cdots,a_M$ 之间共享的特
征层；图 12.2 中实线表示该维特征对于类别分类器和属性分类器的学习都有效，
即是二者共享的特征，反之，虚线表示该维特征不是共享特征。

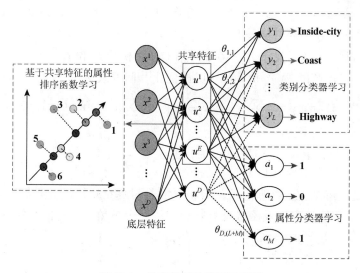

图 12.2　共享特征的模型示意图

12.3.1　共享特征学习

假设共享特征 $u_i \in \mathbb{R}^E$ 是底层特征的线性组合，即 $u_i = H^T x_i$，其中 $H \in \mathbb{R}^{D \times E}$。为解决模型目标函数的优化问题，此处参考文献[9]的处理方法，先假设共享特征 u_i 是 D 维（和底层特征的维数相同）的正交向量，即 $u_i \in \mathbb{R}^D$，则此时 $H \in \mathbb{R}^{D \times D}$。模型的目标函数可以表示为

$$\Theta^*, H^* = \arg\min \sum_t \sum_i \| \theta_t^T H^T x_i - y_{it} \|_2 \qquad (12.1)$$

式中，$\theta_t \in \mathbb{R}^D$ 表示回归参数；$\Theta \in \mathbb{R}^{D \times T}$ 表示以参数 θ_t 为列向量的回归参数矩阵；Θ^* 和 H^* 表示模型的最优参数矩阵。直观来看，若共享特征的维数比底层特征维数低（即 $E \leqslant D$），那么矩阵 Θ 中应该有很多全零行，而在共享特征 u_i 中，全零行所对应的那个维度的特征对所有的 T 个任务的学习都是无效的。为了获得上述的低维共享特征，在式（12.1）中引入 $l_{2,1}$ 范数[10]来约束 Θ：

$$\Theta^*, H^* = \arg\min \sum_t \sum_i \| \theta_t^T H^T x_i - y_{it} \|_2 + \gamma \| \Theta \|_{2,1} \qquad (12.2)$$

式（12.2）等号右边的第一项是误差函数，$\gamma \geqslant 0$ 表示惩罚因子，用于平衡误差函数和模型复杂度，$\| \Theta \|_{2,1} = \sum_{d=1}^D \sqrt{\sum_t \theta_{d,t}^2}$ 是参数矩阵的 $l_{2,1}$ 范数正则项，该正则项首先计算矩阵 Θ 每一行的 l_2 范数得到新的向量，然后再计算新向量的 l_1 范数。对于其中的第 d 行而言，只有当行内所有的元素都为 0 时，约束才有可能取到最小。换句话说，参数矩阵 Θ 不但倾向于元素稀疏性，还要倾向于行稀疏性。值得一提的是，当 $t \in \{1, 2, \cdots, L\}$ 时，y_{it} 表示训练样本 i 的类别标签；当 $t \in \{L+1, L+2, \cdots, L+M\}$ 时，y_{it} 表示训练样本 i 的属性标签 $\{0,1\}$。

目标函数（12.2）属于非凸函数，不能同时优化 Θ 和 H，因此借鉴文献[9]中的方法，将式（12.2）等价为如下的凸优化[11]问题求解：

$$\Psi^*, \Omega^* = \arg\min \sum_{t=1}^T \sum_{i=1}^L \| \varphi_t^T x_i - y_{it} \|_2 + \gamma \sum_{t=1}^T \varphi_t^T \Omega^{-1} w_t + \gamma\varepsilon \mathrm{Tr}(\Omega^{-1}) \qquad (12.3)$$

$$\Psi^* = H^* \Theta^*, \quad \Omega^* = H^* \cdot \mathrm{diag}\left(\left\{ \frac{\| \Theta_d \|_2}{\| \Theta \|_{2,1}} \right\}_{d=1}^D \right) H^{*T} \qquad (12.4)$$

式中，φ_t 是矩阵 Ψ 的第 t 列向量；$\Omega \in \mathbb{R}^{D \times D}$ 是对称正定矩阵并且其迹 $\mathrm{Tr}(\Omega) = 1$；$\varepsilon \ll 1$ 是保证数值稳定性及函数良好收敛性的一个参数；$\| \Theta_d \|_2$ 是矩阵 Θ 第 d 行的 l_2 范数值，从直观上说，对角阵 $\mathrm{diag}\left(\frac{\| \Theta_d \|_2}{\| \Theta \|_{2,1}} \right)$ 衡量了矩阵 Θ 第 d 行中非零元素的多少。因此，矩阵 Ω 衡量了特征中每一维度的相对有效性。

采取交替优化的方式来解决式（12.3）的凸优化问题：首先，固定 $\boldsymbol{\Omega}$，通过最小化式（12.5）获得优化的 $\boldsymbol{\varphi}_t$：

$$\boldsymbol{\varphi}_t^* = \arg\min \sum_i \| \boldsymbol{\varphi}_t^{\mathrm{T}} \boldsymbol{x}_i - y_{it} \|_2 + \gamma \boldsymbol{\varphi}_t^{\mathrm{T}} \boldsymbol{\Omega}^{-1} \boldsymbol{\varphi}_t \tag{12.5}$$

通过两个简单的变量替换（式（12.6）），将式（12.5）的优化问题变成标准的 l_2 范数正则化形式（式（12.7））：

$$\boldsymbol{z}_i \leftarrow \boldsymbol{\Omega}^{1/2} \boldsymbol{x}_i, \quad \hat{\boldsymbol{\varphi}}_t \leftarrow \boldsymbol{\Omega}^{1/2} \boldsymbol{\varphi}_t \tag{12.6}$$

$$\hat{\boldsymbol{\varphi}}_t^* = \arg\min \sum_i \| \hat{\boldsymbol{\varphi}}_t^{\mathrm{T}} \boldsymbol{z}_i - y_{it} \|_2 + \gamma \| \hat{\boldsymbol{\varphi}}_t \|_2^2 \tag{12.7}$$

然后，固定参数 $\boldsymbol{\varphi}_t$，通过最小化式（12.8）来获得优化的参数 $\boldsymbol{\Omega}$：

$$\boldsymbol{\Omega} = \frac{(\boldsymbol{\Psi}\boldsymbol{\Psi}^{\mathrm{T}} + \varepsilon \boldsymbol{I})^{1/2}}{\mathrm{Tr}[(\boldsymbol{\Psi}\boldsymbol{\Psi}^{\mathrm{T}} + \varepsilon \boldsymbol{I})^{1/2}]} \tag{12.8}$$

在上述交替优化过程中，目标函数（12.3）的值单调递减直至收敛。最终得到最优参数 $\boldsymbol{\Psi}^*$ 和 $\boldsymbol{\Omega}^*$，再根据式（12.4）求出共享特征的最优参数矩阵 $\boldsymbol{H}^*$，进而求得模型的共享特征：

$$\boldsymbol{u}_i = \boldsymbol{H}^{*\mathrm{T}} \boldsymbol{x}_i \tag{12.9}$$

表 12.1 给出了共享特征学习算法的具体步骤。

表 12.1　共享特征学习算法的具体步骤

共享特征学习算法

输入： 训练样本的特征集 $\{x_1, x_2, \cdots, x_L\}$；类别标签集 $\{y_1, y_2, \cdots, y_L\}$ 及属性标签集 $\{a_1, a_2, \cdots, a_M\}$；参数 γ、ε。

步骤 1： 用一个按比例缩小的单位矩阵 $\dfrac{\boldsymbol{I}_{D \times D}}{D}$ 初始化 $\boldsymbol{\Omega}$，有 $\boldsymbol{\Omega} = \dfrac{\boldsymbol{I}_{D \times D}}{D}$；

步骤 2： 循环以下步骤直至目标函数（12.2）收敛：
　　步骤 2.1： 根据式（12.6）计算替换变量；
　　步骤 2.2： 根据式（12.7）解决参数 $\hat{\boldsymbol{\varphi}}_t$ 的优化问题；
　　步骤 2.3： 根据 $\boldsymbol{\varphi}_t = \boldsymbol{\Omega}^{1/2} \hat{\boldsymbol{\varphi}}_t$ 计算 $\boldsymbol{\varphi}_t$；
　　步骤 2.4： 根据式（12.8）更新 $\boldsymbol{\Omega}$；

输出： 最优参数矩阵 $\boldsymbol{\Psi}^*$ 和 $\boldsymbol{\Omega}^*$。

12.3.2　基于共享特征的相对属性学习

得到类别和属性之间的共享特征后，将共享特征用于属性排序函数的学习中。将对于训练样本的每一属性 a_m，给定一系列有序属性对 $O_m = \{(i, j)\}$ 和相似属性对 $S_m = \{(i, j)\}$，其中，$(i, j) \in O_m \Rightarrow i > j$，表示图像 i 含有属性多于图像 j；$(i, j) \in S_m \Rightarrow i \approx j$，表示图像 i 含有属性与图像 j 相似。图 12.3 是

图 12.3　以 "open" 这个属性为例的有序属性对和相似属性对示意图

以 "open" 这个属性为例的有序属性对和相似属性对示意图。

为了获得属性之间的相对关系，此处利用 ranking SVM 学习 M 个属性的排序函数[3, 12]：

$$r_m(\boldsymbol{u}_i) = \boldsymbol{w}_m^\mathrm{T} \cdot \boldsymbol{u}_i, \quad m = 1, 2, \cdots, M \tag{12.10}$$

式中，$\boldsymbol{w}_m$ 是投影向量。

使得对于 $m = 1, 2, \cdots, M$，尽可能地满足以下条件：

$$\forall (i, j) \in O_m : r_m(\boldsymbol{u}_i) > r_m(\boldsymbol{u}_j) \tag{12.11}$$

$$\forall (i, j) \in S_m : r_m(\boldsymbol{u}_i) \approx r_m(\boldsymbol{u}_j) \tag{12.12}$$

因此，学习属性排序方程旨在底层特征空间中找到最优的投影方向，使得所有样本在该方向上的投影拥有正确的排序。将式（12.11）和式（12.12）整理后可得

$$\forall (i, j) \in O_m : \boldsymbol{w}_m^\mathrm{T}(\boldsymbol{u}_i - \boldsymbol{u}_j) > 0 \tag{12.13}$$

$$\forall (i, j) \in S_m : \boldsymbol{w}_m^\mathrm{T}(\boldsymbol{u}_i - \boldsymbol{u}_j) = 0 \tag{12.14}$$

由式（12.13）和式（12.14）可知，样本之间的排序关系 $i > j$ 可以用 $(i - j)$ 表示。对于共享特征空间中的任意两个样本，都可以通过新的向量 $(\boldsymbol{u}_i - \boldsymbol{u}_j)$ 和相应的新标签来表示样本之间的有序关系：

$$\{\boldsymbol{u}_i - \boldsymbol{u}_j, g\}_{i,j=1}^L, \quad g = \begin{cases} +1, & i > j \\ -1, & \text{其他} \end{cases} \tag{12.15}$$

因此，通过解决式（12.15）这个标准的二分类问题也就可以解决排序问题，得到如下的优化函数：

$$\boldsymbol{w}^* = \arg\min \left[\frac{1}{2} \| \boldsymbol{w}_m \|_2^2 + C \left(\sum_{i,j} \xi_{ij}^2 + \sum_{i,j} \rho_{ij}^2 \right) \right]$$

$$\text{s.t. } \boldsymbol{w}_m^\mathrm{T}(\boldsymbol{u}_i - \boldsymbol{u}_j) \geqslant 1 - \xi_{ij}; \quad \forall (i, j) \in O_m \tag{12.16}$$

$$|\boldsymbol{w}_m^\mathrm{T}(\boldsymbol{u}_i - \boldsymbol{u}_j)| \leqslant \rho_{ij}; \quad \forall (i, j) \in S_m$$

$$\xi_{ij} \geqslant 0; \quad \gamma_{ij} \geqslant 0$$

式中，ξ_{ij} 是有序属性对 $O_m = \{(i, j)\}$ 的非负松弛因子；ρ_{ij} 是相似属性对 $S_m = \{(i, j)\}$ 的非负松弛因子；参数 C 用于权衡最大化边缘距离和满足属性对相对关系。最后，通过最大化排序边缘 $1/\| \boldsymbol{w}_m \|$，同时最小化松弛因子 ξ_{ij} 和 ρ_{ij} 求解式（12.16）的优化问题，得到最优的投影向量 $\boldsymbol{w}_m^*$，那么最终的属性排序函数为

$$r_m(\boldsymbol{u}_i) = \boldsymbol{w}_m^{*\mathrm{T}} \cdot \boldsymbol{u}_i \tag{12.17}$$

属性排序函数是为了让训练样本按照属性强度大小进行排序，因此其边缘限制让整个排序中最近的两个样本之间的距离最大[13, 14]。二分类器是为了将正类样本和负类样本更好地分开，因此其边缘限制使两类中最近的两个样本之间的距离最大。如图 12.4 所示，二分类器是为了尽可能地分开正类样本和负类样本，而排

序函数是为了尽可能地将不同的类别（分别用 1、2、3、4、5、6 表示）更好地排序，因此，排序函数能够更好地反映属性之间的相对强度关系。

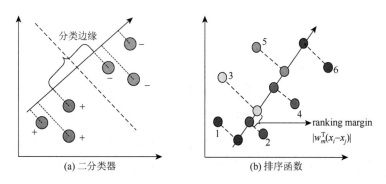

图 12.4　二分类器与排序函数对比图

由于基于共享特征的属性排序函数考虑了属性与类别之前潜在的关系，能够有效地减少噪声对于属性排序函数精度的影响，因此与传统的属性排序函数相比，能取得更加准确的属性排序结果。

12.3.3　基于共享特征的相对属性零样本图像分类

由于在零样本图像分类实验中，测试类别的样本是未知的，因此只能通过训练类别与测试类别之间的属性相对关系来对测试类别建模。借鉴文献[3]的方法来对训练类别及测试类别建模。给定 I 类图像，其中 S 类图像作为训练样本参与 12.3.1 节及 12.3.2 节基于共享特征的相对属性学习，剩余的 $U = I - S$ 类作为测试图像参与零样本图像分类。

（1）训练类别的模型建立。首先，根据 12.3 节学习得到的属性排序函数来预测训练样本的属性排序得分：$(r_i^1, r_i^2, \cdots, r_i^m, \cdots, r_i^M)$，其中 r_i^m 表示第 i 个样本的第 m 个属性排序得分，然后根据训练样本的属性排序得分估计训练类别模型的均值 $\mu_i^{(s)} \in \mathbb{R}^M$ 及协方差矩阵 $\Sigma_i^{(s)}$，最终可以得到训练类别的高斯模型：

$$c_i^{(s)} \sim N\left(\mu_i^{(s)}, \Sigma_i^{(s)}\right), \quad i = 1, \cdots, S$$

（2）测试类别的模型建立。对于属性 a_m，测试类别 $c_j^{(u)}$ 可以用可见类 $c_j^{(u)}$ 和 $c_k^{(s)}$ 分以下三种情况进行相关描述。

①若 $c_k^{(s)} < c_j^{(u)} < c_i^{(s)}$，那么模型的均值为 $\mu_{m,j}^{(u)} = \dfrac{1}{2}[\mu_{m,i}^{(s)} + \mu_{m,k}^{(s)}]$，模型的协方差

为 $\Sigma_j^{(u)} = \dfrac{1}{S}\sum_{i=1}^{S}\Sigma_i^{(s)}$；②若 $c_j^{(u)} < c_i^{(s)}$，那么模型的均值为 $\mu_{m,j}^{(u)} = \mu_{m,i}^{(s)} - d_{m,i}^{(s)}$，模型的

协方差为 $\Sigma_j^{(u)} = \dfrac{1}{S}\sum_{i=1}^{S}\Sigma_i^{(s)}$；③若 $c_j^{(u)} > c_k^{(s)}$，那么模型的均值为 $\mu_{m,j}^{(u)} = \mu_{m,k}^{(s)} + d_{m,j}^{(s)}$，

模型的协方差为 $\Sigma_j^{(u)} = \dfrac{1}{S}\sum_{i=1}^{S}\Sigma_i^{(s)}$。式中，$\mu_{m,i}^{(s)} = \sum_{i=1}^{i=I} r_{m,i}^{(s)} \Big/ I$ 表示第 m 个属性的均值；

$d_{m,i}^{(s)} = \sum_{i=1}^{i=I}(r_{m,i}^{(s)} - \mu_{m,i}^{(s)}) \Big/ I$ 表示训练类样本的属性排序得分之间的平均差异。这里合

理的假设所有类别之间的相对属性关系分布均相同。

在测试阶段，首先，通过基于共享特征的属性排序函数来计算测试样本 i 的属性排序得分 r_i；然后，利用 r_i 与类别模型之间的相似程度来确定测试样本的类别标签。

$$c^* = \underset{j\in\{1,\cdots,N\}}{\arg\min}\, p\big(r_i \mid \mu_j, \Sigma_j\big) \tag{12.18}$$

12.4　实验结果与分析

12.4.1　实验数据集

实验选取 OSR 数据集、Pub Fig 数据集进行测试，关于数据集的详细介绍见第 3 章的 3.5.1 节。表 12.2 和表 12.3 给出了两个数据集类别的相对属性排序及描述。

表 12.2　OSR 数据集的二值属性与相对属性描述

属性名	二值属性								相对属性
	T	I	S	H	C	O	M	F	
natural	0	0	0	0	1	1	1	1	T<I~S<H<C~O~M~F
open	0	0	0	1	1	1	1	0	T~F<I~S<M<H~C~O
perspective	1	1	1	0	0	0	0	0	O<C<M~F<H<I<S<T
large-objects	1	1	1	0	0	0	0	0	F<O~M<I~S<H~C<T
diagonal-plane	1	1	1	0	0	0	0	0	F<O~M<C<I~S<H<T
close-depth	1	1	1	1	0	0	0	1	C<M<O<T~I~S~H~F

表 12.3　Pub Fig 数据集的二值属性与相对属性描述

属性名	二值属性								相对属性
	A	C	H	J	M	S	V	Z	
masculine-looking	1	1	1	1	0	0	1	1	S<M<Z<V<J<A<H<C
white	0	1	1	1	1	1	1	1	A<C<H<Z<J<S<M<V
young	0	0	0	0	1	1	0	1	V<H<C<J<A<S<Z<M
smiling	1	1	1	0	1	1	0	1	J<V<H<A~C<S~Z<M
chubby	1	0	0	0	0	0	0	0	V<J<H<C<Z<M<S<A
visible-forehead	1	1	1	0	1	1	1	0	J<Z<M<S<A~C~H~V
bushy-eyebrows	0	1	0	1	0	0	0	0	M<S<Z<V<H<A<C<J
narrow-eyes	0	1	1	0	0	0	1	1	M<J<S<A<H<C<V<Z
pointy-nose	0	0	1	0	0	0	0	1	A<C<J~M~V<S<Z<H
big-lips	1	0	0	0	1	1	0	0	H<J<V<Z<C<M<A<S
round-face	1	0	0	0	1	1	0	0	H<V<J<C<Z<A<S<M

12.4.2　参数分析

为确定共享特征学习算法输入的最优参数 γ 和 ε，此处采取交叉验证的方法进行参数优选。将正则化参数 γ 的范围设置为 $\{10^{v} : v \in \{-3, -2, \cdots, 2, 3\}\}$，$\varepsilon$ 的范围设置为 $\{10^{v} : v \in \{-6, -5, \cdots, -2, -1\}\}$；选择 OSR 数据集中的 2600 幅图像与 Pub Fig 数据集中的 700 幅图像进行实验，对于每一个参数组合 $\{\gamma, \varepsilon\}$，分别在两个数据集上进行 10 折交叉验证[15]，即将数据集平均分为 10 个子集，每次选择一个子集作为测试集，其余的作为训练集，并将 10 次的平均交叉验证识别精度（类别识别精度和属性识别精度）作为最后结果。图 12.5 给出了在不同的参数组合 $\{\gamma, \varepsilon\}$ 下，两个数据集上的平均识别精度。

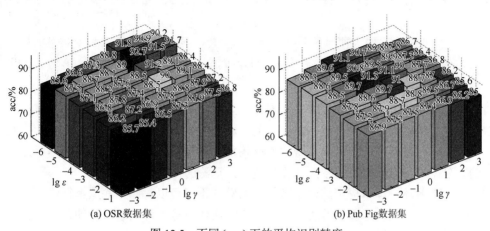

(a) OSR数据集　　　　　　　(b) Pub Fig数据集

图 12.5　不同 $\{\gamma, \varepsilon\}$ 下的平均识别精度

从图 12.5 可以看出：在 OSR 数据集上，当 $\gamma = 10$，$\varepsilon = 10^{-5}$ 时平均识别精度最高达到 92.7%，在 Pub Fig 数据集上，当 $\gamma = 0.1$，$\varepsilon = 10^{-4}$ 时平均识别精度最高达到 91.3%，因此，在共享特征学习的算法中，将 OSR 数据集的参数设置为 $\{\gamma, \varepsilon\} = \{10, 10^{-5}\}$，Pub Fig 数据集的参数设置为 $\{\gamma, \varepsilon\} = \{0.1, 10^{-4}\}$。

12.4.3　共享特征学习实验

为了讨论本章提出的共享特征学习算法的有效性，首先将参数矩阵 Θ 的值进行可视化处理。图 12.6 是两个数据集在共享特征学习过程中，第一次迭代及最后一次迭代的参数矩阵 Θ 的 Hinton Diagram[16]。图 12.6 中每一小块表示矩阵的一个元素，其面积代表了值的大小。为了简洁，实验仅随机挑选 8 个任务（纵轴）及前 30 维的特征（横轴）。从图 12.6 中可以看出，经过迭代优化后参数矩阵 Θ 最后收敛于一个稀疏矩阵。由此可以说明通过学习得到的共享特征是稀疏的。

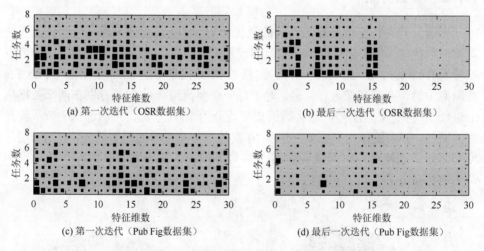

图 12.6　参数矩阵 Θ 的 Hinton Diagram

图 12.7 给出了两个数据集上迭代次数与共享特征的行稀疏百分比（全零行数量占底层特征维数的百分比）之间的关系，从图 12.7 中可以看出，随着迭代次数的增加，共享特征的行稀疏百分比不断增加，并且快速趋于平稳，说明本章提出的共享特征学习算法有着较高的收敛速率，算法的性能较好。

综上所述，本章提出的共享特征学习算法不仅可以对原始底层特征进行稀疏选择，并且有收敛速度快等优点。接下来，实验将重点讨论学习到的共享特征对于相对属性学习模型的影响。

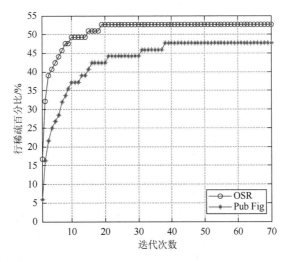

图 12.7　迭代次数与行稀疏百分比的关系

12.4.4　属性排序实验

　　为了验证共享特征对于类别分类器及属性分类器的性能的提升，将共享特征学习过程中的两种分类器的识别率与没有使用共享特征之前的两种分类器进行对比。实验分别选取两个数据集中样本总数的 10%、30%、50%、70% 作为训练样本，其余的作为测试样本，并且让所有的类别及属性均参与模型的学习，因此 OSR 数据集中总任务 $T_{OSR} = 8 + 6 = 14$，Pub Fig 数据集中总任务数 $T_{Pub Fig} = 8 + 11 = 19$。表 12.4 给出了两个数据集在不同的方法下的平均分类精度与基于共享特征的模型比传统模型所增长的百分比，其中，object + not-sharing 表示传统的类别分类器，即利用 Multi-class SVM 训练的类别分类器；object + sharing 表示基于共享特征的类别分类器；attribute + not-sharing 表示传统的属性分类器，即利用 Lib-SVM 为每一个属性训练的二分类器；attribute + sharing 表示基于共享特征的属性分类器。从表 12.4 中可以看出：①所有模型的识别率总体随着采样百分率的增加而提高；②基于共享特征的模型在类别分类器与属性分类器中的性能均优于没有共享特征的传统类别分类器及属性分类器。

表 12.4　平均分类精度比较

	OSR 数据集			
训练样本百分比/%	10	30	50	70
object + not-sharing/%	77.51	82.24	85.12	85.24
object + sharing/%	81.82	85.72	86.36	87.61
gain over/%	**5.56**	**4.23**	**1.46**	**2.78**

续表

OSR 数据集			
attribute + not-sharing/%	84.24	86.89	88.46	88.78
attribute + sharing/%	86.14	88.18	89.83	90.13
gain over/%	**2.26**	**1.48**	**1.55**	**1.52**

Pub Fig 数据集			
训练样本百分比/%	10	30	50	70
object + not-sharing/%	54.61	71.67	78.50	84.85
object + sharing/%	63.50	77.85	80.25	87.36
gain over/%	**16.28**	**8.62**	**2.23**	**2.96**
attribute + not-sharing/%	83.13	87.79	89.37	90.01
attribute + sharing/%	85.70	90.36	91.19	91.34
gain over/%	**3.09**	**2.93**	**2.04**	**1.48**

　　为了进一步讨论在共享特征学习过程中不同的学习任务对于模型性能的影响，实验分两步进行：①首先固定模型需要学习的类别数，然后增加属性，得到相应的属性排序的精度；②然后再固定模型所需要学习的属性数，并增加类别数，得到相应的属性排序精度。图 12.8 分别给出了两个数据集在上述两种情况下的属性任务数与属性排序精度之间的关系比较。

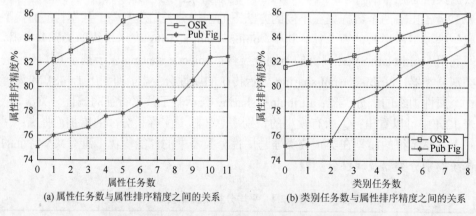

(a) 属性任务数与属性排序精度之间的关系　　　　(b) 类别任务数与属性排序精度之间的关系

图 12.8　属性任务数与属性排序精度之间的关系比较

　　从图 12.8 中可以看出：①当固定类别任务数（两个数据集上均是 8 类），增加属性任务数时，随着属性的增加，属性排序精度也不断提高；②当固定属性任务数（OSR 数据集有 6 个属性，Pub Fig 数据集有 11 个属性）时，随着类别任务数的增加，属性排序精度不断提高；③图 12.8（a）中曲线增长速率高于图 12.8（b）中曲线的增长率，由此可以说明，属性任务数对模型的影响高于类别任务数对模型的影响。

为了比较不同的模型对属性排序精度的影响，实验随机选取 OSR 数据集及 Pub Fig 数据集中 50%的样本作为训练样本集，其余的 50%作为测试样本集，将训练样本用于共享特征的学习，然后再通过共享特征来学习属性排序函数，通过判断两个样本之间的相对关系，从而衡量所训练模型的性能。针对测试集中每个样本对 (i, j)，比较在 B-SVM、RA＋not-sharing 和 RA＋sharing 三种不同模型下的属性排序得分。由于传统 B-SVM 使用的是二值属性，此处根据属性预测概率值的大小来衡量该属性的强度。

如果 $r_{m,i} > r_{m,j}$，那么该样本对的预测属性排序为 $i > j$；反之，如果 $r_{m,i} < r_{m,j}$，那么该样本对的预测属性排序为 $i < j$；如果 $r_{m,i} = r_{m,j}$，那么该样本对的预测属性排序为 $i \sim j$。将预测结果与样本对之间的真实关系进行比对可得到属性排序的精确度，结果如图 12.9 所示。由图 12.9 可以看出：在 OSR 数据集与 Pub Fig 数据集上，RA＋sharing 的所有属性排序精度均高于 B-SVM 和 RA＋not-sharing 模型。由实验结果可知，基于共享特征的 RA＋sharing 模型能够提高属性排序的准确度，使得相对属性学习的模型得到有效的改善。

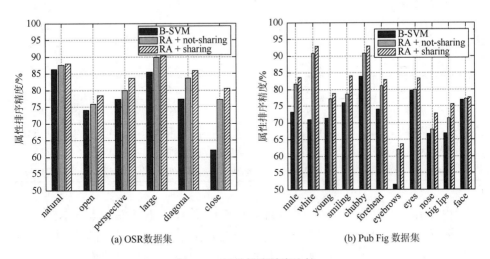

(a) OSR数据集　　　　(b) Pub Fig 数据集

图 12.9　属性排序精度比较

综上所述，基于共享特征相对属性的模型不仅可以提高属性排序精度，同时还使得类别分类器与属性分类器的性能得到优化。由此可以证明本章提出的模型的有效性。

12.4.5　零样本图像分类实验

本实验重点讨论基于共享特征相对属性学习的模型在零样本学习上的图像分类效果，将学习的共享特征用于属性排序函数的学习，并且将模型与传统的相对属性学习进行对比，基于上面所提出的算法对图像进行零样本图像分类实验。对比方法为 DAP 模型及传统的相对属性学习（RA + not-sharing）模型。在每一个数据集上均进行多次零样本分类实验，每次实验选取不同的训练类（可见类）和测试类（不可见类）进行分类实验。另外，为了消除随机因素对实验结果的影响，实验采取了 C_F^f 折交叉验证的方法（F 为数据集类别总数，f 为参与训练的类别数），交叉验证使得每次实验中几乎所有样本均参与模型训练，所得评估结果更加可靠。也就是说，在实验过程中，在 OSR 数据集和 Pub Fig 数据集上分别进行 5 次 C_8^f 折交叉验证实验，即 $C_8^6 = 28$ 折、$C_8^5 = 56$ 折、$C_8^4 = 70$ 折、$C_8^3 = 56$ 折、$C_8^2 = 28$ 折。表 12.5 给出了零样本图像分类的平均识别精度比较结果。

表 12.5　零样本图像分类的平均识别精度比较结果

OSR 数据集					
训练类别数/测试类别数	6/2	5/3	4/4	3/5	2/6
DAP/%	54.15	37.64	27.37	24.48	20.80
RA + not-sharing/%	60.50	50.71	43.99	31.76	26.79
RA + sharing/%	**62.38**	**53.45**	**45.63**	**32.08**	**27.12**

Pub Fig 数据集					
训练类别数/测试类别数	6/2	5/3	4/4	3/5	2/6
DAP/%	63.40	46.91	37.18	21.01	16.80
RA + not-sharing/%	65.92	54.50	44.80	33.13	23.54
RA + sharing/%	**67.04**	**55.91**	**46.07**	**34.33**	**24.35**

由表 12.5 可以看出：①随着训练类别数的减少，三种方法的零样本分类精度均有所降低。对于 DAP 模型而言，当训练类别数减少时，参与训练的属性会减少，导致对于测试样本中出现而训练样本中没有出现的一些属性（训练样本的属性空间无法涵盖测试样本的属性）的预测精度会偏低，进而导致在未见测试样本上的分类精度下降。对于 RA + not-sharing 和 RA + sharing 而言，当训练类别数减少时，参与属性排序函数学习的有序属性对和相似属性对也会减少，导致属性排序函数的准确度降低，无法真实地反映测试样本的相对属性强度，另外，随着训练类别数的减少，参与不可见类别模型建立的类别数也会减少，因此也会影响模型的准

确性；②与 DAP 模型及传统的 RA + not-sharing 模型相比，本章提出的共享特征模型（RA + sharing）能取得较高的零样本图像分类识别精度。综上所述，在零样本图像分类中，与传统的相对属性模型与 DAP 模型相比，本章提出的基于共享特征相对属性的模型（RA + sharing）有着更佳的零样本图像分类性能。

为了讨论训练样本的数量对于分类的影响，实验挑选了两个数据集的 5 类图像作为训练类别，并按照 10%、20%、30%、40%、50%、60%、70%、80%、90% 及 100% 的采样率随机挑选每一个训练类别中的样本作为训练样本。实验引入 ROC 曲线[17] 及 AUC 值[18, 19] 来对零样本分类效果进行评价。图 12.10 给出了两个数据集上的训练样本采样率与零样本图像分类的平均 AUC 值之间的关系。从图 12.10 中可以看出：①随着样本百分率的增加，三种模型在零样本图像分类的平均 AUC 值均提高；②本章提出的模型（RA + sharing）比传统的 DAP 模型及相对属性 RA + not-sharing 模型的分类性能更佳。

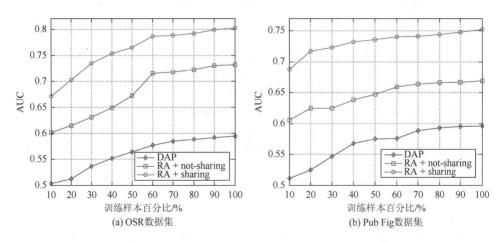

图 12.10　训练样本百分比与平均 AUC 值之间的关系

综上实验结果可知，与传统的相对属性学习模型及零样本学习模型相比，基于共享特征相对属性的模型在零样本学习中有着较好的性能，充分地说明了本章提出的模型（RA + sharing）在零样本图像分类上的优越性。

12.5　本 章 小 结

在利用相对属性学习进行零样本学习的过程中，相对属性作为中层特征连接起底层特征与类别标签，目前针对相对属性学习的工作中并没有考虑相对属性和类别之间的关系，因此在通过相对属性实现对象识别的过程中会引入噪声从而降低识别的精度。考虑到合理利用属性与类别之前的关系将更有利于属性排序函数学习，因此本章采用多任务学习的方式来集成相对属性学习模型和类别预测模型，进而学习二者共享的低维特征子空间。这种共享特征可以联系对象的类别及其相对属性，因此学习得到的属性排序函数将更加可靠，同时也能够有效地减少噪声对于后续识别任务的影响。相对属性学习实验及零样本图像分类实验的结果表明，本章提出的模型不仅可以提高属性排序函数的精度，同时还可以提高类别分类器及属性分类器的性能，在零样本图像分类实验中的分类识别精度高于传统的相对属性学习及零样本学习方法。

参 考 文 献

[1] Torralba A，Murphy K P，Freeman W T. Shared features for multiclass object detection[M]. Toward Category-Level Object Recognition. Berlin：Springer，2006：345-361.

[2] Paisitkriangkrai S，Shen C，van den Hengel A. Sharing features in multi-class boosting via group sparsity[C]// 2012 IEEE Conference on Computer Vision and Pattern Recognition，Providence，2012：2128-2135.

[3] Parikh D，Grauman K. Relative attributes[C]//2011 International Conference on Computer Vision，Barcelona，2011：503-510.

[4] Chen L，Zhang Q，Li B. Predicting multiple attributes via relative multi-task learning[C]//Proceedings of the IEEE Computer Society Conference on Computer Vision and Pattern Recognition，Columbus，2014：1027-1034.

[5] Hwang S J，Sha F，Grauman K. Sharing features between objects and their attributes[C]//Proceedings of IEEE Conference on Computer Vision and Pattern Recognition，Colorado，2011：1761-1768.

[6] Chapelle O，Shivaswamy P，Vadrevu S，et al. Multi-task learning for boosting with application to web search ranking[C]//Proceedings of the 16th ACM SIGKDD International Conference on Knowledge Discovery and Data Mining，Washington，2010：1189-1198.

[7] He X，Mourot G，Maquin D. Multi-task learning with one-class SVM[J]. Neurocomputing，2014，133（10）：416-426.

[8] Chamasemani F F，Singh Y P. Multi-class support vector machine classifiers：An application in hypothyroid detection and classification[C]//Proceedings of 2011 6th International Conference on Bio-Inspired Computing：Theories and Applications，Penang，2011：351-356.

[9] Argyriou A，Evgeniou T，Pontil M. Convex multi-task feature learning[J]. Machine Learning，2008，73（3）：243-272.

[10] Liu J，Ji S，Ye J. Multi-task feature learning via efficient-norm minimization[C]//Proceedings of the 25th Conference on Uncertainty in Artificial Intelligence，Montreal，2009：339-348.

[11] Evgeniou T，Pontil M，Toubia O. A convex optimization approach to modeling consumer heterogeneity in conjoint estimation[J]. Marketing Science，2007，26（6）：805-818.

[12] Wang S，Tao D，Yang J. Relative attribute SVM + learning for age estimation[J]. IEEE Transactions on Cybernetics，2016，46（3）：827-839.

[13] Tao D，Jin L，Yuan Y，et al. Ensemble manifold rank preserving for acceleration-based human activity recognition[J]. IEEE Transactions on Neural Networks and Learning Systems，2016，27（6）：1392-1404.

[14] Hamsici O C，Martinez A M. Multiple ordinal regression by maximizing the sum of margins[J]. IEEE Transactions on Neural Networks and Learning Systems，2016，27（10）：2072-2083.

[15] Zollanvari A，Braga-Neto U M，Dougherty E R. Effect of mixing probabilities on the bias of cross-validation under separate sampling[C]//Proceedings of IEEE International Workshop on Genomic Signal Processing and Statistics，Houston，2013：98-99.

[16] Lange-Küttner C. Ebbinghaus simulated：Just do it 200 times[C]//2011 IEEE International Conference on Development and Learning，Frankfurt am Main，2011：1-6.

[17] Fawcett T. An introduction to ROC analysis[J]. Pattern Recognition Letters，2006，27（8）：861-874.

[18] Lee W H，Gader P D，Wilson J N. Optimizing the area under a receiver operating characteristic curve with application to landmine detection[J]. IEEE Transactions on Geoscience and Remote Sensing，2007，45（2）：389-397.

[19] Castro C L，Braga A P. Novel cost-sensitive approach to improve the multilayer perception performance on imbalanced data[J]. IEEE Transactions on Neural Networks and Learning Systems，2013，24（6）：888-899.

第13章　基于相对属性的随机森林零样本图像分类

在利用相对属性进行零样本图像分类的学习中，传统的方法是为所有可见类和不可见类进行高斯分布的建模，然后用测试样本的相对属性值与各类别模型进行相似度计算，将可见类或不可见类中使得相似度最大的类别标签分配给测试样本。由于在为不可见类别进行建模时需要人工选择合适的可见类与不可见类的关系，因此将会影响不可见类模型建立的准确性，同时，由于最大似然估计方法的误差过大，也将会降低图像分类的精度。本章提出基于相对属性的随机森林零样本学习算法，算法根据类别与属性之间的相对关系自动为不可见类图像的相对属性建模，再利用所有类别的相对属性模型学习随机森林分类器，最后根据测试样本的相对属性得分对其进行分类，这样不仅可以避免人工建模所带来的不稳定性，而且还能降低最大似然估计方法带来的分类误差，并提高零样本分类的准确度。零样本分类实验结果表明，本章提出的算法在零样本分类上的性能优于传统的相对属性学习。

本章安排如下：13.1节简要阐述模型的研究动机；13.2节给出模型的系统结构；13.3节是本章的重点，详细阐述基于相对属性的随机森林零样本图像分类模型；13.4节是模型实验结果与分析；最后，在13.5节给出本章小结。

13.1　研　究　动　机

相对属性除了可以用于描述样本的属性强弱，还能够用于解决零样本图像分类问题。利用相对属性进行零样本图像分类较二值属性而言可以取得更高的分类精度，如文献[1]中介绍的方法：首先，为所有可见类进行高斯分布的建模；然后，通过人工选择可见类与不可见类之间的属性相对关系对不可见类进行建模；最后，利用最大似然估计方法对测试样本进行分类。显然，这种方法的缺点为：①需要假定所有可见类图像和不可见类图像均服从高斯分布，从而限制了其在实际中的应用；②建模过程不仅需要花费大量的人工劳动力，而且由于建模过程需要人工有监督参与相对属相关系的选择，因此会受到人为主观因素的影响，通常模型的准确性不高；③最大似然估计[2, 3]方法存在较大的误差，这也将对图像分类的准确性造成影响。文献[4]利用随机森林[5, 6]的思想来构造排序函数，弥补了传统的排序支持向量机不能实现非线性排序的缺点，但是文献[4]并没有对相对属性在零样本分类中的应用进行改进，因此依然存在传统的相对属性在零样本分类中的缺陷。为了避免传统相对属性学习的不足之处，本章提出一种基于相对属性的随机森林（random forest based on relative attribute，RF-RA）分类器，并将其应用于零样本分类中。

RF-RA 首先根据类别与属性之间的相对关系自动地为不可见类别的相对属性进行建模，然后利用可见类与不可见类的相对属性模型进行随机森林分类器的学习。测试时，首先计算出测试样本的相对属性得分，然后利用学习到的随机森林分类器对样本的标签进行预测。本章将提出的算法应用于零样本分类实验中，实验结果表明，RF-RA 相较于传统的相对属性学习算法在零样本分类上表现出了极大的优越性，不仅能够降低人工劳动力，而且提高了零样本分类的识别率。

13.2　系　统　结　构

基于 RF-RA 的零样本图像分类结构图如图 13.1 所示。阶段 I 是属性排序函数学习。通过获取的有序属性对和相似属性对来为每一个属性都学习一个属性排序函数；阶段 II 是样本属性排序得分模型的建立。对于可见类中的样本而言，其属性排序得分模型可以通过阶段 I 学习得到的属性排序函数来预测，然而对于不可见类的样本而言，其属性排序得分模型只能通过可见类与不可见类之间的属性相对关系来建立。接下来，根据属性排序得分模型，将所有样本在属性空间中定位，这样有助于指明样本之间的属性相对关系；阶段 III 是随机森林分类器的训练。分类器的训练样本来自阶段 II 建立属性排序得分模型的所有样本；阶段 IV 是利用 RF-RA 进行零样本图像分类。测试样本的属性排序得分可以通过阶段 I 的属性排序函数来预测，测试样本的标签可以通过阶段 III 训练的分类器模型来预测。

13.3　基于 RF-RA 的零样本图像分类

13.3.1　属性排序函数的学习

实验数据集选取 OSR 数据集和 Pub Fig 数据集进行测试，关于两个数据集类别的相对属性排序描述参考 13.4.1 节。给定训练图像集 $I = \{i\}$，其中每个训练图像样本 i 均用底层特征向量 $x_i \in \mathbb{R}^d$ 表示；给定具有 M 个属性的属性集 $a = \{a_1, a_2, \cdots, a_M\}$；对于每一个属性 a_m，给定相应的有序属性对 $O_m = \{(i, j)\}$ 和相似属性对 $S_m = \{(i, j)\}$，其中，O_m 和 S_m 可以从图像 I 对于属性 a_m 的排序中获得，并且 $(i, j) \in O_m \Rightarrow i > j$，表示图像 i 含有属性多于图像 j；$(i, j) \in S_m \Rightarrow i \approx j$，表

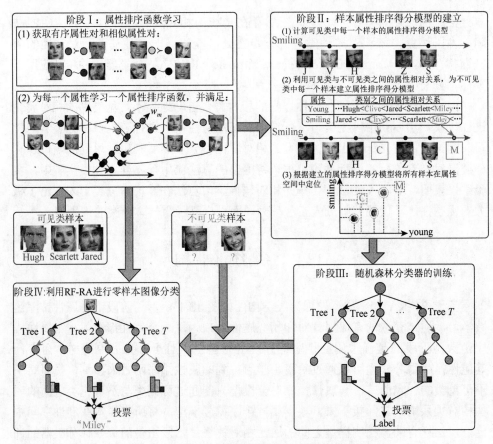

图 13.1　基于 RF-RA 的零样本图像分类结构图

示图像 i 含有属性与图像 j 相似。为了获得属性之间的相对关系，利用 ranking SVM 学习 M 个属性的排序函数[1, 7]：

$$r_m(\boldsymbol{x}_i) = \boldsymbol{w}_m^{\mathrm{T}} \cdot \boldsymbol{x}_i, \quad m = 1, 2, \cdots, M \tag{13.1}$$

使得对于 $m = 1, \cdots, M$ ，尽可能地满足以下条件：

$$\forall (i, j) \in O_m : r_m(\boldsymbol{x}_i) > r_m(\boldsymbol{x}_j) \tag{13.2}$$

$$\forall (i, j) \in S_m : r_m(\boldsymbol{x}_i) = r_m(\boldsymbol{x}_j) \tag{13.3}$$

式（13.1）中，$\boldsymbol{w}_m$ 是投影向量，因此，学习属性排序方程旨在底层特征空间中找到最优的投影方向，使得所有样本在该方向上的投影拥有正确的排序。将式（13.1）代入式（13.2）和式（13.3）中，得到

$$\forall (i, j) \in O_m : \boldsymbol{w}_m^{\mathrm{T}}(\boldsymbol{x}_i - \boldsymbol{x}_j) > 0 \tag{13.4}$$

$$\forall (i, j) \in S_m : \boldsymbol{w}_m^{\mathrm{T}}(\boldsymbol{x}_i - \boldsymbol{x}_j) = 0 \tag{13.5}$$

为了解决上述问题，利用 ranking SVM 构造如下的优化函数：

$$\min \frac{1}{2}\|\boldsymbol{w}_m\|_2^2 + C\left(\textstyle\sum_{i,j}\xi_{ij}^2 + \sum_{i,j}\rho_{ij}^2\right)$$

$$\text{s.t.} \quad \boldsymbol{w}_m^{\mathrm{T}}(\boldsymbol{x}_i - \boldsymbol{x}_j) \geqslant 1 - \xi_{ij}; \quad \forall (i,j) \in O_m$$

$$|\boldsymbol{w}_m^{\mathrm{T}}(\boldsymbol{x}_i - \boldsymbol{x}_j)| \leqslant \rho_{ij}; \quad \forall (i,j) \in S_m$$

$$\xi_{ij} \geqslant 0; \quad \rho_{ij} \geqslant 0$$

$$(13.6)$$

式中，ξ_{ij} 是有序属性对 $O_m = \{(i,j)\}$ 的非负松弛因子；ρ_{ij} 是相似属性对 $S_m = \{(i,j)\}$ 的非负松弛因子；参数 C 用于权衡最大化边缘距离和满足属性对相对关系。最后，通过最大化排序边缘 $1/\|\boldsymbol{w}_m\|$，同时最小化松弛因子 ξ_{ij} 和 ρ_{ij} 求解式（13.6）的优化问题，得到最优的属性排序方程 $r_m(\boldsymbol{x}_i) = \boldsymbol{w}_m^{\mathrm{T}}\boldsymbol{x}_i$。

13.3.2　属性排序得分模型的建立

在训练阶段，假设有 S 类图像作为训练样本参与属性排序函数学习，有 U 类图像作为测试图像参与零样本图像分类。

（1）可见类样本属性排序得分模型的建立。首先，根据 13.3.1 节学习的属性排序函数来对训练样本的每个属性排序得分进行预测，然后用 M 维的相对属性代替 d 维的底层特征向量来表示可见类样本 i，即 $\boldsymbol{x}_i \in \mathbb{R}^d \to \boldsymbol{r}_i \in \mathbb{R}^M$，$\boldsymbol{r}_i$ 的每一维表示样本对应的属性排序得分：

$$\boldsymbol{r}_i = [\boldsymbol{w}_1^{\mathrm{T}}, \boldsymbol{w}_2^{\mathrm{T}}, \cdots, \boldsymbol{w}_M^{\mathrm{T}}] \cdot \boldsymbol{x}_i = (r_i^1, r_i^2, \cdots, r_i^M) \tag{13.7}$$

（2）不可见类样本相对属性的模型建立。由于不可见类别不能参加零样本学习的训练过程，因此不能用同样的方法对其样本进行建模。但是，不可见的 U 类可以通过属性之间的相对关系与可见的 S 类建立关系，例如，"狗"（不可见类别）比 "兔子"（可见类别）的尾巴长，但不如 "猴子"（可见类别）的尾巴长。具体来说，对于属性 $\boldsymbol{a}_m$ 而言，通常可以用可见类 $c_i^{(s)}$ 和 $c_k^{(s)}$ 对不可见类 $c_j^{(u)}$ 进行相关描述，具体的描述情况分为以下三种。

（1）如果 $c_j^{(u)}$ 用可见类 $c_i^{(s)}$ 和 $c_k^{(s)}$ 描述，对于属性 a_m，满足 $c_k^{(s)} < c_j^{(u)} < c_i^{(s)}$，则不可见类 $c_j^{(u)}$ 的样本模型共有 $C_I^1 \cdot C_K^1$ 个，其中 I 和 K 分别是可见类 $c_i^{(s)}$ 和 $c_k^{(s)}$ 的样本总数，那么样本模型的第 m 个相对属性为

$$r_{m,j}^{(u)} = \frac{1}{2}(r_{m,i}^{(s)} + r_{m,k}^{(s)}), \quad i=1,2,\cdots,I, \quad k=1,2,\cdots,K, \quad j=1,2,\cdots,C_I^1 \cdot C_K^1 \tag{13.8}$$

（2）如果 $c_j^{(u)}$ 用可见类 $c_i^{(s)}$ 描述，对于属性 a_m，满足 $c_j^{(u)} < c_i^{(s)}$，则不可见类 $c_j^{(u)}$ 的样本模型共有 C_I^1 个，那么样本模型的第 m 个相对属性为

$$r_{m,j}^{(u)} = r_{m,i}^{(s)} - d_{m,i}^{(s)}, \quad i=1,2,\cdots,I, \quad j=1,2,\cdots,C_I^1 \tag{13.9}$$

式中

$$d_{m,i}^{(s)} = \sum_{i=1}^{i=I}(r_{m,i}^{(s)} - \mu_{m,i}^{(s)}) \Big/ I \tag{13.10}$$

$$\mu_{m,i}^{(s)} = \sum_{i=1}^{i=I} r_{m,i}^{(s)} \Big/ I \tag{13.11}$$

这里假设所有类别之间的相对属性关系分布均相同。

（3）与第二种情况相似，如果 $c_j^{(u)}$ 满足 $c_j^{(u)} > c_k^{(s)}$，则不可见类 $c_j^{(u)}$ 的样本模型共有 C_K^1 个，且样本模型的第 m 个属性为

$$r_{m,j}^{(u)} = r_{m,k}^{(s)} + d_{m,k}^{(s)}, \quad k = 1,2,\cdots,K, \quad j = 1,2,\cdots,C_K^1 \tag{13.12}$$

RF-RA 采用如下策略自动地选择合适的可见类来对不可见类建模：①优先选择满足 $c_k^{(s)} < c_j^{(u)} < c_i^{(s)}$ 的可见类 $c_k^{(s)}$ 和 $c_i^{(s)}$，且 $c_k^{(s)}$ 和 $c_i^{(s)}$ 是与不可见类 $c_j^{(s)}$ 相对属性排序最近的两类；②如果 $c_j^{(u)}$ 处于边界，没有满足 $c_k^{(s)} < c_j^{(u)} < c_i^{(s)}$ 的可见类 $c_k^{(s)}$ 和 $c_i^{(s)}$，则选择相对属性排序最低的 $c_k^{(s)}$ 或最高的 $c_i^{(s)}$ 对不可见类建模。通过以上的建模过程，就可以得到可见类别的样本模型集合 $\{r^{(1)}, r^{(2)}, \cdots, r^{(S)}\}$ 及不可见类别的样本模型集合 $\{r^{(1)}, r^{(2)}, \cdots, r^{(U)}\}$。

13.3.3 基于相对属性的随机森林分类器

完成所有类别样本的相对属性建模后，就可以进行分类器的学习。在基于相对属性的随机森林零样本分类器中，对到达每棵树节点的训练样本集 $\boldsymbol{\Omega}$（包括可见类样本集 $\boldsymbol{\Omega}^{(s)} = \{r^{(1)}, r^{(2)}, \cdots, r^{(S)}\}$ 和不可见类样本集 $\boldsymbol{\Omega}^{(u)} = \{r^{(1)}, r^{(2)}, \cdots, r^{(U)}\}$）建立一个二值分类准则 $h(r|\theta) = \{0,1\}$，因此，每棵树中的每个节点均可以视为一种弱分类器[8]。$r \in \mathbb{R}^M$ 表示一个训练样本，$\theta = \{\varphi, \psi\}$ 为这个弱分类器的参数，其中 $\varphi(\cdot)$ 为筛选函数，ψ 表示一个参数。为了使训练样本在分裂后能得到最大的信息增益，因此，在每棵树中的每个节点处均需要寻找一个最优的系数 θ^*：

$$\theta^* = \underset{\theta_j \in \boldsymbol{\Gamma}_{sub}}{\arg\max} \mathrm{IG}(\theta_j | \boldsymbol{\Omega}) \tag{13.13}$$

式中，$\boldsymbol{\Gamma}_{sub}$ 表示参数子集，$j = 1,2,\cdots,|\boldsymbol{\Gamma}_{sub}|$，在每个节点中，$\boldsymbol{\Gamma}_{sub}$ 都是从完整参数空间 $\boldsymbol{\Gamma}$ 中随机选取的。$\mathrm{IG}(\cdot)$ 表示信息增益[9]，可以用于表征分裂后样本不纯度的下降幅度，其定义如下：

$$\mathrm{IG}(\theta | \boldsymbol{\Omega}) = H(\boldsymbol{\Omega}) - \sum_{i \in \{\mathrm{left,right}\}} \frac{|\boldsymbol{\Omega}_i(\theta)|}{|\boldsymbol{\Omega}|} H[\boldsymbol{\Omega}_i(\theta)] \tag{13.14}$$

式中，$\boldsymbol{\Omega} = \{(r_i, y_i)\}_{i=1}^{\tilde{N}}$ 表示落入该节点的所有样本的集合且 $|\boldsymbol{\Omega}| = \tilde{N}$，$y_i$ 表示第 i 个样本的标签；$\boldsymbol{\Omega}_{\mathrm{left}}(\theta)$ 表示当参数为 θ 时落入左子节点的样本集；$\boldsymbol{\Omega}_{\mathrm{right}}(\theta)$ 表示当

参数为 θ 时落入右子节点的样本集；$H(\boldsymbol{\Omega})$ 表示信息熵[10-12]，如式（13.15）所示，其中，N_c 表示样本类别个数，$p(c\,|\,\boldsymbol{\Omega})$ 表示样本集 $\boldsymbol{\Omega}$ 中类别 c 所占的比例。

$$H(\boldsymbol{\Omega}) = -\sum_{c=1}^{N_c} p(c\,|\,\boldsymbol{\Omega}) \log p(c\,|\,\boldsymbol{\Omega}) \tag{13.15}$$

由式（13.13）可知，每个节点的最优参数 θ^* 应使节点在分裂后纯度下降幅度最小。然后，在每个叶节点处，通过统计训练集中达到此叶节点的分类标签的直方图，可以估计此叶节点上的类分布。这样的迭代训练过程一直执行到不能通过继续分裂获取更大的信息增益。

综上所述，基于相对属性的随机森林零样本分类器训练算法如表 13.1 所示。

表 13.1　基于相对属性的随机森林零样本分类器训练算法

基于相对属性的随机森林零样本分类器训练算法

输入：可见类样本的特征及类别标签集 $\{x_1, x_2, \cdots, x_S; y_1, y_2, \cdots, y_S\}$，不可见类样本的特征集 $\{x_1, x_2, \cdots, x_U\}$，可见类样本的有序属性对集 $\{O_1, O_2, \cdots, O_M\}$，相似属性对集 $\{S_1, S_2, \cdots, S_M\}$，随机树的棵数 T，采样百分率 η。

步骤 1：利用可见类样本的特征集 $\{x_1, x_2, \cdots, x_S\}$、有序属性对集 $\{O_1, O_2, \cdots, O_M\}$ 和相似属性对集 $\{S_1, S_2, \cdots, S_M\}$ 求解式（13.6），得到 M 个属性排序方程 $r_m(x_i) = \boldsymbol{w}_m^{\mathrm{T}} x_i$；

步骤 2：根据式（13.7）～式（13.12），建立可见类样本的相对属性模型 $\{r^{(1)}, r^{(2)}, \cdots, r^{(S)}\}$ 和不可见类样本的相对属性模型 $\{r^{(1)}, r^{(2)}, \cdots, r^{(U)}\}$；

步骤 3：对训练样本集 $\boldsymbol{\Omega}$ 进行采样百分率为 η 的 T 次 Bootstrap 随机采样[13]，得到采样样本集 $\boldsymbol{\Omega}_t = \text{BootstrapSampling}(\boldsymbol{\Omega})$，$t = 1, 2, \cdots, T$；

步骤 4：对于采样样本集 $\boldsymbol{\Omega}_t$，按照下述步骤生成一棵随机树。

步骤 4.1：判断当前节点中的样本类别标签，若 $\boldsymbol{\Omega}_t$ 中所有样本的类别标签均相同，则将当前节点作为叶节点返回，并根据该节点中的样本类别标签来标记该节点类别；否则，执行步骤 4.2；

步骤 4.2：随机选择参数空间子集：$\boldsymbol{\Gamma}_{\text{sub}}(\boldsymbol{\Omega}_t) \subset \boldsymbol{\Gamma}(\boldsymbol{\Omega}_t)$；对于每一个参数空间子集 $\boldsymbol{\Gamma}_{\text{sub}}$，根据式（13.14）计算 $\text{IG}(\theta_j\,|\,\boldsymbol{\Omega}_t)$，并根据式（13.13）得到弱分类器的最优参数：$\theta^* = \underset{\theta_i \in \boldsymbol{\Gamma}_{\text{sub}}}{\arg\max}\, \text{IG}(\theta_i\,|\,\boldsymbol{\Omega})$；

步骤 4.3：令左、右子节点的当前数据集为空：$\boldsymbol{\Omega}_{\text{left}} \leftarrow \varnothing$，$\boldsymbol{\Omega}_{\text{right}} \leftarrow \varnothing$；

步骤 4.4：根据求得的最优参数 θ^* 计算弱分类器 $h(r_i\,|\,\theta^*)$ 的值，若 $h(r_i\,|\,\theta^*) = 1$，则将 (r_i, y_i) 添加到左子节点的数据集：$\boldsymbol{\Omega}_{\text{left}} = \boldsymbol{\Omega}_{\text{left}} \bigcup \{(r_i, y_i)\}$；若 $h(r_i\,|\,\theta^*) = 0$，则将 (r_i, y_i) 添加到右子节点的数据集：$\boldsymbol{\Omega}_{\text{right}} = \boldsymbol{\Omega}_{\text{right}} \bigcup \{(r_i, y_i)\}$；

步骤 4.5：数据集 $\boldsymbol{\Omega}_{\text{left}}$ 和 $\boldsymbol{\Omega}_{\text{right}}$ 成为该节点的子节点，对于这些子节点分别执行步骤 4.1～步骤 4.5，得到第 t 个随机树分类器；

步骤 5：对步骤 3 得到的 T 个采样样本集进行步骤 4 的分类器学习，最终得到基于相对属性的随机森林零样本分类器 $\text{TreeRoot}_1, \cdots, \text{TreeRoot}_T$；

输出：基于相对属性的随机森林零样本分类器 $\text{RF-RA} = \{\text{TreeRoot}_1, \cdots, \text{TreeRoot}_T\}$。

13.3.4　基于 RF-RA 的零样本图像分类

在测试阶段，首先通过属性排序函数来预测不可见类别的测试样本的属性排序得分 $r^{(u)}$，然后根据训练得到的随机森林分类器 $\text{RF-RA} = \{\text{TreeRoot}_1, \cdots, \text{TreeRoot}_T\}$，

将测试样本在 T 个随机树中进行分支，直到各个随机树的叶节点，此时各个叶节点上的分类分布也就是这棵树做出的分类结果。将各棵树叶节点上的分类分布进行平均，即可得到样本 $r^{(u)}$ 属于类别 c 的概率：

$$p(c \mid r^{(u)}) = \frac{1}{T} \sum_{t=1}^{T} p_t(c \mid r^{(u)}) \tag{13.16}$$

式中，T 为分类器中随机树的棵数；$p_t(c \mid r^{(u)})$ 为叶节点的类别分布。最后，将测试类别 $\{1, 2, \cdots, U\}$ 中，使得式（13.16）最大的类别标签分配给测试样本：

$$\hat{c} = \underset{c \in \{1, \cdots, U\}}{\arg\max} \, p(c \mid r^{(u)}) \tag{13.17}$$

13.4　实验结果与分析

13.4.1　属性排序实验

本实验目的是通过判断两个样本之间的相对关系，从而衡量所训练模型的性能。根据文献[14]的实验设置，此处用二分类 SVM（B-SVM）为表 13.2 和表 13.3 中的每一个属性都训练一个属性分类器 h_m，并根据属性预测概率值的大小来衡量该属性的强度。对于测试集（OSR 数据集中的 2600 个样本及 Pub Fig 数据集中 560 个样本）中的每个样本对 (i, j) 而言，如果 $h_m(x_i) > h_m(x_j)$，那么预测属性 a_m 的排序为 $i > j$，反之，$i < j$；对于 RA 模型[1]及本章提出的 RF-RA 模型而言，为数据集中的每一个属性单独学习一个属性排序函数 r_m，然后通过比较属性排序函数的值 $r_m(x_i)$ 和 $r_m(x_j)$ 来预测测试集中样本对的排序结果。最后将属性排序预测结果与样本对之间的真实属性排序关系进行比对就能够得到属性排序的精度，B-SVM[14]、RA[1]和 RF-RA 三种模型的属性排序精度比较结果如图 13.2 所示。

由 13.2 可以看出：①在 OSR 数据集上，RF-RA 的所有属性排序精度均高于 DAP 模型和 RA 模型；②在 Pub Fig 数据集上，除了 "Young" 和 "Forehead" 这两个属性之外，其他属性的排序精度均高于 DAP 模型和 RA 模型；③RF-RA 模型在两个数据集上的平均属性排序精度（其中，OSR 数据集为 89.15%，Pub Fig 数据集为 82.29%）均高于 B-SVM 模型（其中，OSR 数据集为 80.23%，Pub Fig 数据集为 71.14%）和 RA 模型（其中，OSR 数据集为 86.90%，Pub Fig 数据集为 78.70%）的平均属性排序精度。由实验结果可知，RF-RA 能够提高属性排序的准确度，使得相对属性学习的模型得到有效的改善。

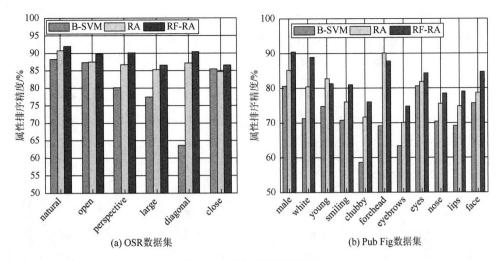

(a) OSR数据集　　　　　　　　　　　　　(b) Pub Fig数据集

图 13.2　属性排序精度比较

图 13.3 给出了三种算法在 OSR 数据集和 Pub Fig 数据集上属性排序的定性比较结果。图 13.3 中用 ≻ 或 ≺ 来表示样本对之间的属性排序关系，对号表示样本对的属性排序正确，叉号表示样本对的属性排序错误。从两个数据集上的定性实验结果来看，RF-RA 的属性排序正确数均多于 B-SVM 和 RA（在 OSR 数据集上，样本对的 6 个属性全都排序正确，在 Pub Fig 数据集上，样本对的 11 个属性排序有 9 个是正确的）。该结论与定量比较的实验结果一致。

	B-SVM		RA		RF-RA	
	tallbuilding	mountain	tallbuilding	mountain	tallbuilding	mountain
natural	≻	✘	≺	✔	≺	✔
open	≺	✔	≺	✔	≺	✔
perspective	≻	✔	≺	✘	≻	✔
large	≺	✘	≺	✘	≻	✔
diagonal	≺	✘	≻	✔	≻	✔
close	≺	✘	≻	✔	≻	✔

(a) OSR数据集

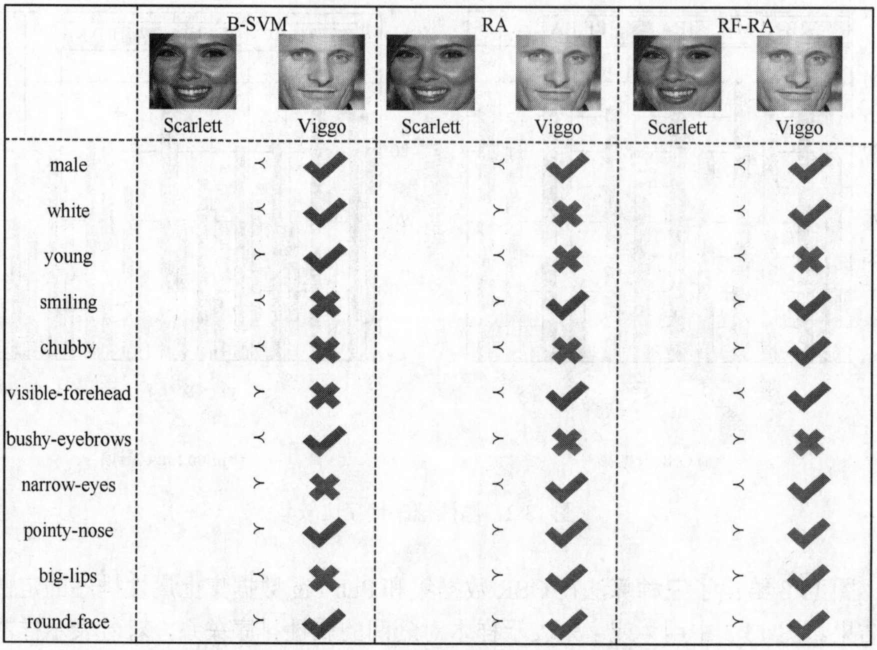

(b) Pub Fig数据集

图 13.3　属性排序的定性比较结果

13.4.2　零样本图像分类实验

本实验重点讨论 RF-RA 在零样本图像分类中的效果,对比方法为 DAP 模型[14]及传统的相对属性学习模型(RA),其中 RA 模型采用最大似然估计来预测测试样本的类别标签。在每一个数据集上均进行多次零样本分类实验,每次实验选取不同的训练类(可见类)和测试类(不可见类)进行分类实验。另外,为了消除随机因素对实验结果的影响,实验采取了 C_F^f 折交叉验证的方法(F 为数据集类别总数,f 为参与训练的类别数),交叉验证使得每次实验中几乎所有样本均参与模型训练,所得评估结果更加可靠。也就是说,在实验过程中,在 OSR 数据集和 Pub Fig 数据集上分别进行 5 次 C_F^f 折交叉验证实验,即 $C_8^6 = 28$ 折、$C_8^5 = 56$ 折、$C_8^4 = 70$ 折、$C_8^3 = 56$ 折、$C_8^2 = 28$ 折。

为得到最佳的分类效果,分析随机树的棵数 T 及训练每棵树时的训练样本采样百分率 η 对分类精度的影响。分析随机树的棵数 T 与零样本分类精度的关系,为了控制变量,实验选定采样百分率 $\eta = 0.5$。图 13.4 是 RF-RA 中随机树的棵数 T 与分类精度的关系曲线,从图 13.4 中可以看出,随着随机树棵数的增加,5 次交叉验证的分类精度均是先增加后趋于稳定,但是每次实验中使得结果趋于稳定点的随机树的棵数是不同的。

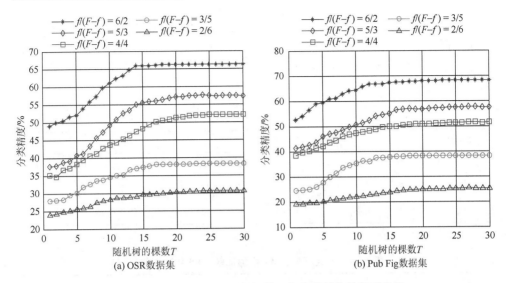

图 13.4　RF-RA 中随机树的棵数 T 与分类精度的关系曲线

接下来分析对训练样本集进行 Bootstrap 随机采样时，采样百分率 η 对分类精度的影响。为了得到使分类精度最高的采样百分率，将图 13.4 中每次实验的最佳随机树棵数作为本实验的参数。图 13.5 是 RF-RA 中采样百分率 η 与分类精度的关系曲线，从图 13.5 中可以看出，随着采样百分率 η 的增加，5 次交叉验证的分类精度总体呈先升高后降低的趋势，但是每次实验中使得分类精度最高的采样百分率 η 是不同的。

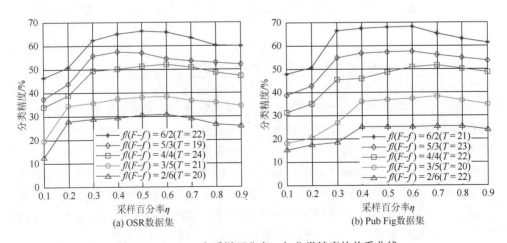

图 13.5　RF-RA 中采样百分率 η 与分类精度的关系曲线

由表 13.2 可以得到使每次实验分类精度最高的随机树棵数 T_{best} 及训练样本最佳采样百分率 η_{best}。将以上两个参数代入零样本分类实验中，得到在不同训练类别数 f 的情况下，DAP、RA 和 RF-RA 在两个数据集上的零样本图像平均分类精度，如表 13.3 和表 13.4 所示。

表 13.2　参数设置

数据集	OSR					Pub Fig				
$f/(F-f)$	6/2	5/3	4/4	3/5	2/6	6/2	5/3	4/4	3/5	2/6
T_{best}	22	19	24	21	20	21	23	22	20	22
η_{best}	0.5	0.4	0.6	0.6	0.6	0.6	0.6	0.7	0.7	0.8

表 13.3　分类精度及 AUC 值比较（OSR 数据集）

$f/(F-f)$	6/2		5/3		4/4		3/5		2/6	
	acc/%	AUC	acc/%	AUC	acc/%	AUC	acc/%	AUC	acc/%	AUC
DAP	54.15	0.645	37.64	0.595	27.37	0.586	24.48	0.588	20.80	0.578
RA	60.50	0.759	50.71	0.732	43.99	0.717	31.76	0.694	26.79	0.695
RF-RA	**66.19**	**0.821**	**57.51**	**0.803**	**52.12**	**0.784**	**38.27**	**0.726**	**30.68**	**0.703**

表 13.4　分类精度及 AUC 值比较（Pub Fig 数据集）

$f/(F-f)$	6/2		5/3		4/4		3/5		2/6	
	acc/%	AUC	acc/%	AUC	acc/%	AUC	acc/%	AUC	acc/%	AUC
DAP	63.40	0.636	46.91	0.596	37.18	0.566	21.01	0.572	16.80	0.545
RA	65.92	0.733	54.50	0.669	44.80	0.658	33.13	0.651	23.54	0.670
RF-RA	**68.21**	**0.807**	**57.59**	**0.752**	**51.51**	**0.739**	**38.22**	**0.684**	**25.38**	**0.679**

由表 13.3 和表 13.4 可以看出：随着训练类别数 f 的减少，三种方法的零样本分类精度均有所降低。对于 DAP 而言，当训练类别数 f 减少时，参与训练的属性会减少，导致对于测试样本中出现而训练样本中没有出现的一些属性（训练样本的属性空间无法涵盖测试样本的属性）的预测精度会降低，进而导致在未见测试样本上的分类精度下降。对于 MLE-RA 和 RF-RA 而言，当训练类别数 f 减少时，参与属性排序函数学习的有序属性对和相似属性对也会减少，导致属性排序函数的准确度降低，无法真实地反映测试样本的相对属性强度，另外，随着训练类别数 f 的减少，参与不可见类别模型建立的类别数也会减少，因此也会影响模型的准确性。

　　为了更好地对分类效果进行评价，实验中引入 AUC 值来反映分类误判率与灵敏度之间的关系。由表 13.3 和表 13.4 可知：①RF-RA 在两个数据集上的 AUC 值均高于随机实验的 AUC 值（0.5）；②RF-RA 的 AUC 值高于 DAP 和 RA，这是由于 RF-RA 减少了人工建模所带来的主观误差，并且避免了最大似然估计的误差，因此提高了分类精度。

　　图 13.6 和图 13.7 分别给出了当训练类别为 4 类时，DAP、RA 和 RF-RA 在两个数据集上的分类结果混淆矩阵[15]对比图。由图 13.6 和图 13.7 可以得出与前述一样的结论：在两个数据集混淆矩阵的主对角线上，RF-RA 正确分类的样本数多于 DAP 和 RA，说明 RF-RA 在零样本分类中比 DAP 和 RA 表现出更大的优越性。

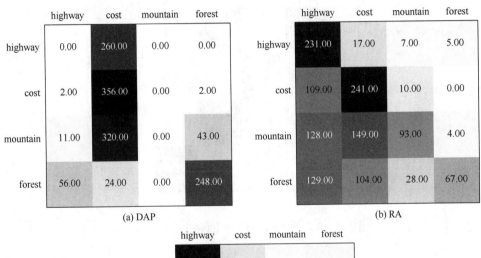

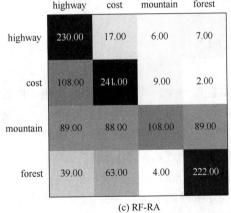

(c) RF-RA

图 13.6　分类结果混淆矩阵（OSR 数据集）

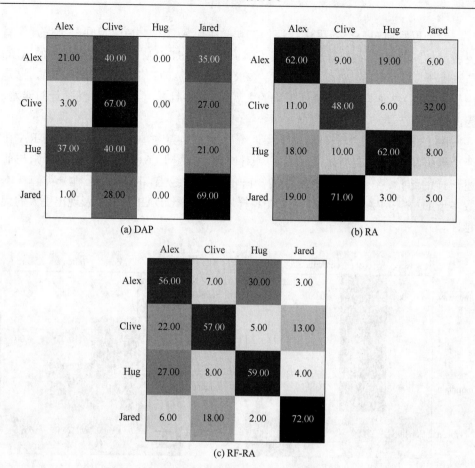

图 13.7　分类结果混淆矩阵（Pub Fig 数据集）

13.4.3　图像描述实验

　　除了应用于零样本图像分类，相对属性还能应用于图像描述，待描述的新图像可以通过属性之间的相对关系与其他类别的图像联系起来。

　　（1）训练阶段。训练阶段的目的是为每一个属性学习一个相应的排序函数，具体的学习过程如 13.3.1 节所述，然后根据学习得到的属性排序函数预测图像集 I 中所有图像样本的属性排序得分。

　　（2）描述阶段。描述阶段的主要任务是选择合适的参考图像对新图像进行描述。首先，利用训练阶段学习的属性排序函数计算待描述图像 j 的所有属性排序得分 $r_m(x_j)$；然后，针对每个属性 a_m，从图像集 I 中合理选择参考图像 i 和 k 来描述图像 j。在选择参考图像时，如果参考图像与待描述图像过于相似会不利于理解和区分，而如果参考图像与待描述图像相差过大的话，又不能较为精确地对图像进行描述。因此，参考图像的选取采用策略如下所示。

（1）选择满足 $i>j>k$ 的图像 i 和 k，并且 i 和 k 与图像 j 之间的图像数量均为整个图像集总数量的 1/8。

（2）如果没有满足 $i>j>k$ 的图像 i 和 k，即图像 j 位于图像属性排序的边界，那么就选择属性排序得分最高的图像 i 或者最低的图像 k 作为参考图像。

下面以属性 Density 为例说明参考图像的选取策略，如图 13.8 所示，将图像集 I 中所有图像按照属性 Density 的强弱程度排序，假设图像集中图像总数为 L_a，那么与待描述图像 j 相距 $1/8\ L_a$ 的图像 i 和 k 就是所选取的参考图像。最后，待描述图像 j 就可以描述为 The new image j is more density than image i and less density than image k。

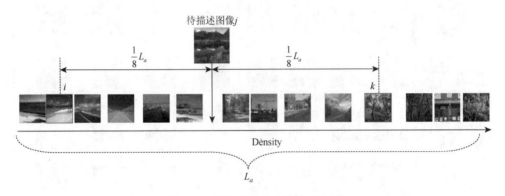

图 13.8　参考图像选取策略示意图

为进一步证明 RF-RA 在图像描述方面的优越性，分别选取 OSR 数据集和 Pub Fig 数据集中的 6 类作为训练图像集来学习属性排序函数，其余的 4 类（highway、inside-city、Jared Leto、Scarlett Johansson）作为测试集进行图像描述实验。在测试阶段，随机挑选一幅测试图像并分别用三个属性对其进行描述。图 13.9 是两个数据集上的图像描述实验的定性分析结果，其中 R-SVM 给出了对测试图像的二值属性描述，RA 和 RF-RA 给出了对测试图像的相对属性描述，叉号表示错误的图像描述。由图 13.9 可以看出：①二值属性和相对属性均可以对图像进行描述，但是显然相对属性能够提供更为丰富的语义信息；②在相对属性的描述结果中，RF-RA 的图像描述准确率高于 RA 的准确率（其中，RA 错误了 11 处，RF-RA 错误了 3 处）。因此，说明 RF-RA 在零样本图像分类的应用中比 R-SVM 和 RA 表现出更大的优越性。

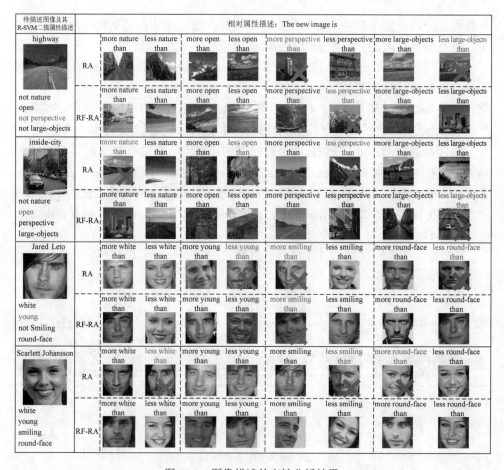

图 13.9　图像描述的定性分析结果

13.5　本章小结

　　由于二值属性不能反映属性之间的相对关系，因此无法解决含糊不清的情况。与二值属性相比，传统的相对属性可以提供更为准确的属性描述，但是在解决零样本学习问题中，传统的相对属性方法由于受到属性关系选择、模型分布假设及分类器性能等多方面的限制，最终会影响图像分类的精度。因此，本章提出基于相对属性的随机森林零样本学习算法，通过自动挑选类别之间的相对属性关系来为每一个可见类与不可见类的样本进行建立属性排序得分模型。然后利用所建立的属性排序得分模型训练随机森林分类器，最后根据测试样本的属性排序得分及训练的随机森林分类器对测试样本的标签进行预测。与传统的相对属性学习方法相比，本章提出的 RF-RA 模型不仅可以避免人工建模所带来的不稳定性，而且还能降低最大似然估计方法带来的分类误差。零样本图像分类的实验结果表明，与 DAP 及 RA 相比，RF-RA 在零样本图像分类上能获得更高的分类精度及 AUC 值。

参 考 文 献

[1]　Parikh D，Grauman K. Relative attributes[C]//2011 International Conference on Computer Vision，Barcelona，2011：503-510.

[2]　Ning K F，Liu M，Dong M Y，et al. Two efficient twin ELM methods with prediction interval[J]. IEEE Transactions on Neural Networks and Learning Systems，2015，26（9）：2058-2071.

[3]　Anguita D，Ghio A，Oneto L，et al. In-sample and out-of-sample model selection and error estimation for support vector machines[J]. IEEE Transactions on Neural Networks and Learning Systems，2012，23（9）：1390-1406.

[4]　Li S X，Shan S G，Chen X L. Relative forest for attribute prediction[C]//Asian Conference on Computer Vision，Daejeon，2012：316-327.

[5]　Enric J D F，Martens D. Active learning-based pedagogical rule extraction[J]. IEEE Transactions on Neural Networks and Learning Systems，2015.

[6]　Yldz O T. Tree ensembles on the induced discrete space[J]. IEEE Transactions on Neural Networks and Learning Systems，2016，27（5）：1108-1113.

[7]　Wang S Z，Tao D C，Yang J. Relative attribute SVM + learning for age estimation[J]. IEEE Transactions on Cybernetics，2016，46（3）：827-839.

[8]　Bosch A，Zisserman A，Xavier M. Image classification using random forests and ferns[C]//2007 IEEE 11th International Conference on Computer Vision，Rio de Janeiro，2007：1-8.

[9]　Wang Z H，Ding S B，Huang Z J，et al. Exponential stability and stabilization of delayed memristive neural networks based on quadratic convex combination method[J]. IEEE Transactions on Neural Networks and Learning Systems，2016，27（11）：2337-2350.

[10]　Chien J T，Ku Y C. Bayesian recurrent neural network for language modeling[J]. IEEE Transactions on Neural Networks and Learning Systems，2016，27（2）：361-374.

[11]　王国胤，于洪，杨大春. 基于条件信息熵的决策表约简[J]. 计算机学报，2002（7）：759-766.

[12]　Cover T，Thomas J，Wiley J. Elements of information theory[M]. Beijing：Tsinghua University Press，2003.

[13]　Robnik-Ikonja M. Data generators for learning systems based on RBF networks[J]. IEEE Transactions on Neural Networks and Learning Systems，2017，27（5）：926-938.

[14]　Lampert C H，Nickisch H，Harmeling S. Learning to detect unseen object classes by between-class attribute transfer[C]//2009 IEEE Computer Society Conference on Computer Vision and Pattern Recognition，Miami，2009：951-958.

[15]　Marom N D，Rokach L，Shmilovici A. Using the confusion matrix for improving ensemble classifiers[C]//2010 IEEE 26th Convention of Electrical and Electronics Engineers in Israel，Eilat，2010：555-559.